#상위권문제유형의기준
#상위권진입교재
#응용유형연습
#사고력향상

최고수준S

Chunjae
Makes
Chunjae

▼

[최고수준S] 초등 수학

기획총괄 박금옥
편집개발 지유경, 정소현, 조선영, 최윤석, 김장미, 유혜지, 남솔
디자인총괄 김희정
표지디자인 윤순미, 이주영, 김주은
내지디자인 박희춘
제작 황성진, 조규영

발행일 2022년 11월 1일 초판 2023년 7월 15일 2쇄
발행인 (주)천재교육
주소 서울시 금천구 가산로9길 54
신고번호 제2001-000018호
고객센터 1577-0902

※ 정답 분실 시에는 천재교육 교재 홈페이지에서 내려받으세요.
※ KC 마크는 이 제품이 공통안전기준에 적합하였음을 의미합니다.
※ 주의
책 모서리에 다칠 수 있으니 주의하시기 바랍니다.
부주의로 인한 사고의 경우 책임지지 않습니다.
8세 미만의 어린이는 부모님의 관리가 필요합니다.

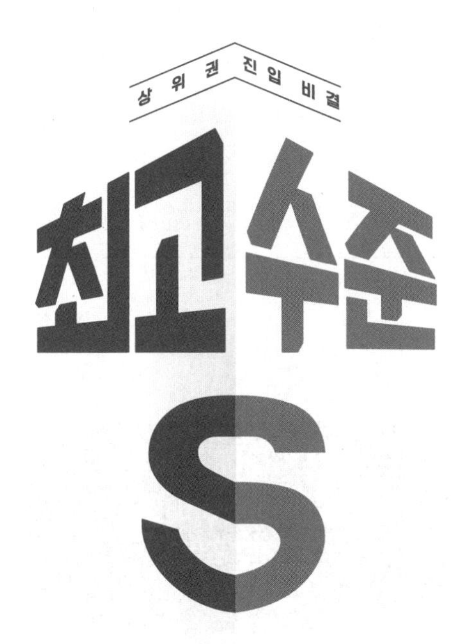
상위권 진입 비결
최고수준
S

6-1

구성과 특징

본책

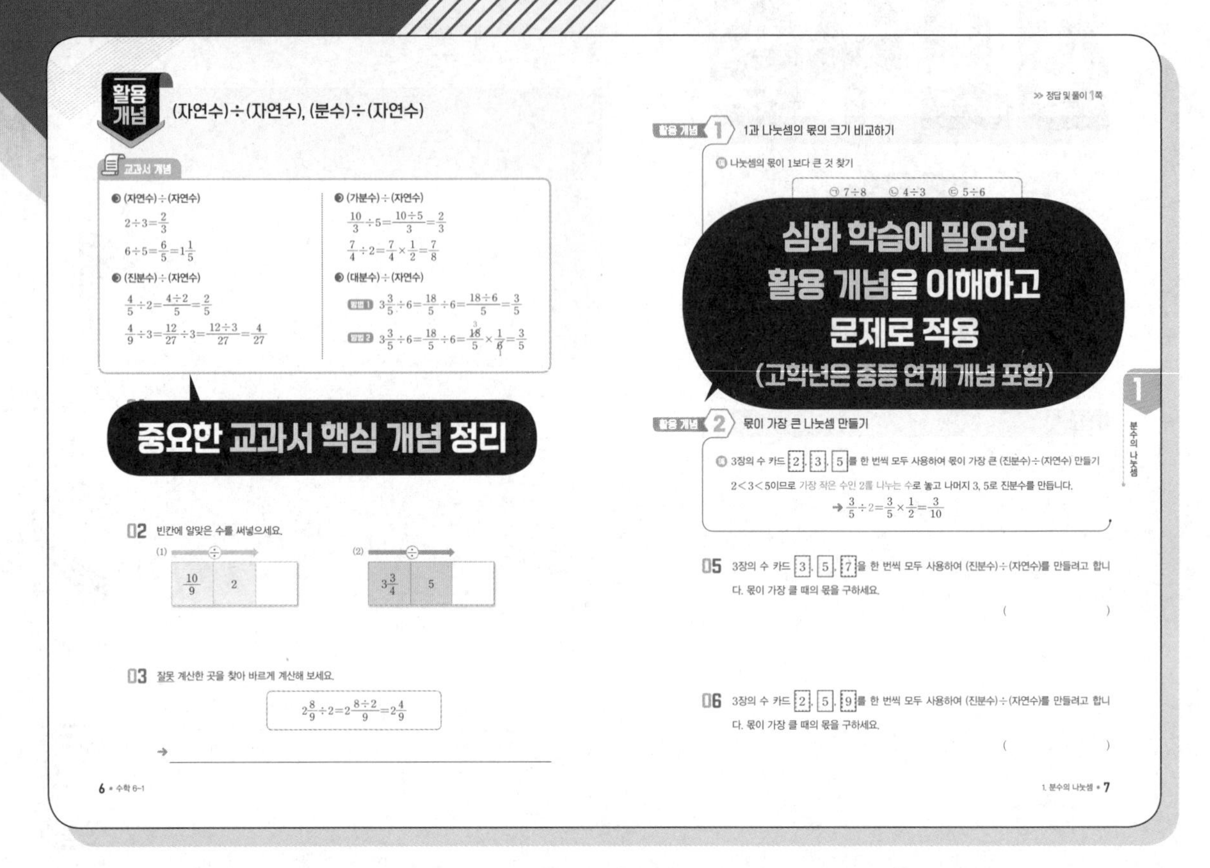

활용 개념
(자연수)÷(자연수), (분수)÷(자연수)
중요한 교과서 핵심 개념 정리
심화 학습에 필요한
활용 개념을 이해하고
문제로 적용
(고학년은 중등 연계 개념 포함)

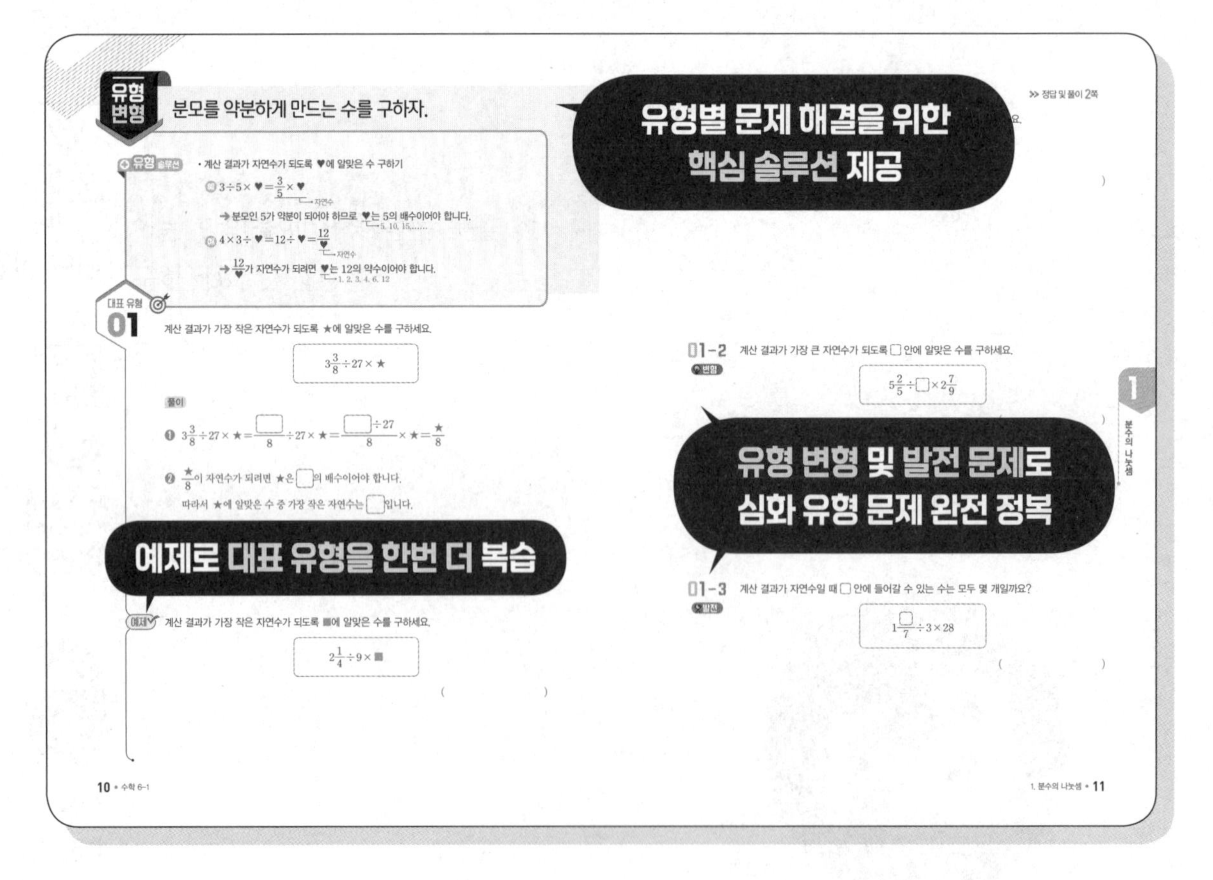

유형 변형
분모를 약분하게 만드는 수를 구하자.
유형별 문제 해결을 위한
핵심 솔루션 제공
예제로 대표 유형을 한번 더 복습
유형 변형 및 발전 문제로
심화 유형 문제 완전 정복

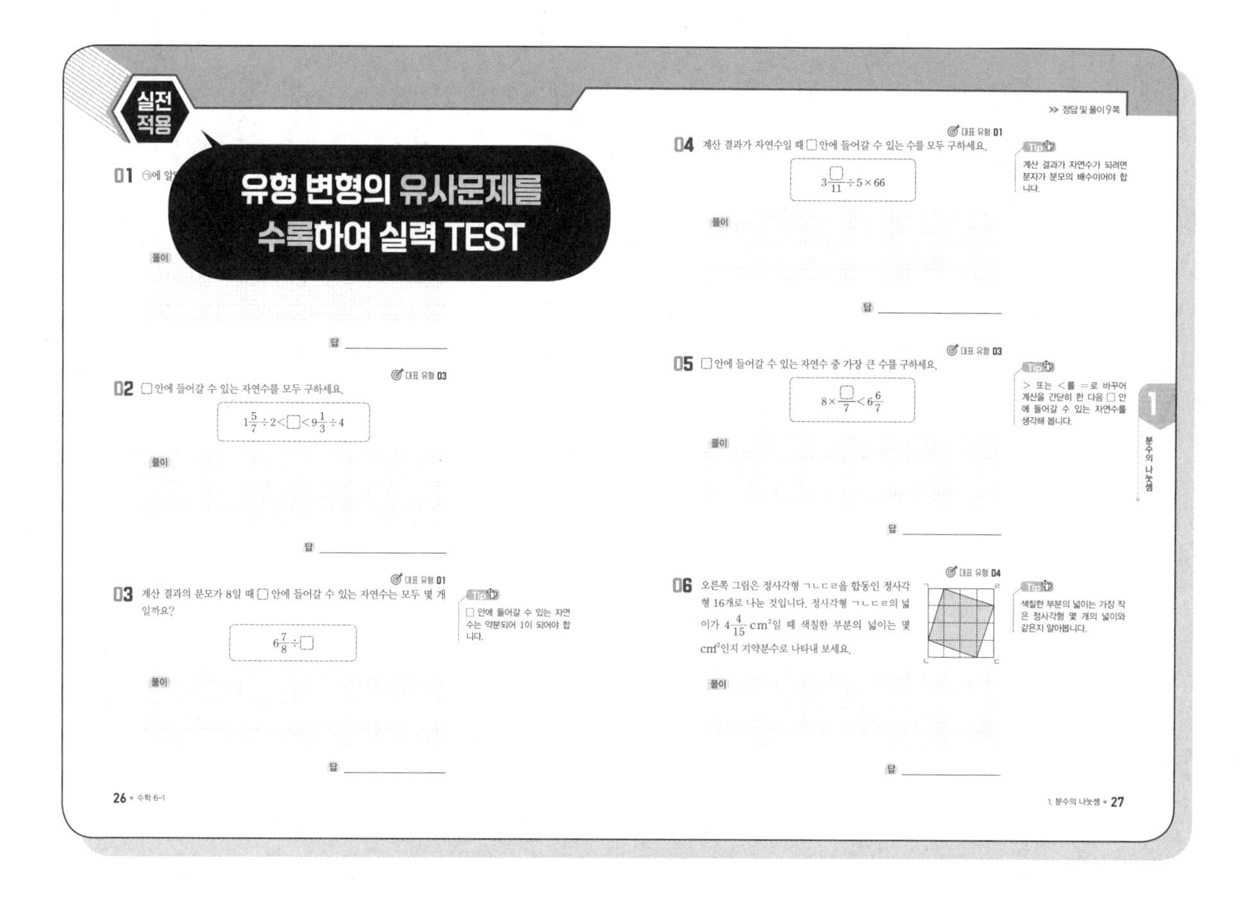

실전 적용
유형 변형의 유사문제를
수록하여 실력 TEST

복습책

유형 변형 마지막 문제의
유사문제 반복학습

유형 변형하기 1. 분

본문 '유형 변형'의 반복학습입니다.

대표 유형 01

1 계산 결과가 자연수일 때 □ 안에 들어갈 수 있는 모두 몇 개일

$1\frac{□}{9}\div2\times27$

대표 유형 02

2 어떤 수를 8로 나누어야 할 것을 잘못하여 곱했더니 $4\frac{4}{7}$

약분수로 나타내 보세요.

대표 유형 03

3 □ 안에 들어갈 수 있는 자연수는 모두 몇 개일까요?

$\frac{□}{9}<5\frac{1}{3}\div12$

실전 적용의 유사문제 반복학습

실전 적용하기 1. 분수의 나눗셈

본문 '실전 적용'의 반복학습입니다.

1 ㉠에 알맞은 기약분수를 구하세요.

$7 \rightarrow$ $\times㉠$ $\rightarrow 8\frac{2}{5}$

( )

2 □ 안에 들어갈 수 있는 자연수를 모두 구하세요.

$2\frac{2}{3}\div4<□<7\frac{1}{2}\div3$

( )

분수의 나눗셈

유형 변형

대표 유형

01 분모를 약분하게 만드는 수를 구하자.
계산 결과가 자연수가 되도록 하는 어떤 수 구하기

02 곱셈과 나눗셈의 관계를 이용하자.
바르게 계산한 값 구하기

03 범위에 알맞은 수를 구하자.
□ 안에 들어갈 수 있는 자연수 구하기

04 전체가 단위 모양 몇 개인지 알아보자.
주어진 그림을 보고 색칠한 부분의 넓이 구하기

05 똑같이 나눈 한 도막의 길이를 구하자.
색 테이프 한 도막의 길이 구하기

06 고장 난 시계의 시각과 정확한 시각의 차를 알아보자.
빨리(늦게) 가는 시계를 정확히 맞추었을 때 몇 시에 가리키는 시각 구하기

07 단위 거리와 단위 시간을 구하자.
단위 거리 또는 단위 시간 구하기

08 전체 일의 양을 1로 생각하자.
전체 일의 양 1을 이용하는 활용 문제

활용 개념 (자연수)÷(자연수), (분수)÷(자연수)

교과서 개념

● (자연수)÷(자연수)

$2\div3=\frac{2}{3}$

$6\div5=\frac{6}{5}=1\frac{1}{5}$

● (진분수)÷(자연수)

$\frac{4}{5}\div2=\frac{4\div2}{5}=\frac{2}{5}$

$\frac{4}{9}\div3=\frac{12}{27}\div3=\frac{12\div3}{27}=\frac{4}{27}$

● (가분수)÷(자연수)

$\frac{10}{3}\div5=\frac{10\div5}{3}=\frac{2}{3}$

$\frac{7}{4}\div2=\frac{7}{4}\times\frac{1}{2}=\frac{7}{8}$

● (대분수)÷(자연수)

방법 1 $3\frac{3}{5}\div6=\frac{18}{5}\div6=\frac{18\div6}{5}=\frac{3}{5}$

방법 2 $3\frac{3}{5}\div6=\frac{18}{5}\div6=\frac{\overset{3}{\cancel{18}}}{5}\times\frac{1}{\underset{1}{\cancel{6}}}=\frac{3}{5}$

01 □ 안에 알맞은 수를 써넣으세요.

(1) $3\div8=\frac{\square}{\square}$

(2) $\frac{3}{8}\div2=\frac{\square}{16}\div2=\frac{\square\div2}{16}=\frac{\square}{16}$

02 빈칸에 알맞은 수를 써넣으세요.

(1)

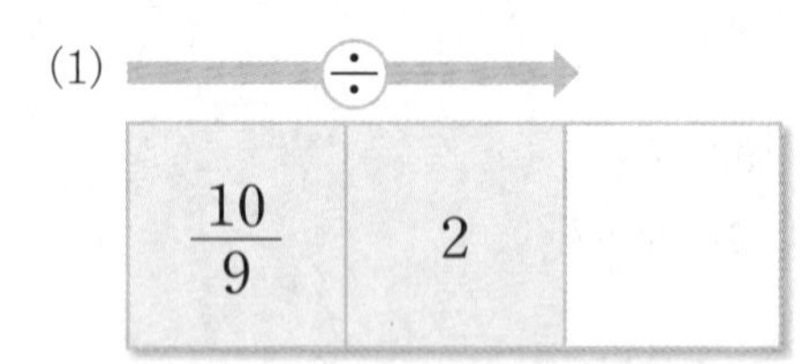

(2)

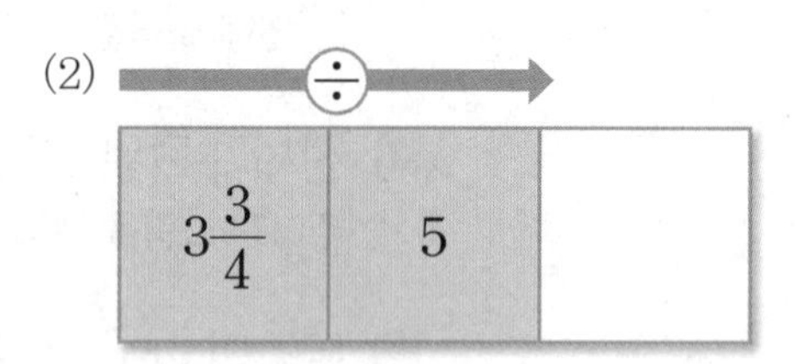

03 잘못 계산한 곳을 찾아 바르게 계산해 보세요.

$2\frac{8}{9}\div2=2\frac{8\div2}{9}=2\frac{4}{9}$

→

활용 개념 1 1과 나눗셈의 몫의 크기 비교하기

예 나눗셈의 몫이 1보다 큰 것 찾기

㉠ $7\div8$ ㉡ $4\div3$ ㉢ $5\div6$

몫이 1보다 크려면 (나누어지는 수)$>$(나누는 수)이고
㉠ $7<8$, ㉡ $4>3$, ㉢ $5<6$이므로 몫이 1보다 큰 것을 찾으면 ㉡입니다.

04 나눗셈의 몫이 1보다 큰 것은 어느 것일까요? ( )

① $3\div5$ ② $1\div2$ ③ $7\div9$
④ $4\div7$ ⑤ $8\div5$

활용 개념 2 몫이 가장 큰 나눗셈 만들기

예 3장의 수 카드 [2], [3], [5]를 한 번씩 모두 사용하여 몫이 가장 큰 (진분수)÷(자연수) 만들기

$2<3<5$이므로 가장 작은 수인 2를 나누는 수로 놓고 나머지 3, 5로 진분수를 만듭니다.

$$\rightarrow \frac{3}{5}\div2=\frac{3}{5}\times\frac{1}{2}=\frac{3}{10}$$

05 3장의 수 카드 [3], [5], [7]을 한 번씩 모두 사용하여 (진분수)÷(자연수)를 만들려고 합니다. 몫이 가장 클 때의 몫을 구하세요.

( )

06 3장의 수 카드 [2], [5], [9]를 한 번씩 모두 사용하여 (진분수)÷(자연수)를 만들려고 합니다. 몫이 가장 클 때의 몫을 구하세요.

( )

분수와 자연수의 혼합 계산

진분수와 자연수의 혼합 계산

$$\frac{9}{16}\times 10\div 6=\frac{\overset{3}{\cancel{9}}}{\underset{8}{\cancel{16}}}\times \overset{5}{\cancel{10}}\times \frac{1}{\underset{2}{\cancel{6}}}=\frac{15}{16}$$

대분수와 자연수의 혼합 계산

$$2\frac{11}{12}\div 7\times 20=\frac{\overset{5}{\cancel{35}}}{\underset{3}{\cancel{12}}}\times \frac{1}{\underset{1}{\cancel{7}}}\times \overset{5}{\cancel{20}}=\frac{25}{3}=8\frac{1}{3}$$

01 계산을 하여 기약분수로 나타내 보세요.

(1) $\frac{1}{6}\times 4\div 10$

(2) $1\frac{2}{5}\div 7\times 2$

02 ○ 안에 >, =, <를 알맞게 써넣으세요.

$$3\frac{1}{2}\times 6\div 4 \bigcirc 5$$

03 두 계산 결과 사이에 있는 자연수를 모두 구하세요.

$3\frac{1}{2}\div 3\times 4$	$2\frac{2}{5}\times 14\div 4$

( )

활용 개념 1 도형의 넓이 구하기

• 삼각형의 넓이 구하기

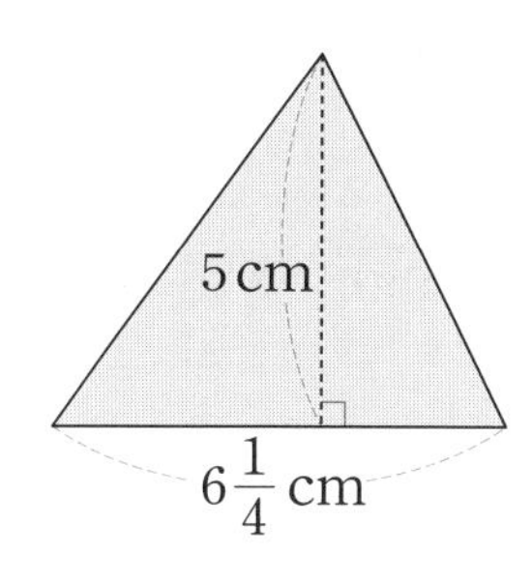

(삼각형의 넓이)=(밑변의 길이)×(높이)÷2

$=6\frac{1}{4}\times5\div2$

$=\frac{25}{4}\times5\times\frac{1}{2}=\frac{125}{8}=15\frac{5}{8}$ (cm²)

04 오른쪽 삼각형의 넓이는 몇 cm^2인지 기약분수로 나타내 보세요.

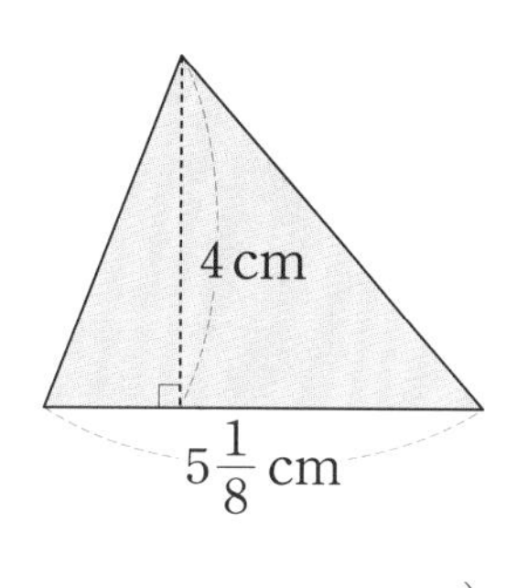

(　　　　　　　　)

05 오른쪽 마름모의 넓이는 몇 cm^2인지 기약분수로 나타내 보세요.

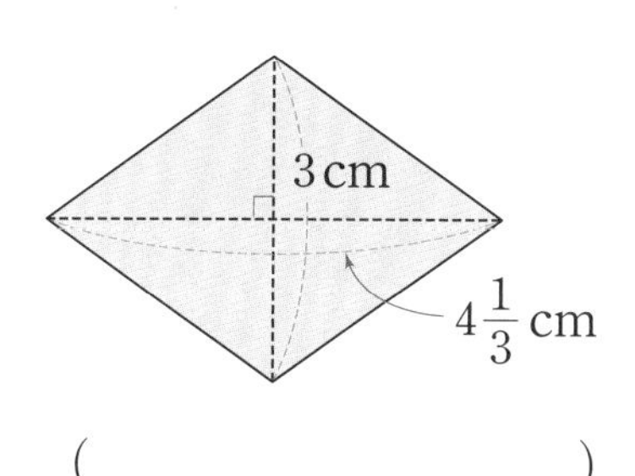

(　　　　　　　　)

06 오른쪽 삼각형의 넓이가 $10\frac{4}{5}$ cm^2일 때 밑변의 길이는 몇 cm인지 기약분수로 나타내 보세요.

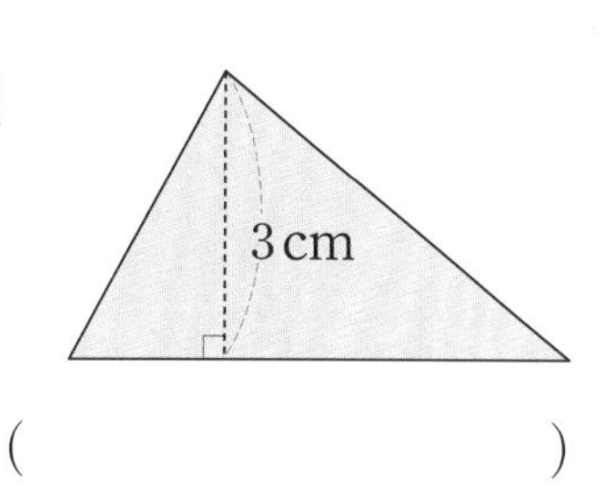

(　　　　　　　　)

1 분수의 나눗셈

유형 변형

분모를 약분하게 만드는 수를 구하자.

유형 솔루션

• 계산 결과가 자연수가 되도록 ♥에 알맞은 수 구하기

예 $3 \div 5 \times ♥ = \frac{3}{5} \times ♥$ → 자연수

→ 분모인 5가 약분이 되어야 하므로 ♥는 5의 배수이어야 합니다. (♥ → 5, 10, 15,……)

예 $4 \times 3 \div ♥ = 12 \div ♥ = \frac{12}{♥}$ → 자연수

→ $\frac{12}{♥}$가 자연수가 되려면 ♥는 12의 약수이어야 합니다. (♥ → 1, 2, 3, 4, 6, 12)

대표 유형 01

계산 결과가 가장 작은 자연수가 되도록 ★에 알맞은 수를 구하세요.

$$3\frac{3}{8} \div 27 \times ★$$

풀이

❶ $3\frac{3}{8} \div 27 \times ★ = \frac{\square}{8} \div 27 \times ★ = \frac{\square \div 27}{8} \times ★ = \frac{★}{8}$

❷ $\frac{★}{8}$이 자연수가 되려면 ★은 $\square$의 배수이어야 합니다.

따라서 ★에 알맞은 수 중 가장 작은 자연수는 $\square$입니다.

답 ______

예제 계산 결과가 가장 작은 자연수가 되도록 ■에 알맞은 수를 구하세요.

$$2\frac{1}{4} \div 9 \times ■$$

(　　　　　　)

>> 정답 및 풀이 2쪽

01-1 변형

계산 결과가 가장 작은 자연수가 되도록 □ 안에 알맞은 자연수를 구하세요.

$$\square \div 6 \times 4$$

(　　　　　　　　)

01-2 변형

계산 결과가 가장 큰 자연수가 되도록 □ 안에 알맞은 자연수를 구하세요.

$$5\frac{2}{5} \div \square \times 2\frac{7}{9}$$

(　　　　　　　　)

01-3 발전

계산 결과가 자연수일 때 □ 안에 들어갈 수 있는 수는 모두 몇 개일까요?

$$1\frac{\square}{7} \div 3 \times 28$$

(　　　　　　　　)

유형 변형

곱셈과 나눗셈의 관계를 이용하자.

유형 솔루션

• 곱셈과 나눗셈의 관계

★×□=♥, □×★=♥ ➔ ♥÷★=□

예 $▲\times4=\frac{12}{13}$, $4\times▲=\frac{12}{13}$ ➔ $▲=\frac{12}{13}\div4$

대표 유형 02

▲에 알맞은 기약분수를 구하세요.

$$▲\times6=\frac{24}{25}$$

풀이

❶ 곱셈과 나눗셈의 관계를 이용하면

$▲\times6=\frac{24}{25}$는 $▲=\frac{24}{25}\div□$와/과 같이 나타낼 수 있습니다.

❷ $▲=\frac{24}{25}\div□=\frac{24\div□}{25}=\frac{□}{25}$

답 ____________

예제 ♥에 알맞은 기약분수를 구하세요.

$$5\times♥=\frac{20}{27}$$

(   )

>> 정답 및 풀이 2~3쪽

02-1 변형

빈칸에 알맞은 기약분수를 구하세요.

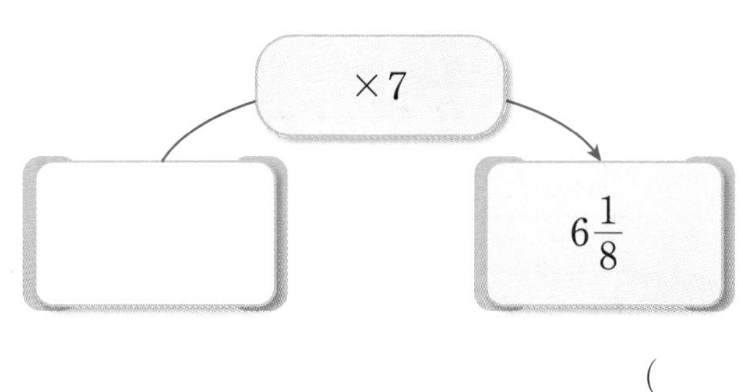

(　　　　　　　　)

02-2 변형

□ 안에 알맞은 기약분수를 구하세요.

$$\square \times 5 = 6\frac{2}{3} \div 4$$

(　　　　　　　　)

02-3 변형

어떤 수에 9를 곱했더니 $6\frac{3}{4}$이 되었습니다. 어떤 수를 기약분수로 나타내 보세요.

02-4 발전

어떤 수를 6으로 나누어야 할 것을 잘못하여 곱했더니 $2\frac{2}{5}$가 되었습니다. 바르게 계산한 값을 기약분수로 나타내 보세요.

(　　　　　　　　)

유형 변형

범위에 알맞은 수를 구하자.

유형 솔루션

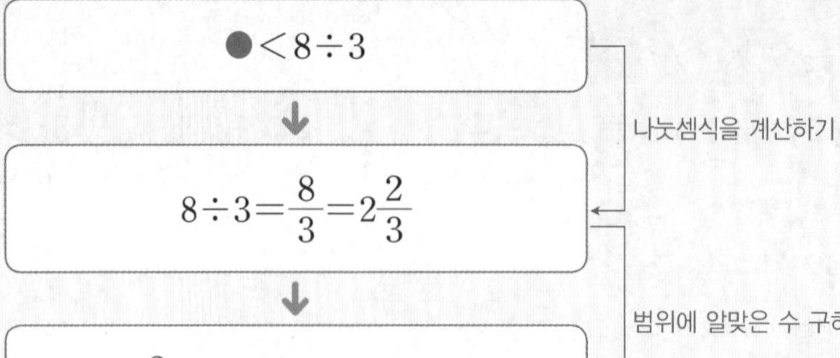

●$< 2\frac{2}{3}$이므로 ●는 2 이하의 자연수

→ ●$=1, 2$

대표 유형 03

●에 들어갈 수 있는 자연수를 모두 구하세요.

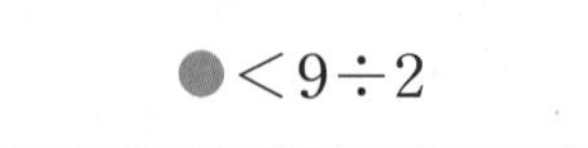

풀이

❶ $9 \div 2 = \frac{9}{2} = \square\frac{1}{2}$

❷ ●$<\square\frac{1}{2}$이므로 ●에 들어갈 수 있는 자연수는 $\square$, $\square$, $\square$, $\square$입니다.

답 ______________

예제 ■에 들어갈 수 있는 자연수를 모두 구하세요.

■$<17 \div 3$

(　　　　　　　　　　)

≫ 정답 및 풀이 3~4쪽

03-1 변형

□ 안에 들어갈 수 있는 자연수 중 가장 큰 수를 구하세요.

$$5\frac{1}{7} \div 6 > \frac{\square}{7}$$

(　　　　　　　　)

03-2 변형

□ 안에 들어갈 수 있는 자연수 중 가장 작은 수를 구하세요.

$$\square \div 9 \times 2 > \frac{8}{9}$$

(　　　　　　　　)

03-3 발전

□ 안에 들어갈 수 있는 자연수는 모두 몇 개일까요?

$$\frac{\square}{8} < 8\frac{1}{4} \div 22$$

(　　　　　　　　)

유형 변형

전체가 단위 모양 몇 개인지 알아보자.

유형 솔루션

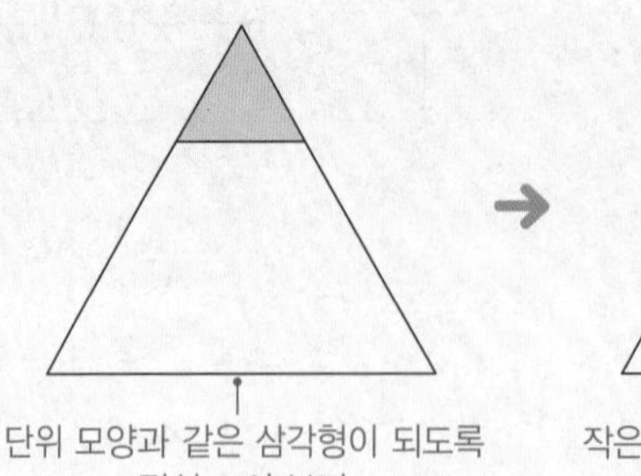

단위 모양과 같은 삼각형이 되도록
점선 그어 보기

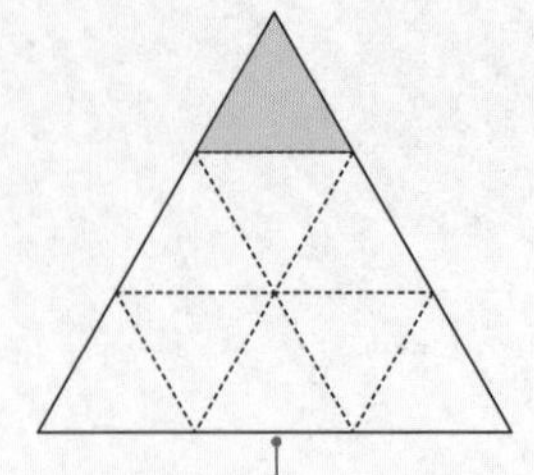

대표 유형 04

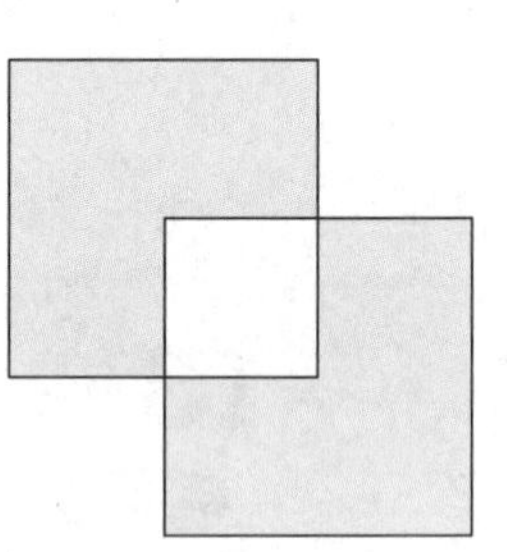

오른쪽 그림은 겹친 부분이 정사각형이 되도록 정사각형 2개를 겹쳐서 만든 모양입니다. 겹친 부분은 전체를 똑같이 7로 나눈 것 중의 1이고, 만든 모양의 전체 넓이가 $4\frac{2}{3}$ cm²일 때 색칠한 부분의 넓이는 몇 cm²일까요?

풀이

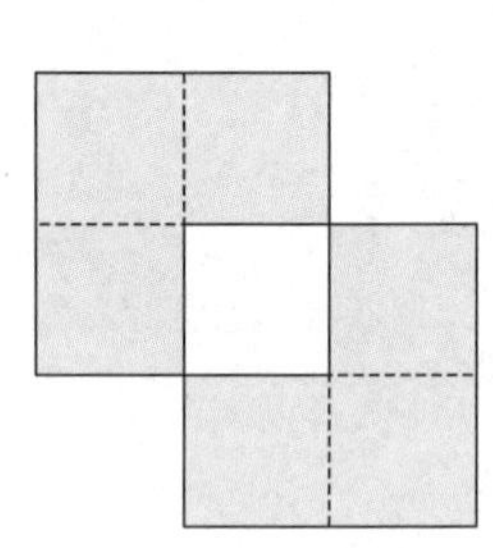

❶ 오른쪽과 같이 점선을 그으면 크기가 같은 작은 사각형 7개로 나누어집니다.

❷ (작은 사각형 한 개의 넓이)

$=(\text{전체 넓이})\div 7=4\frac{2}{3}\div 7=\frac{\square\div 7}{3}=\frac{\square}{3}(\text{cm}^2)$

❸ (색칠한 부분의 넓이)

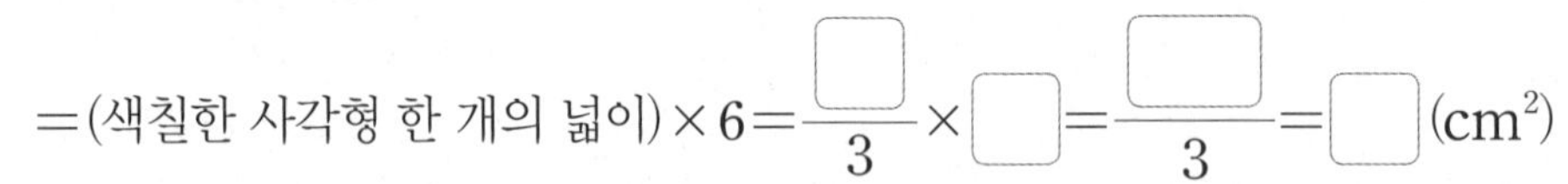

$=(\text{색칠한 사각형 한 개의 넓이})\times 6=\frac{\square}{3}\times\square=\frac{\square}{3}=\square(\text{cm}^2)$

답 ______________

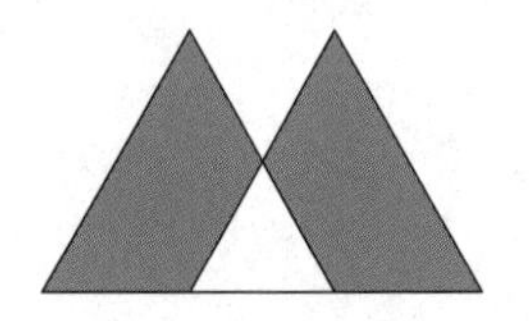

예제 오른쪽 그림은 겹친 부분이 정삼각형이 되도록 정삼각형 2개를 겹쳐서 만든 모양입니다. 겹친 부분은 전체를 똑같이 7로 나눈 것 중의 1이고, 만든 모양의 전체 넓이가 $9\frac{1}{3}$ cm²일 때 색칠한 부분의 넓이는 몇 cm²일까요?

(　　　　　　　　　　)

>> 정답 및 풀이 4~5쪽

04-1 변형

오른쪽 그림은 꼭짓점과 각 변의 한가운데 점을 이어서 만든 모양입니다. 직사각형 ㄱㄴㄷㄹ의 넓이가 $3\frac{3}{7}$ cm²일 때 색칠한 부분의 넓이는 몇 cm²인지 기약분수로 나타내 보세요.

(　　　　　　)

04-2 변형

오른쪽 그림은 정사각형 ㄱㄴㄷㄹ을 각 변의 한가운데 점을 이어 가면서 사각형을 만든 모양입니다. 정사각형 ㄱㄴㄷㄹ의 넓이가 $7\frac{1}{9}$ cm²일 때 색칠한 부분의 넓이는 몇 cm²인지 기약분수로 나타내 보세요.

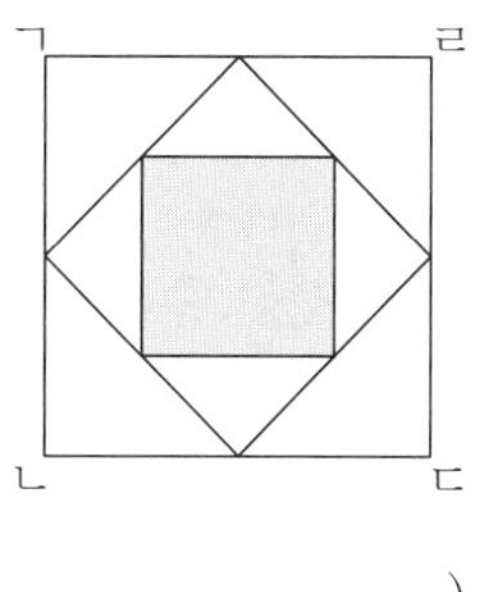

(　　　　　　)

04-3 발전

오른쪽 그림은 정사각형 ㄱㄴㄷㄹ을 합동인 정사각형 9개로 나눈 것입니다. 정사각형 ㄱㄴㄷㄹ의 넓이가 $5\frac{19}{25}$ cm²일 때 색칠한 부분의 넓이는 몇 cm²인지 기약분수로 나타내 보세요.

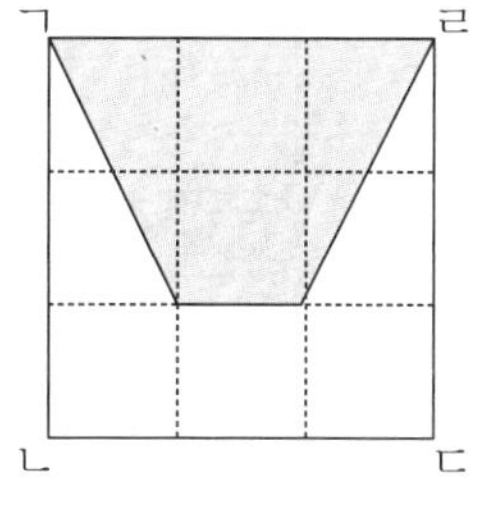

(　　　　　　)

유형변형 똑같이 나눈 한 도막의 길이를 구하자.

• 똑같이 ★도막으로 나눈 색 테이프의 한 도막의 길이

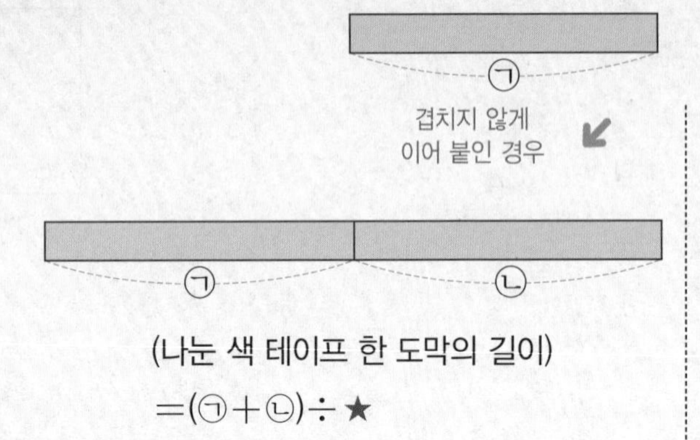

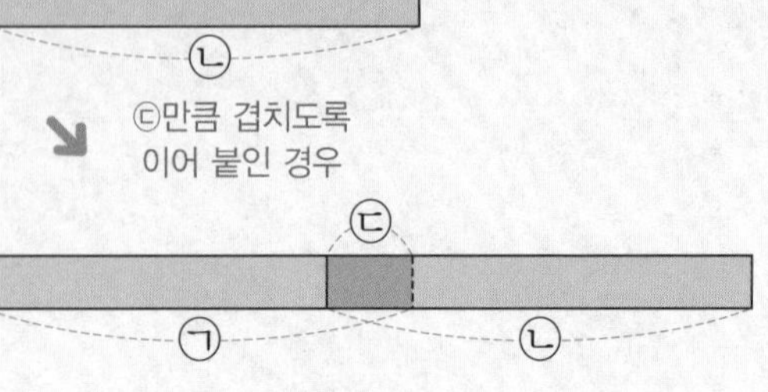

(나눈 색 테이프 한 도막의 길이)
=(㉠+㉡)÷★

(나눈 색 테이프 한 도막의 길이)
=(㉠+㉡−㉢)÷★
겹친 부분의 길이

대표 유형 **05**

길이가 $\frac{12}{25}$ m인 같은 색 테이프 2개를 겹치지 않게 한 줄로 이어 붙인 후 똑같이 3도막으로 나누었습니다. 나눈 색 테이프 한 도막의 길이는 몇 m인지 기약분수로 나타내 보세요.

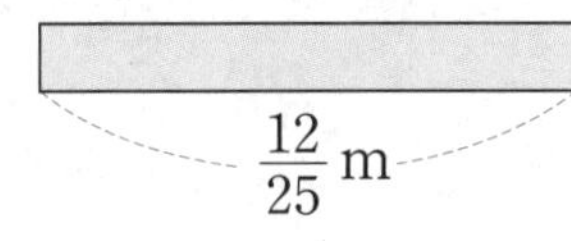

$\frac{12}{25}$ m

풀이

❶ (이어 붙인 색 테이프의 전체 길이)$=\frac{12}{25}+\frac{12}{25}=\frac{\square}{25}$(m)

❷ (나눈 색 테이프 한 도막의 길이)$=\frac{\square}{25}\div 3=\frac{\square\div 3}{25}=\frac{\square}{25}$(m)

답 ______________

예제 길이가 $\frac{13}{36}$ m인 같은 색 테이프 2개를 겹치지 않게 한 줄로 이어 붙인 후 똑같이 4도막으로 나누었습니다. 나눈 색 테이프 한 도막의 길이는 몇 m인지 기약분수로 나타내 보세요.

$\frac{13}{36}$ m　　$\frac{13}{36}$ m

(　　　　　　　　)

>> 정답 및 풀이 5쪽

05-1 변형

길이가 $\frac{5}{18}$ m, $\frac{7}{18}$ m인 두 색 테이프를 $\frac{1}{9}$ m 겹치도록 이어 붙인 후 똑같이 6도막으로 나누었습니다. 나눈 색 테이프 한 도막의 길이는 몇 m인지 기약분수로 나타내 보세요.

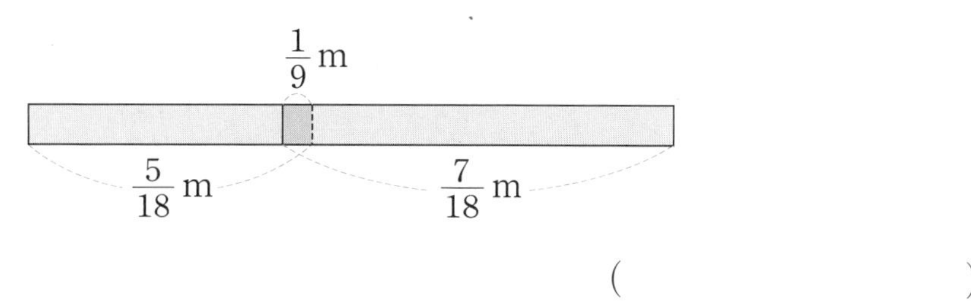

( )

05-2 변형

다음과 같이 똑같은 색 테이프 3장을 $\frac{3}{25}$ m씩 겹치도록 이어 붙였을 때 전체 길이가 $15\frac{9}{25}$ m였습니다. 색 테이프 한 장의 길이는 몇 m인지 기약분수로 나타내 보세요.

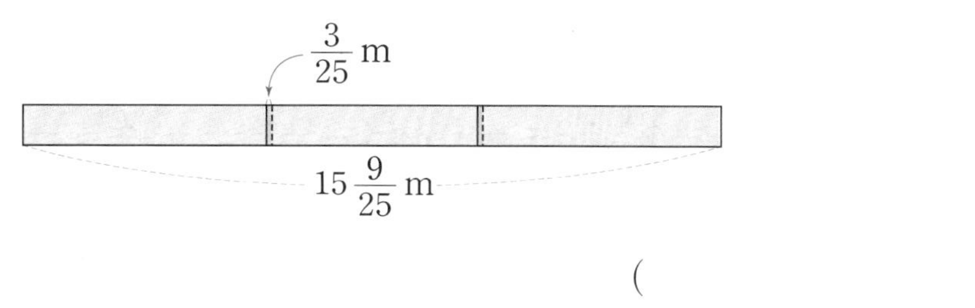

( )

05-3 발전

다음과 같이 똑같은 색 테이프 10장을 $\frac{4}{15}$ m씩 겹치도록 이어 붙였을 때 전체 길이가 $35\frac{17}{20}$ m였습니다. 색 테이프 한 장의 길이는 몇 m인지 기약분수로 나타내 보세요.

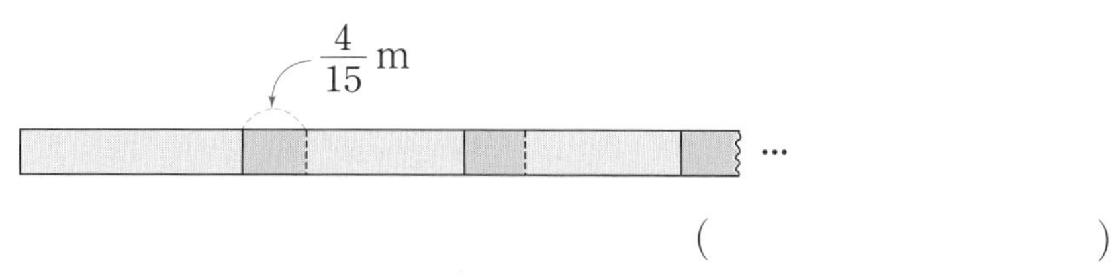

( )

유형 변형

고장 난 시계의 시각과 정확한 시각의 차를 알아보자.

유형 솔루션

• 빨리(늦게) 간 시간 구하기

예 5일 동안 $3\frac{3}{4}$분씩 ➔ 하루 동안 $\frac{3}{4}$분 (÷5, ÷5)

• 고장 난 시계의 시각 구하기

(빨리 가는 시계의 시각)
=(정확한 시각)+(빨리 간 시간)

(늦게 가는 시계의 시각)
=(정확한 시각)−(늦게 간 시간)

대표 유형 06

3일 동안 $4\frac{1}{5}$분씩 빨리 가는 시계를 어느 날 오후 5시에 정확히 맞추어 놓았습니다. 다음 날 오후 5시에 이 시계는 오후 몇 시 몇 분 몇 초를 가리킬까요?

풀이

❶ (하루 동안 빨리 가는 시간)

$=4\frac{1}{5}\div3=\frac{\square}{5}\div3=\frac{\square\div3}{5}=\frac{\square}{5}=1\frac{\square}{5}$(분)

❷ $1\frac{\square}{5}$분$=1\frac{\square}{60}$분$=1$분 $\square$초이므로

(다음 날 오후 5시에 이 시계가 가리키는 시각)

=오후 5시+1분 $\square$초=오후 5시 $\square$분 $\square$초

답 ____________________

예제 4일 동안 $10\frac{2}{3}$분씩 빨리 가는 시계를 어느 날 오전 9시에 정확히 맞추어 놓았습니다. 다음 날 오전 9시에 이 시계는 오전 몇 시 몇 분 몇 초를 가리킬까요?

(   )

>> 정답 및 풀이 6쪽

06-1 변형

6일 동안 10분씩 빨리 가는 시계를 어느 날 오후 1시에 정확히 맞추어 놓았습니다. 다음 날 오후 1시에 이 시계는 오후 몇 시 몇 분 몇 초를 가리킬까요?

( )

06-2 변형

3일 동안 $\frac{4}{5}$분씩 늦게 가는 시계를 어느 날 오후 6시에 정확히 맞추어 놓았습니다. 이틀 뒤 오후 6시에 이 시계는 오후 몇 시 몇 분 몇 초를 가리킬까요?

( )

06-3 변형

이틀 동안 $8\frac{1}{3}$분씩 빨리 가는 시계를 8월 27일 오전 11시에 정확히 맞추어 놓았습니다. 8월 28일 오후 11시에 이 시계는 오후 몇 시 몇 분 몇 초를 가리킬까요?

( )

06-4 발전

일주일 동안 19분씩 늦게 가는 시계를 화요일 오후 7시에 정확히 맞추어 놓았습니다. 이 시계는 그 주의 토요일 오전 7시에 오전 몇 시 몇 분 몇 초를 가리킬까요?

( )

유형 변형 단위 거리와 단위 시간을 구하자.

$1\frac{30}{60}$시간$=1\frac{1}{2}$시간

1시간 30분 동안 간 거리: $100\frac{1}{2}$ km

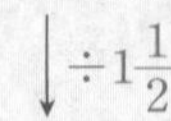

$\div 1\frac{1}{2}$ $\quad$ $\div 1\frac{1}{2}$

➔ 1시간 동안 간 거리: 67 km

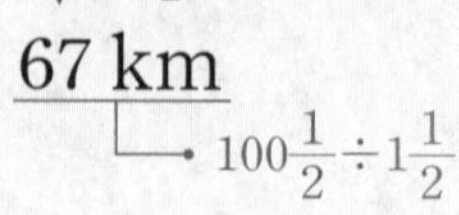

$100\frac{1}{2} \div 1\frac{1}{2}$

대표 유형 07

한 시간에 $70\frac{4}{5}$ km를 가는 자동차가 있습니다. 이 자동차가 2시간 20분 동안 간 거리를 버스가 일정한 빠르기로 3시간 만에 가려고 합니다. 버스는 한 시간에 몇 km를 가야 하는지 기약분수로 나타내 보세요.

풀이

❶ 2시간 20분$=$2시간$+\frac{\square}{60}$시간$=2\frac{\square}{3}$시간

❷ (자동차가 2시간 20분 동안 간 거리)

$=70\frac{4}{5}\times\square\frac{\square}{3}=\frac{\square}{5}\times\frac{\square}{3}=\frac{\square}{5}=\square\frac{\square}{5}$ (km)

❸ (버스가 한 시간에 가야 하는 거리)

$=\square\frac{\square}{5}\div 3=\frac{\square}{5}\div 3=\frac{\square}{5}\times\frac{1}{3}=\frac{\square}{15}=\square\frac{\square}{15}$ (km)

답 ______________

예제 한 시간에 $60\frac{3}{4}$ km를 가는 트럭이 있습니다. 이 트럭이 1시간 40분 동안 간 거리를 오토바이가 일정한 빠르기로 2시간 만에 가려고 합니다. 오토바이는 한 시간에 몇 km를 가야 하는지 기약분수로 나타내 보세요.

(   )

>> 정답 및 풀이 7~8쪽

07-1 변형

한 시간에 $27\frac{7}{10}$ km를 가는 유람선이 있습니다. 이 유람선이 2시간 30분 동안 간 거리를 보트가 일정한 빠르기로 2시간 만에 가려고 합니다. 보트는 한 시간에 몇 km씩 가야 하는지 기약분수로 나타내 보세요.

(　　　　　　　　)

07-2 변형

5시간에 $388\frac{1}{3}$ km를 달리는 자동차가 있습니다. 이 자동차가 3시간 45분 동안 간 거리를 기차가 일정한 빠르기로 2시간 만에 가려고 합니다. 기차는 한 시간에 몇 km를 가야 하는지 기약분수로 나타내 보세요.

(　　　　　　　　)

07-3 발전

현애와 성수는 같은 장소에서 출발하여 서로 같은 방향으로 걷고 있습니다. 현애는 8분 동안 $\frac{2}{5}$ km를 가는 빠르기로 걸어가고, 성수는 9분 동안 $\frac{3}{5}$ km를 가는 빠르기로 걸어간다면 출발한 지 21분 후에 두 사람 사이의 거리는 몇 km인지 기약분수로 나타내 보세요.

(　　　　　　　　)

유형 변형

전체 일의 양을 1로 생각하자.

유형 솔루션

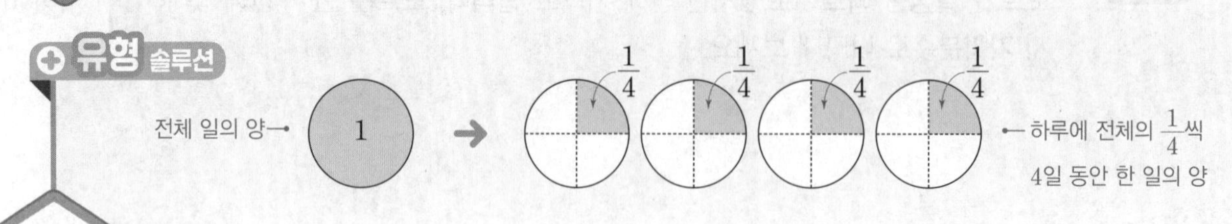

대표 유형 08

같은 일을 슬아가 혼자 하면 전체의 $\frac{1}{4}$을 하는 데 5일이 걸리고, 예서가 혼자 하면 전체의 $\frac{2}{5}$를 하는 데 8일이 걸립니다. 이 일을 두 사람이 함께 하여 끝내려면 며칠이 걸릴까요?

(단, 한 사람이 하루에 하는 일의 양은 일정합니다.)

풀이

❶ 전체 일의 양을 1이라 하면

(슬아가 하루 동안 하는 일의 양)$=\frac{1}{4}\div\square=\frac{1}{4}\times\frac{1}{\square}=\frac{1}{\square}$

(예서가 하루 동안 하는 일의 양)$=\frac{2}{5}\div\square=\frac{2}{5}\times\frac{1}{\square}=\frac{2}{\square}=\frac{1}{\square}$

❷ (두 사람이 함께 하루 동안 하는 일의 양)$=\frac{1}{20}+\frac{1}{\square}=\frac{\square}{20}=\frac{\square}{10}$

❸ $\frac{\square}{10}\times\square=1$이므로 두 사람이 함께 하여 일을 끝내려면 $\square$일이 걸립니다.

답 ______________

예제 같은 일을 영지가 혼자 하면 전체의 $\frac{1}{6}$을 하는 데 4일이 걸리고, 상미가 혼자 하면 전체의 $\frac{3}{8}$을 하는 데 9일이 걸립니다. 이 일을 두 사람이 함께 하여 끝내려면 며칠이 걸릴까요?

(단, 한 사람이 하루에 하는 일의 양은 일정합니다.)

(　　　　　　　　)

>> 정답 및 풀이 8~9쪽

08-1 변형

어떤 일을 문재가 혼자 하면 전체의 $\frac{4}{9}$를 하는 데 8일이 걸립니다. 문재가 혼자 이 일을 끝내려면 며칠이 걸릴까요? (단, 문재가 하루에 하는 일의 양은 일정합니다.)

(　　　　　　　　)

08-2 변형

같은 일을 유미가 혼자 하면 전체의 $\frac{2}{9}$를 하는 데 16일이 걸리고, 진우가 혼자 하면 전체의 $\frac{1}{6}$을 하는 데 6일이 걸립니다. 이 일을 두 사람이 함께 끝내려면 며칠이 걸릴까요?

(단, 한 사람이 하루에 하는 일의 양은 일정합니다.)

(　　　　　　　　)

08-3 발전

같은 일을 경수와 누나가 함께 하면 전체의 $\frac{7}{10}$을 하는 데 2일이 걸리고, 누나가 혼자 하면 전체의 $\frac{3}{4}$을 하는 데 3일이 걸립니다. 경수가 혼자 이 일을 끝내려면 며칠이 걸릴까요?

(단, 한 사람이 하루에 하는 일의 양은 일정합니다.)

(　　　　　　　　)

실전 적용

대표 유형 02

01 ㉠에 알맞은 기약분수를 구하세요.

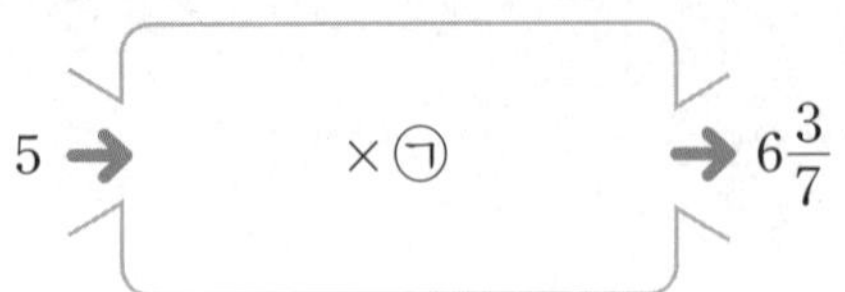

Tip
곱셈과 나눗셈의 관계를 이용합니다.

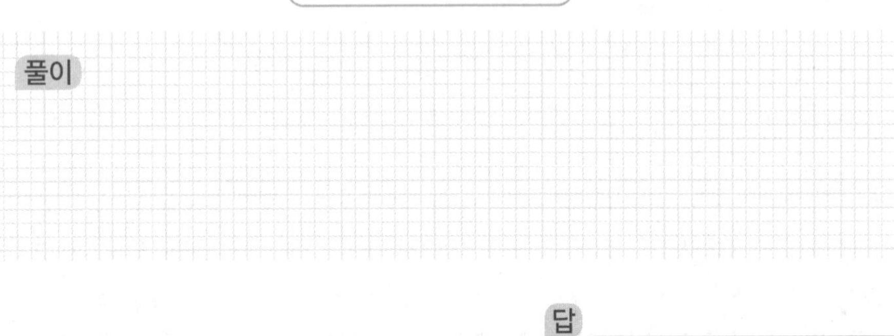

답 ____________

대표 유형 03

02 □ 안에 들어갈 수 있는 자연수를 모두 구하세요.

$$1\frac{5}{7} \div 2 < \square < 9\frac{1}{3} \div 4$$

풀이

답 ____________

대표 유형 01

03 계산 결과의 분모가 8일 때 □ 안에 들어갈 수 있는 자연수는 모두 몇 개일까요?

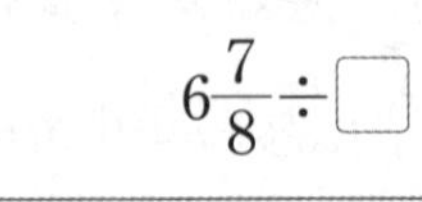

Tip
□ 안에 들어갈 수 있는 자연수는 약분되어 1이 되어야 합니다.

풀이

답 ____________

>> 정답 및 풀이 9쪽

대표 유형 01

04 계산 결과가 자연수일 때 □ 안에 들어갈 수 있는 수를 모두 구하세요.

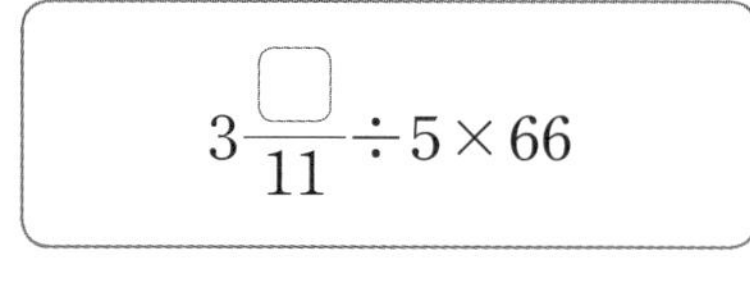
$$3\frac{\square}{11} \div 5 \times 66$$

풀이

답 ____________

Tip 계산 결과가 자연수가 되려면 분자가 분모의 배수이어야 합니다.

대표 유형 03

05 □ 안에 들어갈 수 있는 자연수 중 가장 큰 수를 구하세요.

$$8 \times \frac{\square}{7} < 6\frac{6}{7}$$

풀이

답 ____________

Tip > 또는 <를 =로 바꾸어 계산을 간단히 한 다음 □ 안에 들어갈 수 있는 자연수를 생각해 봅니다.

대표 유형 04

06 오른쪽 그림은 정사각형 ㄱㄴㄷㄹ을 합동인 정사각형 16개로 나눈 것입니다. 정사각형 ㄱㄴㄷㄹ의 넓이가 $4\frac{4}{15}$ cm^2일 때 색칠한 부분의 넓이는 몇 cm^2인지 기약분수로 나타내 보세요.

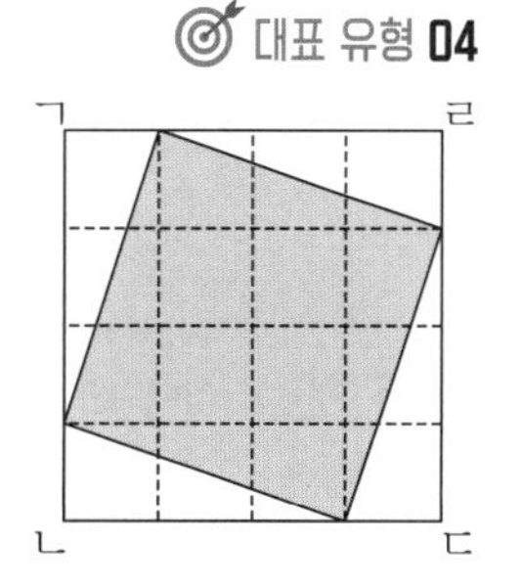

풀이

답 ____________

Tip 색칠한 부분의 넓이는 가장 작은 정사각형 몇 개의 넓이와 같은지 알아봅니다.

1 분수의 나눗셈

실전 적용

대표 유형 05

07 다음과 같이 똑같은 색 테이프 13장을 $\frac{3}{16}$ m씩 겹치도록 이어 붙였을 때 전체 길이가 $56\frac{1}{4}$ m였습니다. 색 테이프 한 장의 길이는 몇 m인지 기약분수로 나타내 보세요.

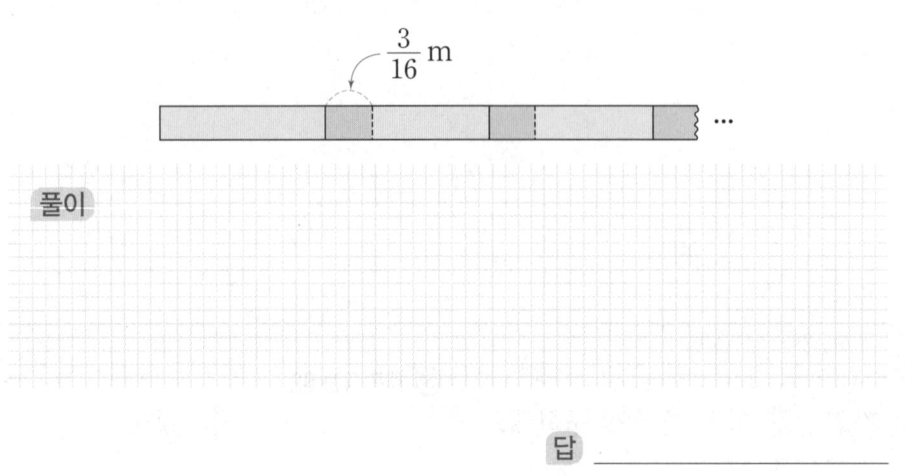

풀이

답 ________

> **Tip**
> (겹친 부분의 군데 수)
> =(색 테이프의 수)−1

대표 유형 04

08 오른쪽 그림은 겹친 부분이 마름모가 되도록 정육각형 2개를 겹쳐서 만든 모양입니다. 겹친 부분은 전체를 5로 나눈 것 중의 1이고, 만든 모양의 전체 넓이가 $9\frac{1}{2}$ cm^2일 때 색칠한 부분의 넓이는 몇 cm^2인지 기약분수로 나타내 보세요.

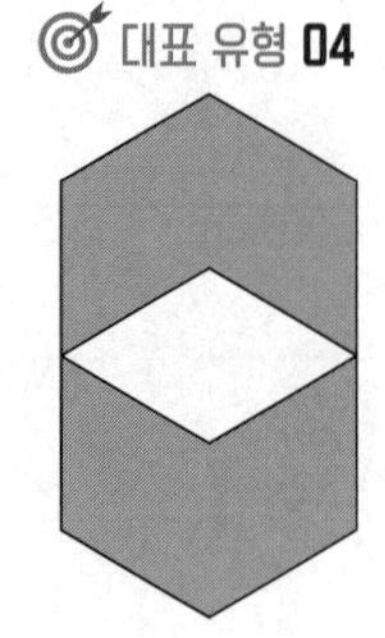

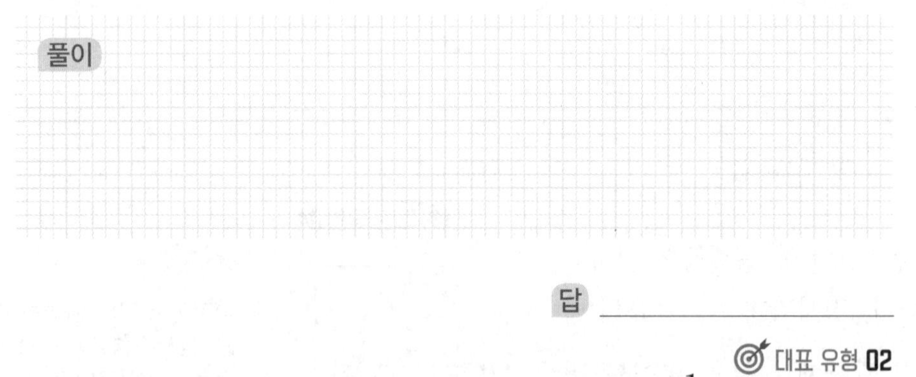

풀이

답 ________

> **Tip**
> 색칠한 부분의 넓이는 전체를 똑같이 5로 나눈 것 중의 1의 몇 배와 같은지 알아봅니다.

대표 유형 02

09 어떤 수를 5로 나누어야 할 것을 잘못하여 곱했더니 $8\frac{1}{3}$이 되었습니다. 바르게 계산한 값을 기약분수로 나타내 보세요.

풀이

답 ________

> **Tip**
> 어떤 수를 □로 하여 잘못 계산한 식을 세웁니다.

대표 유형 07

10 은우와 소라는 같은 장소에서 출발하여 서로 반대 방향으로 자전거를 타고 있습니다. 은우는 5분 동안 $\frac{2}{3}$ km를 가는 빠르기로 가고, 소라는 4분 동안 $\frac{3}{5}$ km를 가는 빠르기로 간다면 출발한 지 26분 후에 두 사람 사이의 거리는 몇 km인지 기약분수로 나타내 보세요.

Tip
은우와 소라가 서로 반대 방향으로 가므로 두 사람 사이의 거리는 점점 멀어집니다.

풀이

답 ______________

대표 유형 06

11 5일 동안 $8\frac{3}{4}$분씩 늦게 가는 시계를 7월 17일 오후 5시 30분에 정확히 맞추어 놓았습니다. 7월 23일 오후 5시 30분에 이 시계는 오후 몇 시 몇 분 몇 초를 가리킬까요?

Tip
먼저 하루 동안 늦게 가는 시간을 구합니다.

풀이

답 ______________

대표 유형 08

12 같은 일을 승지가 혼자 하면 전체의 $\frac{3}{8}$을 하는 데 18일이 걸리고, 성태가 혼자 하면 전체의 $\frac{5}{6}$를 하는 데 20일이 걸립니다. 이 일을 두 사람이 함께 끝내려면 며칠이 걸릴까요? (단, 한 사람이 하루에 하는 일의 양은 일정합니다.)

Tip
전체 일의 양을 1로 생각합니다.

풀이

답 ______________

2 각기둥과 각뿔

유형 변형 대표 유형

01 구성 요소로 각기둥과 각뿔의 이름을 알아보자.
면, 모서리, 꼭짓점의 수를 이용하여 어떤 각기둥(각뿔)인지 알고 문제 해결하기

02 길이가 같은 모서리를 모두 찾아 전개도의 둘레를 알아보자.
전개도의 둘레 구하기

03 모서리를 잘라 전개도의 옆면을 직사각형 한 개로 만들자.
한 면의 둘레 또는 넓이를 알 때 선분의 길이 구하기

04 만들어지는 각기둥의 모든 모서리의 길이의 합을 구하자.
전개도를 보고 완성된 입체도형의 모든 모서리의 길이의 합 구하기

05 전개도의 선분과 입체도형의 모서리를 연결해 보자.
전개도에서 빗금 친 부분의 넓이 구하기

06 각뿔의 모든 모서리의 길이의 합을 구하자.
각뿔의 모든 모서리의 길이의 합 구하기

07 사용한 끈의 길이와 평행한 모서리의 길이를 알아보자.
상자를 끈으로 묶으려고 할 때 필요한 테이프의 길이 구하기

08 선이 지나는 점을 모두 찾아보자.
입체도형에 그은 선을 전개도에 나타내기

각기둥 알아보기

교과서 개념

각기둥 알아보기

• 각기둥: 서로 평행한 두 면이 있고 합동인 다각형으로 이루어진 입체도형

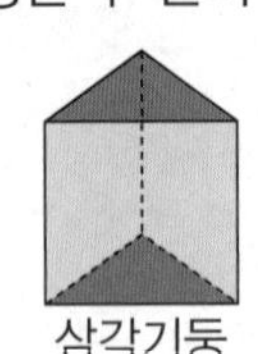
삼각기둥

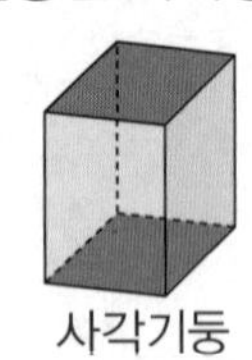
사각기둥

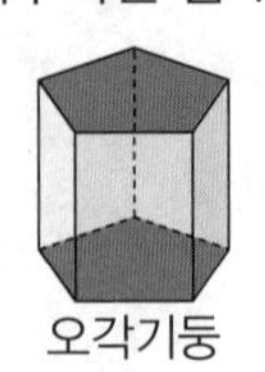
오각기둥

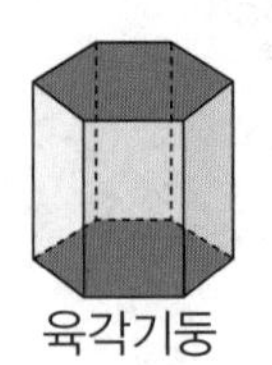
육각기둥

각기둥의 구성 요소

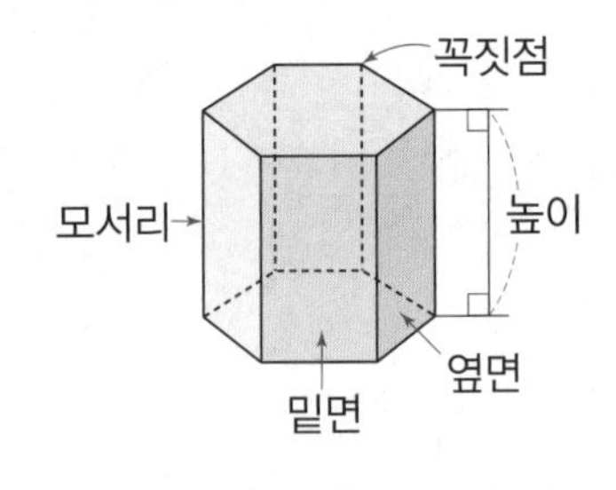

- 밑면: 서로 평행하고 합동인 두 면
- 옆면: 두 밑면과 만나는 면
- 모서리: 면과 면이 만나는 선분
- 꼭짓점: 모서리와 모서리가 만나는 점
- 높이: 두 밑면 사이의 거리

01 다음 중 각기둥이 아닌 것은 어느 것일까요? ………………………………………… (　　　)

① 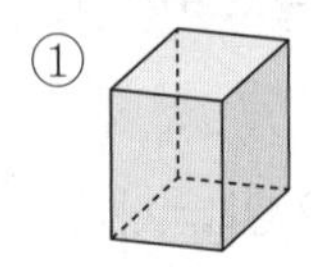
② 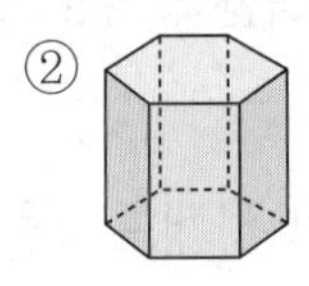
③ 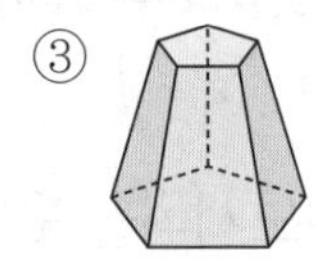
④ 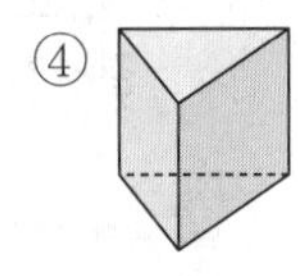
⑤ 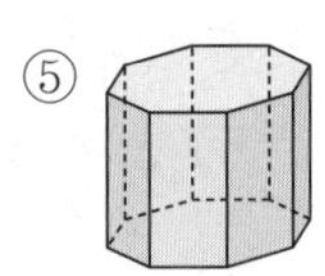

02 각기둥이 되려면 면이 적어도 몇 개 있어야 할까요?

(　　　　　　　　)

03 오각기둥과 구각기둥의 한 밑면의 변의 수의 차는 몇 개일까요?

(　　　　　　　　)

>> 정답 및 풀이 11쪽

활용 개념 1 각기둥의 구성 요소 사이의 관계

면의 수(개)	모서리의 수(개)	꼭짓점의 수(개)
(한 밑면의 변의 수)+2	(한 밑면의 변의 수)×3	(한 밑면의 변의 수)×2

04 한 밑면의 모양이 오른쪽과 같은 각기둥의 면, 모서리, 꼭짓점의 수를 구하세요.

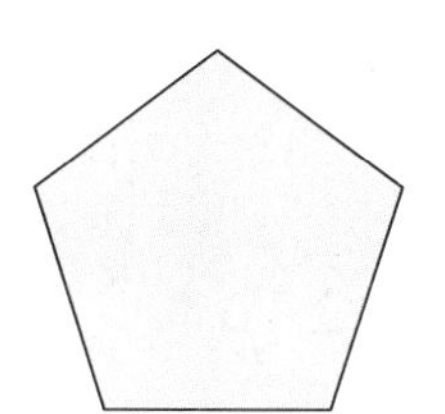

면 (　　　　　　　)
모서리 (　　　　　　　)
꼭짓점 (　　　　　　　)

05 꼭짓점이 14개인 각기둥의 이름을 써 보세요.

(　　　　　　　)

활용 개념 2 다면체 알아보기 중등 연계

다면체: 다각형인 면으로 둘러싸인 입체도형

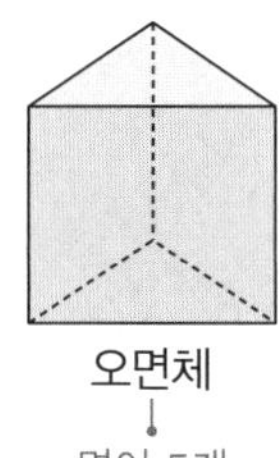
오면체
↓
면이 5개

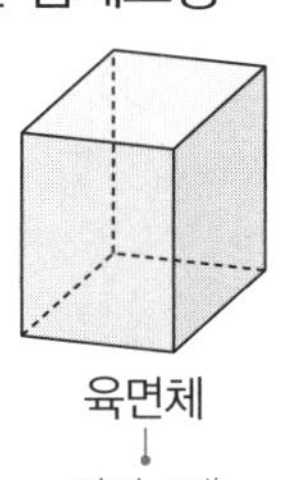
육면체
↓
면이 6개

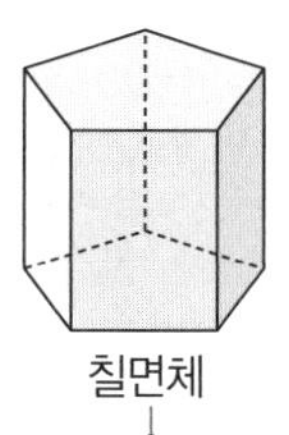
칠면체
↓
면이 7개

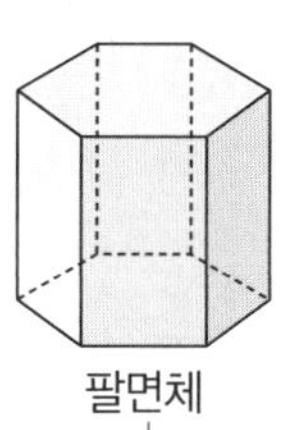
팔면체
↓
면이 8개

06 밑면이 사각형이고 각기둥인 다면체의 이름을 써 보세요.

(　　　　　　　)

2 각기둥과 각뿔

각기둥의 전개도 알아보기

교과서 개념

각기둥의 전개도 알아보기

• 각기둥의 전개도: 각기둥의 모서리를 잘라서 평면 위에 펼쳐 놓은 그림

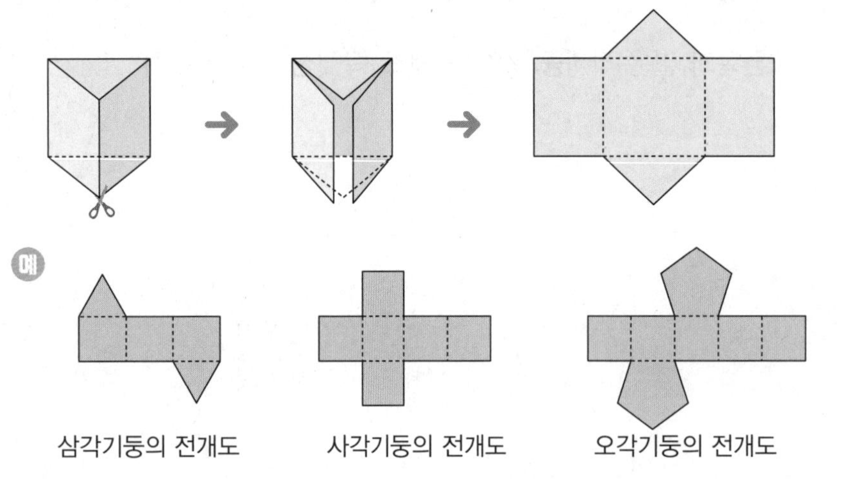

01 사각기둥의 전개도에서 면 ㄱㄴㅍㅎ이 한 밑면일 때 다른 밑면을 찾아 써 보세요.

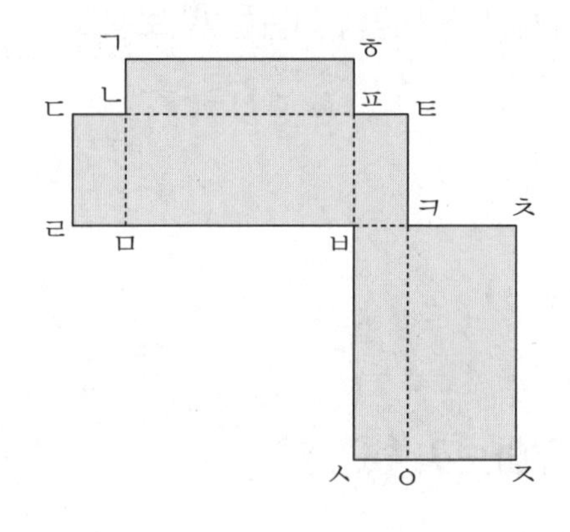

(　　　　　　　　)

02 오른쪽 사각기둥의 전개도를 접었을 때 선분 ㄱㄴ과 만나는 선분을 찾아 써 보세요.

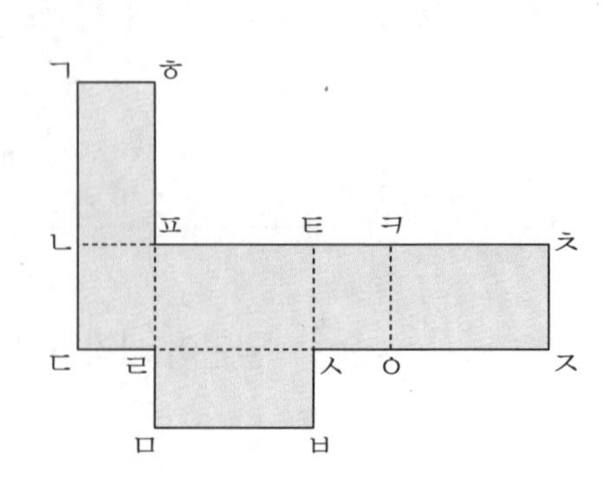

(　　　　　　　　)

>> 정답 및 풀이 11쪽

활용 개념 1 각기둥에서 최단 거리 찾기

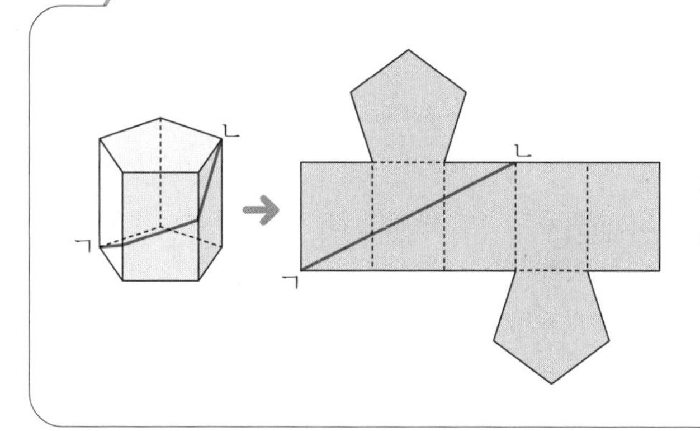

점 ㄱ과 점 ㄴ을 잇는 최단 거리는 전개도에서 점 ㄱ과 점 ㄴ을 선분으로 이은 길이와 같습니다.

03 각기둥의 면을 지나면서 점 ㄱ과 점 ㄴ을 잇는 최단 거리를 전개도에 그려 보세요.

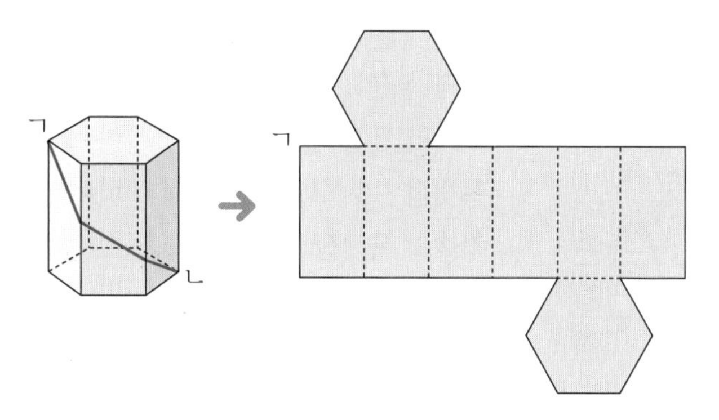

04 각기둥의 면을 지나면서 점 ㄱ에서 점 ㄴ을 잇고, 다시 점 ㄱ을 잇는 최단 거리를 전개도에 그려 보세요.

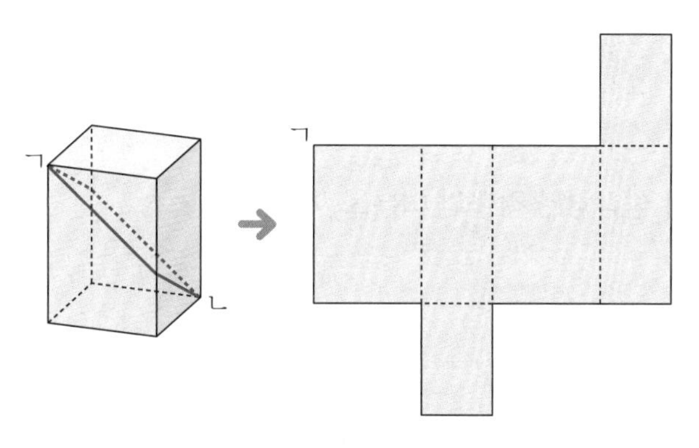

각뿔 알아보기

교과서 개념

각뿔 알아보기

• 각뿔: 밑면이 다각형이고 옆면은 모두 삼각형인 입체도형

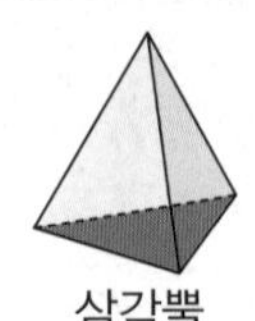
삼각뿔

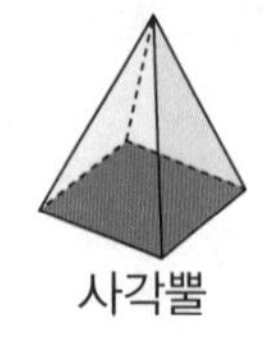
사각뿔

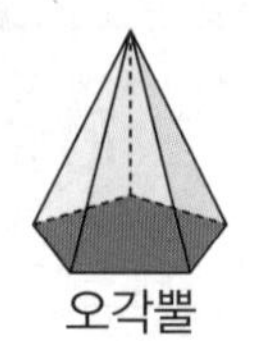
오각뿔

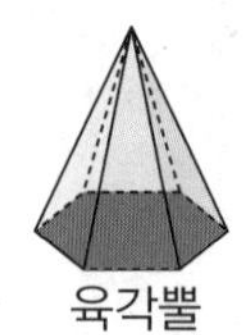
육각뿔

각뿔의 구성 요소

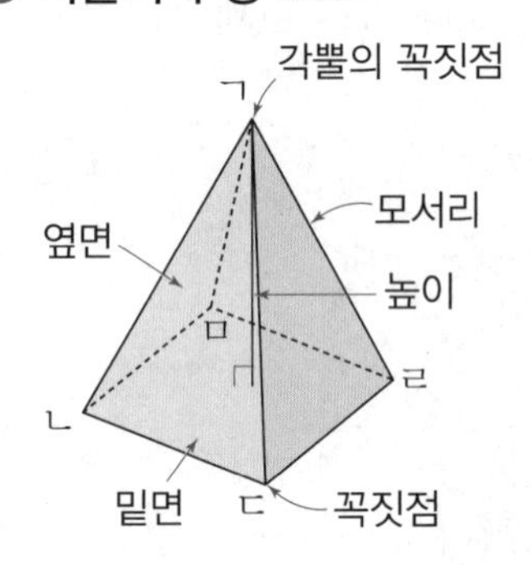

- 밑면: 면 ㄴㄷㄹㅁ과 같은 면
- 옆면: 밑면과 만나는 면
- 모서리: 면과 면이 만나는 선분
- 꼭짓점: 모서리와 모서리가 만나는 점
- 각뿔의 꼭짓점: 꼭짓점 중에서도 옆면이 모두 만나는 점
- 높이: 각뿔의 꼭짓점에서 밑면에 수직인 선분의 길이

01 각뿔은 모두 몇 개일까요?

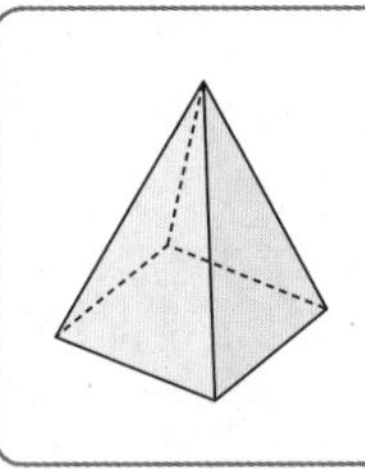
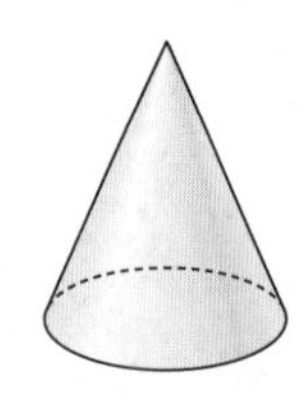
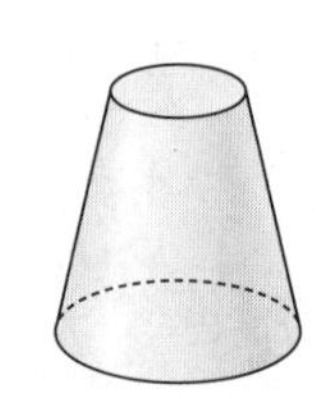
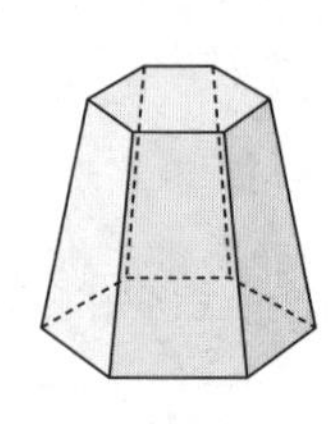
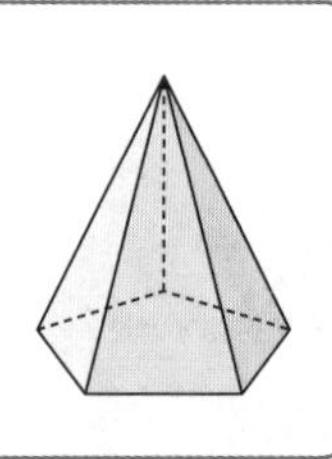

( )

02 모든 면이 삼각형인 각뿔의 이름을 써 보세요.

( )

03 칠각뿔의 옆면은 삼각형 몇 개로 이루어져 있을까요?

( )

>> 정답 및 풀이 11쪽

활용 개념 1 각뿔의 구성 요소 사이의 관계

면의 수(개)	모서리의 수(개)	꼭짓점의 수(개)
(밑면의 변의 수)+1	(밑면의 변의 수)×2	(밑면의 변의 수)+1

04 밑면의 모양이 오른쪽과 같은 각뿔의 면, 모서리, 꼭짓점의 수를 구하세요.

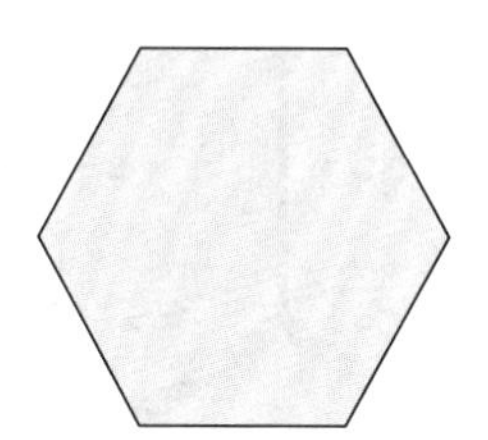

면 (　　　　　　)
모서리 (　　　　　　)
꼭짓점 (　　　　　　)

05 모서리가 18개인 각뿔의 이름을 써 보세요.

(　　　　　　)

06 면이 4개인 각뿔의 모서리는 몇 개일까요?

(　　　　　　)

07 꼭짓점이 6개인 각뿔의 면의 수와 모서리의 수의 합은 몇 개일까요?

(　　　　　　)

구성 요소로 각기둥과 각뿔의 이름을 알아보자.

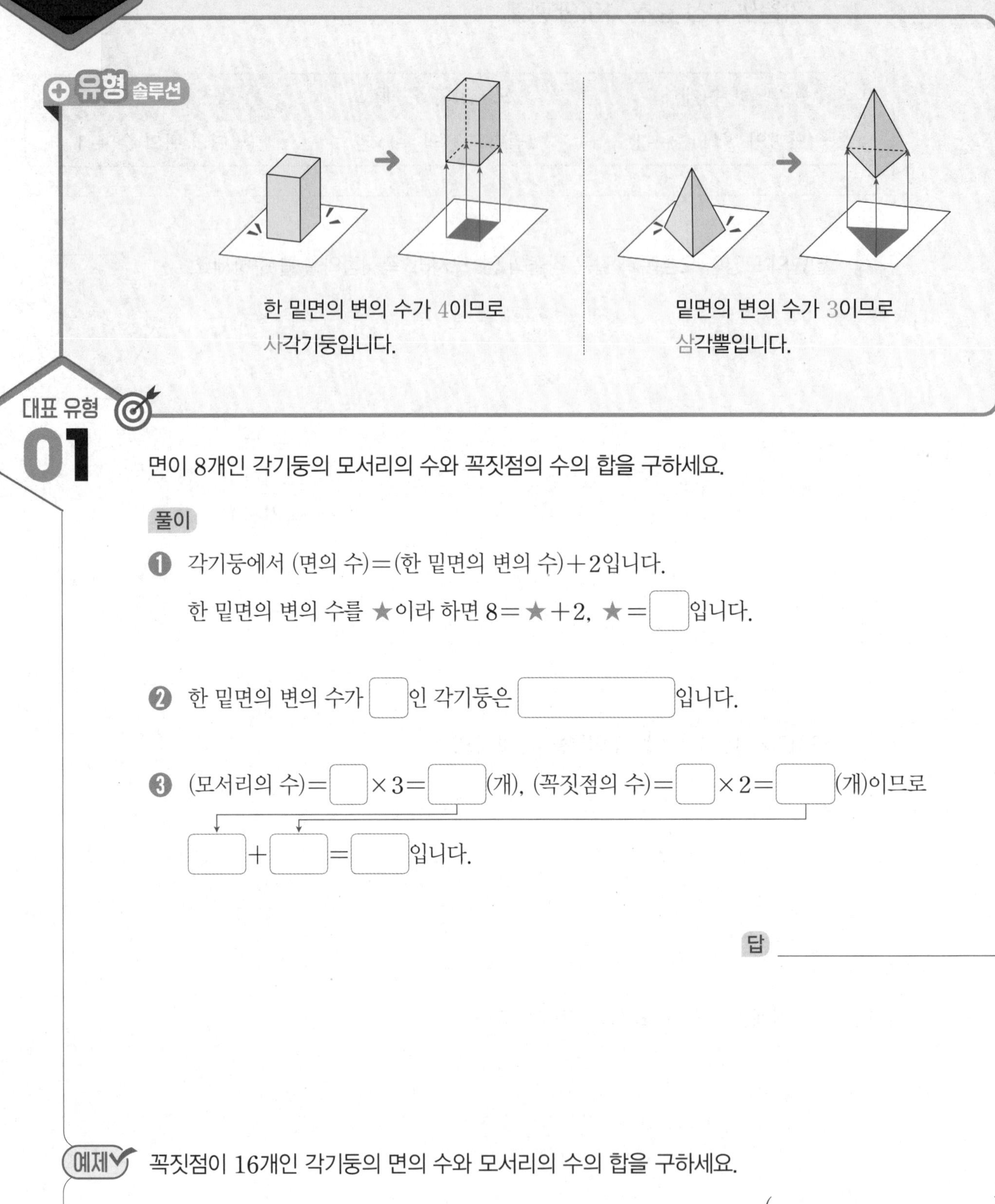

유형 솔루션
한 밑면의 변의 수가 4이므로
사각기둥입니다.
밑면의 변의 수가 3이므로
삼각뿔입니다.
대표 유형
01

면이 8개인 각기둥의 모서리의 수와 꼭짓점의 수의 합을 구하세요.

풀이

❶ 각기둥에서 (면의 수)=(한 밑면의 변의 수)+2입니다.
한 밑면의 변의 수를 ★이라 하면 8=★+2, ★=☐입니다.

❷ 한 밑면의 변의 수가 ☐인 각기둥은 ☐입니다.

❸ (모서리의 수)=☐×3=☐(개), (꼭짓점의 수)=☐×2=☐(개)이므로
☐+☐=☐입니다.

답 ______________

예제 꼭짓점이 16개인 각기둥의 면의 수와 모서리의 수의 합을 구하세요.

( )

>> 정답 및 풀이 12쪽

01-1 변형

모서리가 15개인 각기둥의 면과 꼭짓점은 각각 몇 개일까요?

면 ( )

꼭짓점 ( )

01-2 변형

다음 각기둥의 꼭짓점은 몇 개일까요?

(면의 수)+(모서리의 수)=30

( )

01-3 발전

면, 모서리, 꼭짓점의 수의 합이 56인 각기둥이 있습니다. 이 각기둥과 밑면의 모양이 같은 각뿔의 면의 수는 몇 개일까요?

( )

01-4 발전

각기둥과 각뿔이 있습니다. 두 도형의 면의 수의 차가 8이고 꼭짓점의 수의 합이 24일 때 두 도형의 모서리의 수의 합은 몇 개일까요?

( )

길이가 같은 모서리를 모두 찾아 전개도의 둘레를 알아보자.

유형 솔루션

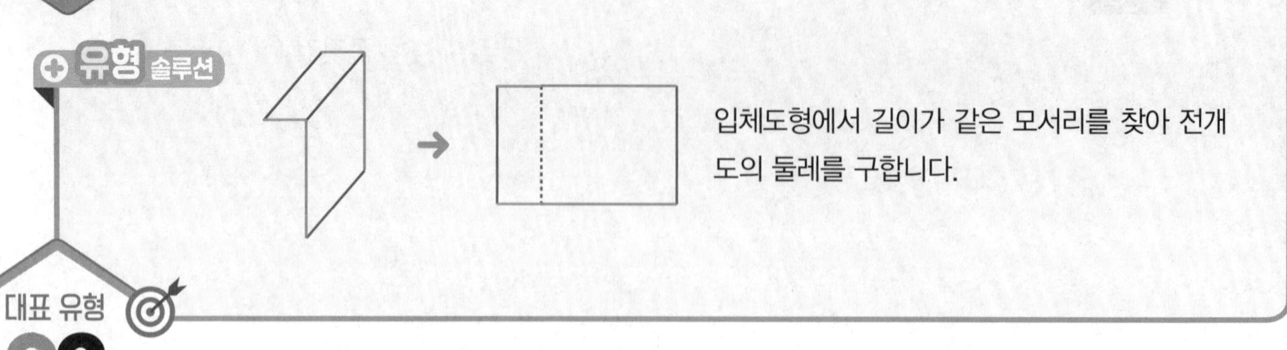

입체도형에서 길이가 같은 모서리를 찾아 전개도의 둘레를 구합니다.

대표 유형 02

삼각기둥의 전개도의 둘레는 몇 cm일까요?

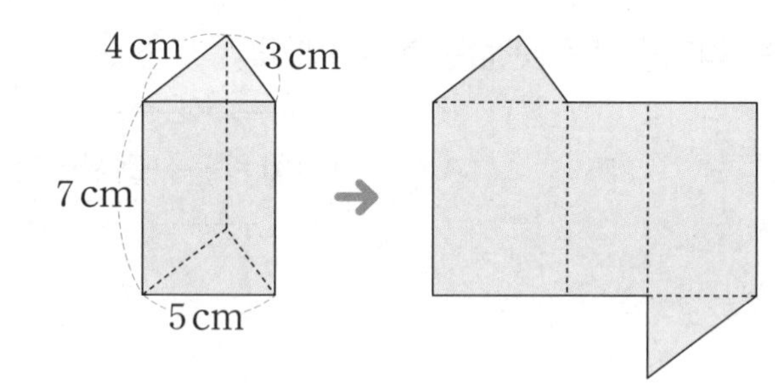

풀이

❶

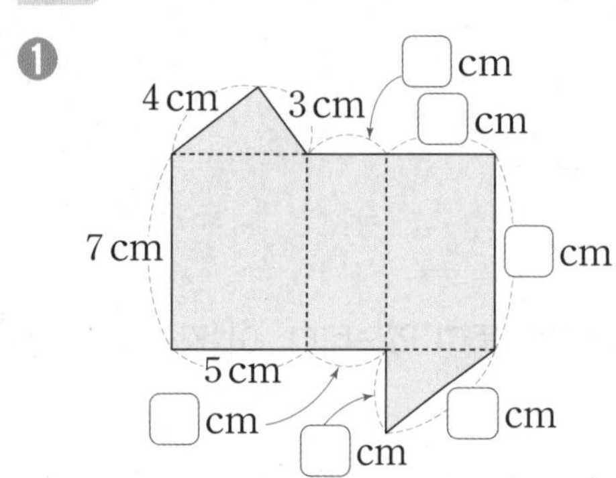

❷ (전개도의 둘레)=4+3+□+□+□+□+□+□+5+7=□(cm)

답 ______________

예제 사각기둥의 전개도의 둘레는 몇 cm일까요?

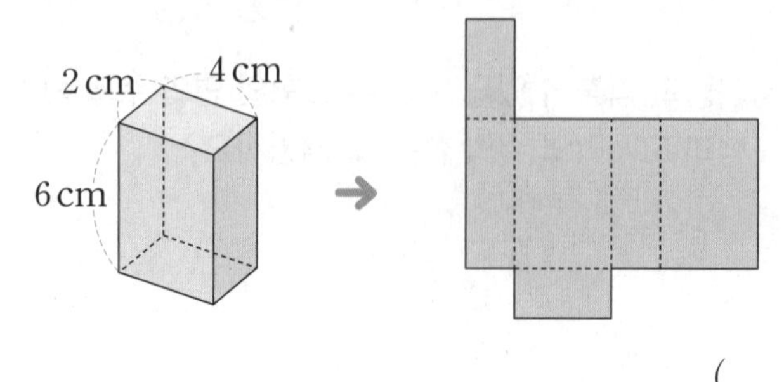

(　　　　　　　　　　)

02-1 밑면이 정오각형인 오각기둥의 전개도의 둘레는 몇 cm일까요?

변형

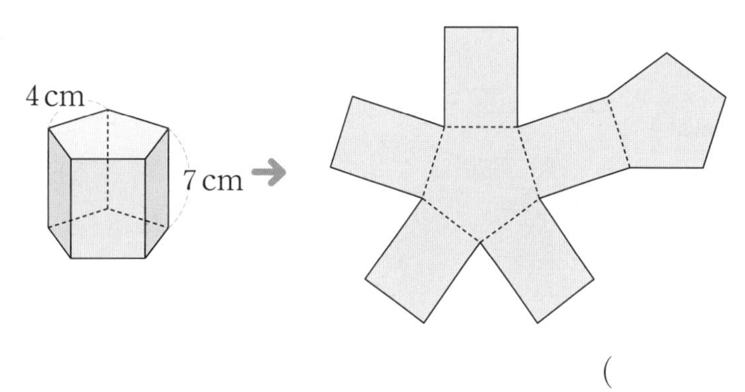

(   )

02-2 육각기둥의 전개도의 둘레는 몇 cm일까요?

변형

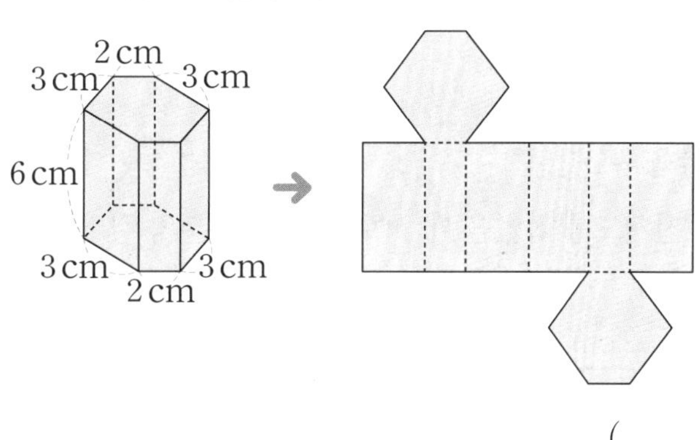

(   )

02-3 모서리의 길이가 모두 같은 사각기둥의 전개도의 둘레는 몇 cm일까요?

발전

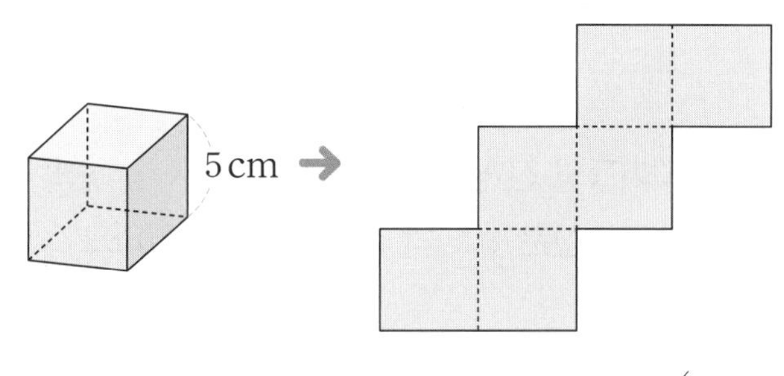

(   )

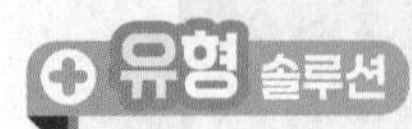

모서리를 잘라 전개도의 옆면을 직사각형 한 개로 만들자.

유형 솔루션

• 전개도에서 옆면이 직사각형일 때 선분의 길이 구하기

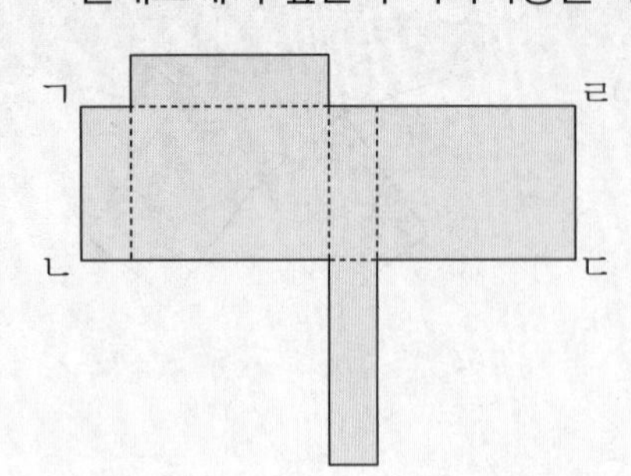

전개도를 접었을 때 서로 맞닿는 부분의 길이는 같으므로 선분 ㄱㄹ의 길이를 구할 수 있습니다.

(직사각형 ㄱㄴㄷㄹ의 넓이)

=(선분 ㄴㄷ)×(선분 ㄱㄴ)

➔ (선분 ㄱㄴ)

=(직사각형 ㄱㄴㄷㄹ의 넓이)÷(선분 ㄴㄷ)

대표 유형 03

오른쪽 사각기둥의 전개도에서 직사각형 ㄱㄴㄷㄹ의 넓이는 50 cm^2입니다. 선분 ㄱㄴ의 길이는 몇 cm일까요?

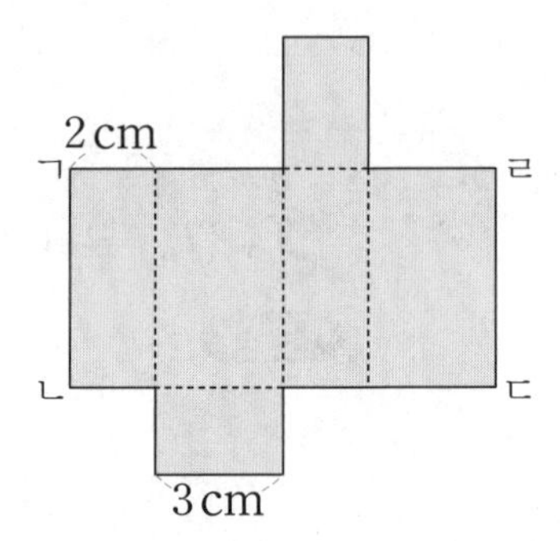

풀이

❶ 전개도를 접었을 때 서로 맞닿는 부분의 길이는 같습니다.

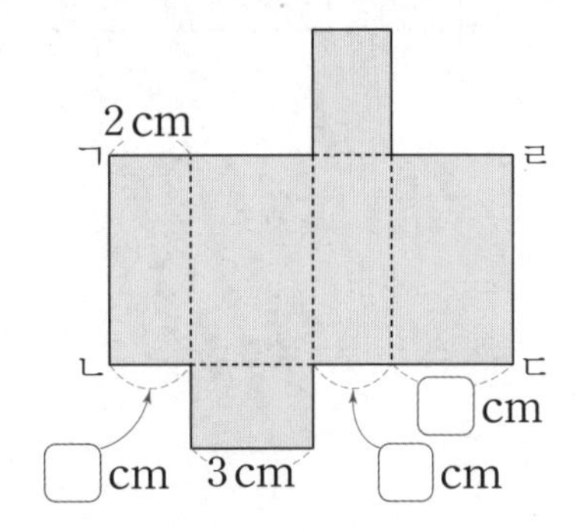

➔ (선분 ㄴㄷ)=□+3+□+□

=□(cm)

❷ 직사각형 ㄱㄴㄷㄹ의 넓이는 50 cm^2이므로

(선분 ㄴㄷ)×(선분 ㄱㄴ)=50, □×(선분 ㄱㄴ)=50, (선분 ㄱㄴ)=□cm

답 ____________

예제 오른쪽 사각기둥의 전개도에서 직사각형 ㄱㄴㄷㄹ의 넓이는 28 cm^2입니다. 선분 ㄱㄴ의 길이는 몇 cm일까요?

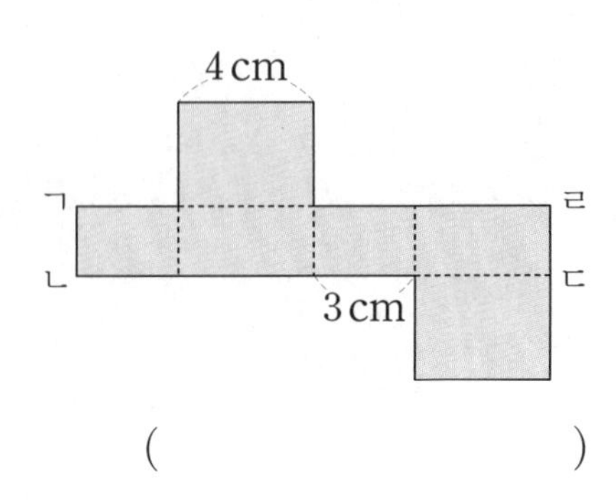

(　　　　　　)

03-1 변형

오른쪽 삼각기둥의 전개도에서 직사각형 ㄱㄴㄷㄹ의 넓이는 168 cm^2입니다. 선분 ㄱㄴ의 길이는 몇 cm일까요?

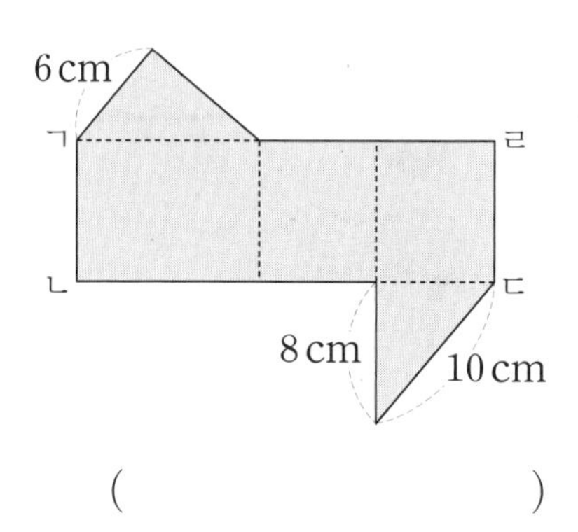

(　　　　　　　　)

03-2 변형

오른쪽 육각기둥의 전개도에서 직사각형 ㄱㄴㄷㄹ의 둘레는 114 cm입니다. 밑면의 모양이 정육각형일 때 선분 ㄱㄴ의 길이는 몇 cm일까요?

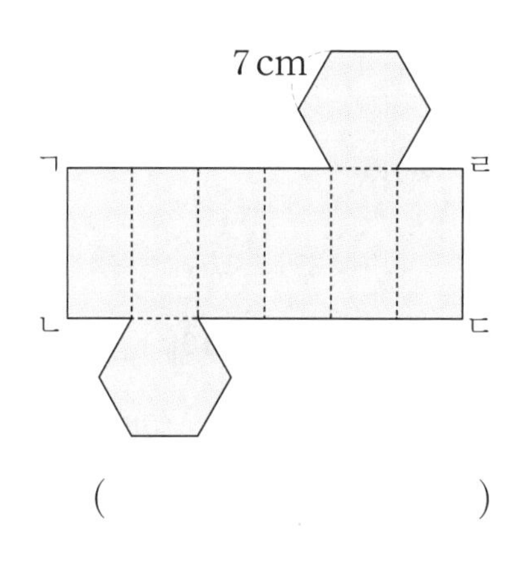

(　　　　　　　　)

03-3 발전

오른쪽 사각기둥의 전개도에서 직사각형 ㄱㄴㄷㄹ의 둘레는 42 cm입니다. 이 사각기둥의 옆면의 넓이의 합은 몇 cm^2일까요?

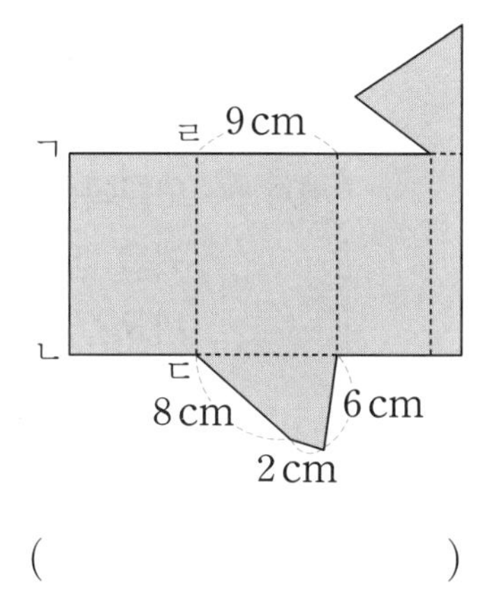

(　　　　　　　　)

2
각기둥과 각뿔

유형 변형 만들어지는 각기둥의 모든 모서리의 길이의 합을 구하자.

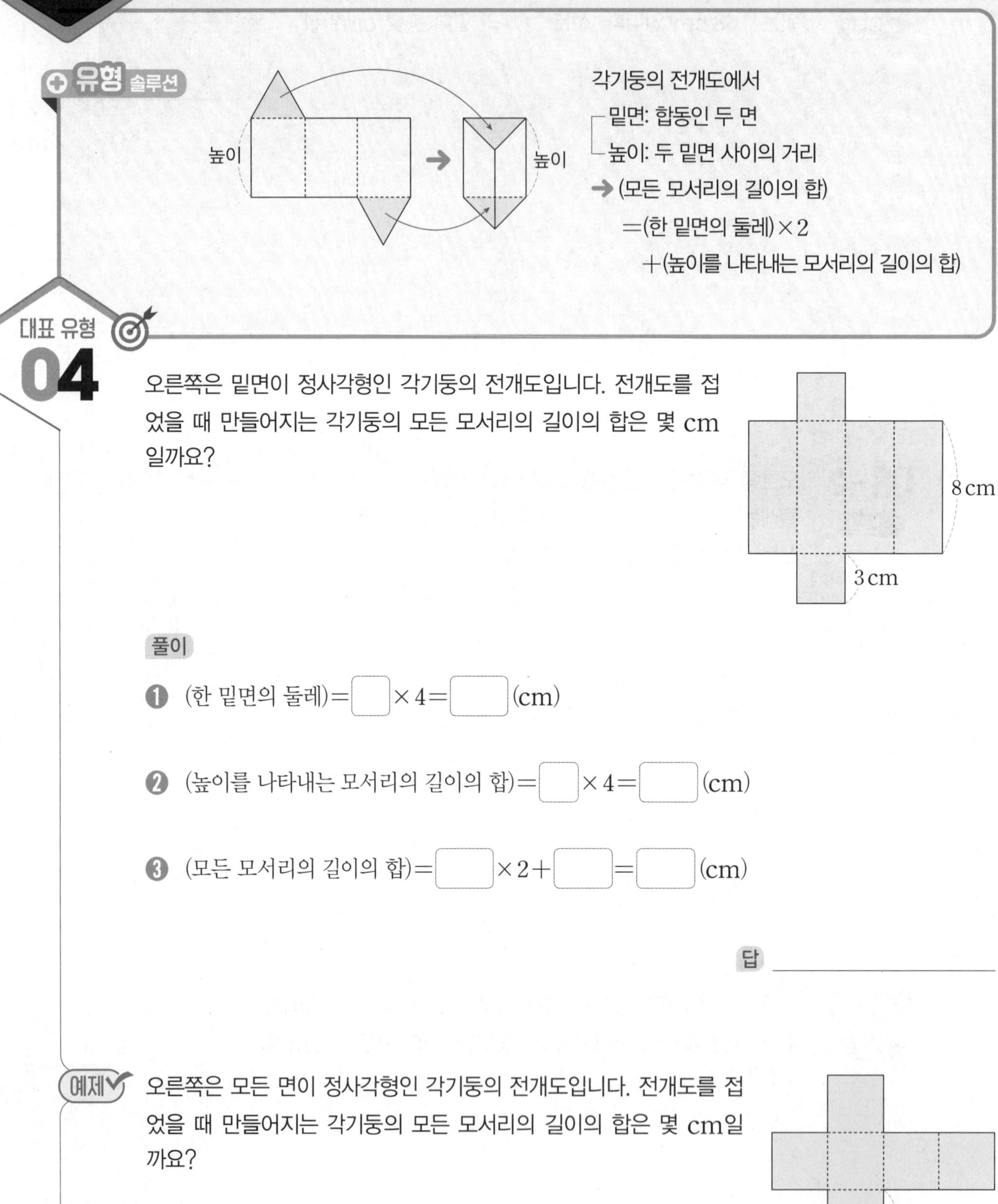

유형 솔루션

각기둥의 전개도에서
- 밑면: 합동인 두 면
- 높이: 두 밑면 사이의 거리

➔ (모든 모서리의 길이의 합)
=(한 밑면의 둘레)×2
+(높이를 나타내는 모서리의 길이의 합)

대표 유형 04

오른쪽은 밑면이 정사각형인 각기둥의 전개도입니다. 전개도를 접었을 때 만들어지는 각기둥의 모든 모서리의 길이의 합은 몇 cm일까요?

풀이

❶ (한 밑면의 둘레)=☐×4=☐(cm)

❷ (높이를 나타내는 모서리의 길이의 합)=☐×4=☐(cm)

❸ (모든 모서리의 길이의 합)=☐×2+☐=☐(cm)

답 ____________

예제 오른쪽은 모든 면이 정사각형인 각기둥의 전개도입니다. 전개도를 접었을 때 만들어지는 각기둥의 모든 모서리의 길이의 합은 몇 cm일까요?

(　　　　　　　)

>> 정답 및 풀이 14~15쪽

04-1 변형

오른쪽은 밑면이 정오각형인 각기둥의 전개도입니다. 전개도를 접었을 때 만들어지는 각기둥의 높이가 13 cm일 때 모든 모서리의 길이의 합은 몇 cm일까요?

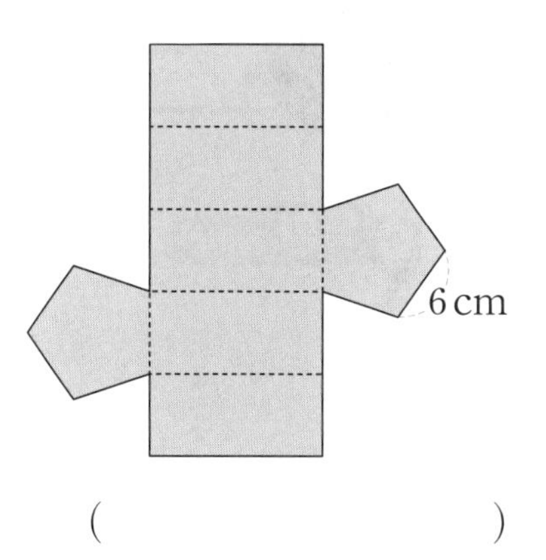

(   )

04-2 변형

오른쪽은 모든 면이 정사각형인 각기둥의 전개도입니다. 전개도를 접었을 때 만들어지는 각기둥의 모든 모서리의 길이의 합은 몇 cm일까요?

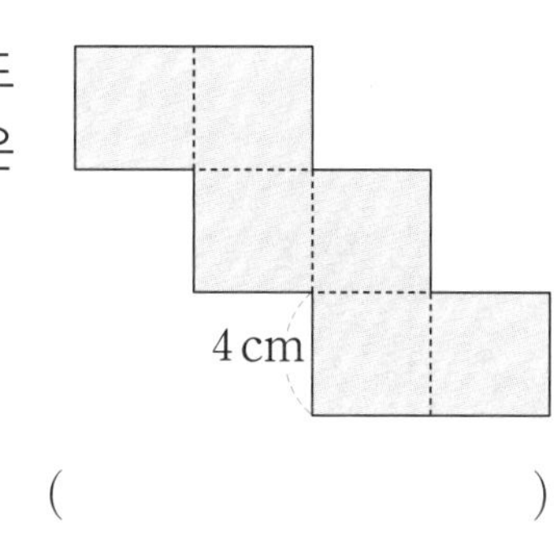

(   )

04-3 발전

오른쪽은 모든 선분의 길이가 같고 둘레가 80 cm인 삼각기둥의 전개도입니다. 전개도를 접었을 때 만들어지는 각기둥의 모든 모서리의 길이의 합은 몇 cm일까요?

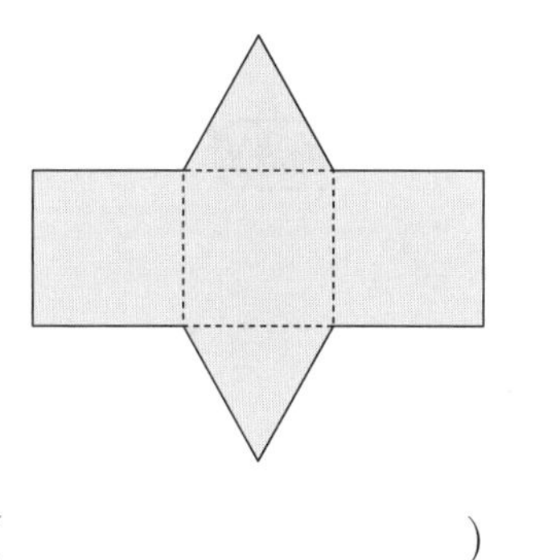

(   )

유형 변형

전개도의 선분과 입체도형의 모서리를 연결해 보자.

유형 솔루션

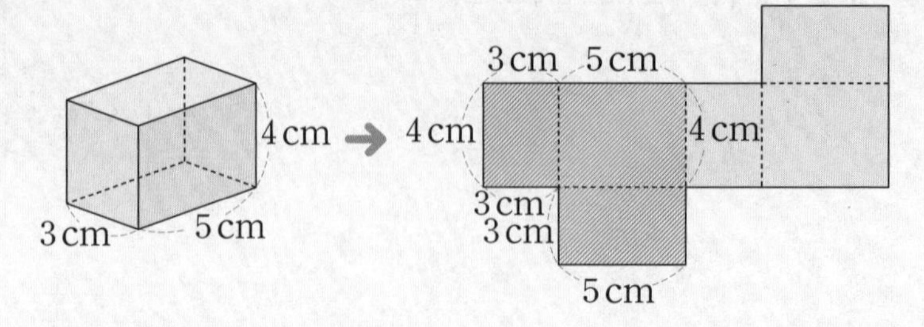

(빗금 친 부분의 둘레)$=4\times2+3\times4+5\times2=8+12+10=30$ (cm)

대표 유형 05

삼각기둥의 전개도에서 빗금 친 부분의 둘레는 몇 cm일까요?

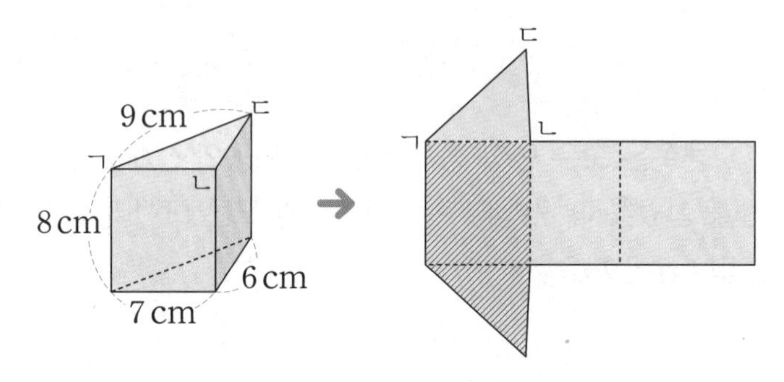

풀이

❶ 빗금 친 부분의 둘레를 이루는 선분은 ☐ cm인 선분 2개와 ☐ cm, ☐ cm, ☐ cm인 선분이 각각 1개입니다.

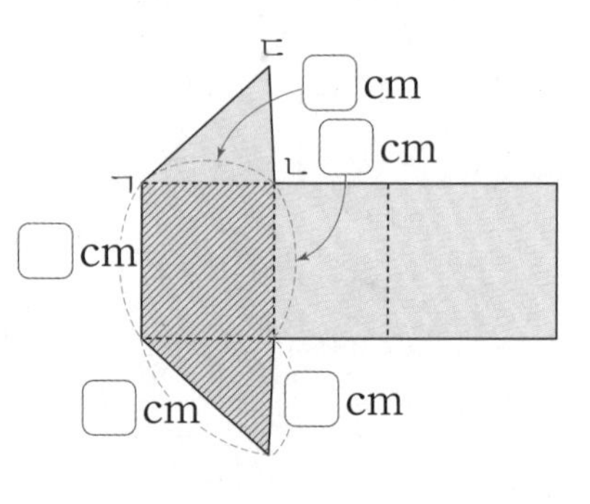

❷ (빗금 친 부분의 둘레)$=$☐$\times2+$☐$+$☐$+$☐

$=$☐ (cm)

답 ____________

예제 삼각기둥의 전개도에서 빗금 친 부분의 둘레는 몇 cm일까요?

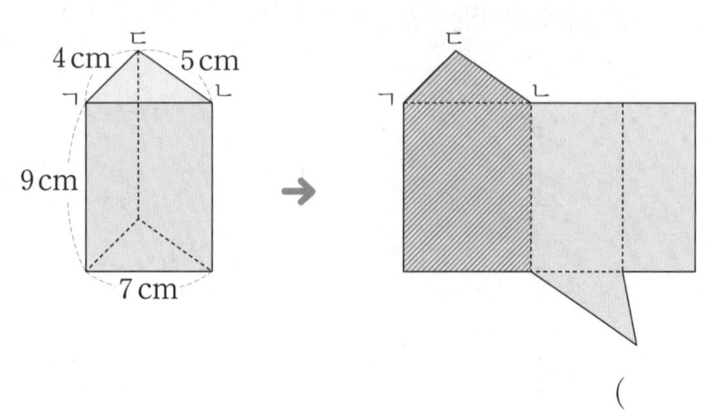

(   )

05-1 변형

사각기둥의 전개도에서 빗금 친 부분의 둘레는 몇 cm일까요?

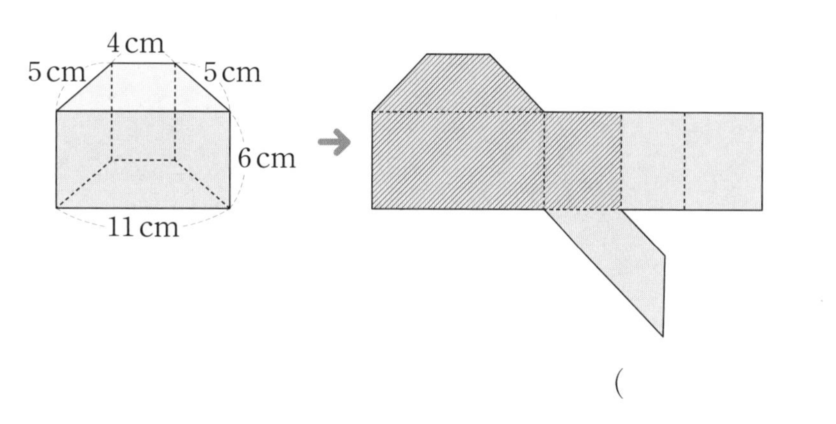

( )

05-2 변형

밑면이 정육각형이고 옆면이 합동인 6개의 정사각형으로 이루어진 각기둥의 전개도입니다. 빗금 친 부분의 둘레가 112 cm일 때 한 밑면의 둘레는 몇 cm일까요?

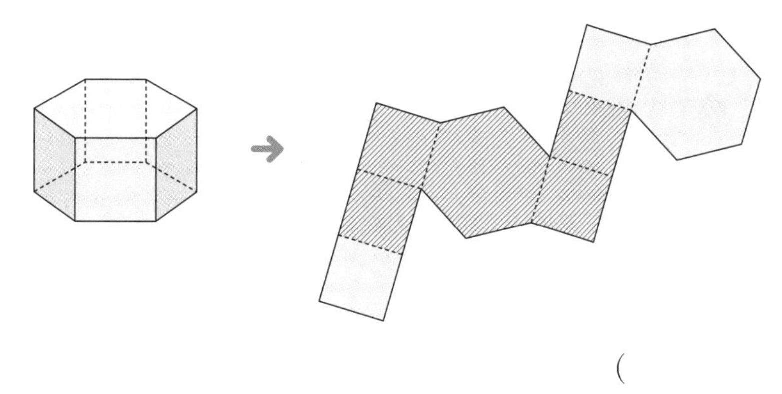

( )

05-3 발전

밑면이 정오각형인 오각기둥의 전개도에서 빗금 친 부분의 둘레가 74 cm일 때 이 오각기둥의 옆면의 넓이의 합은 몇 cm^2일까요?

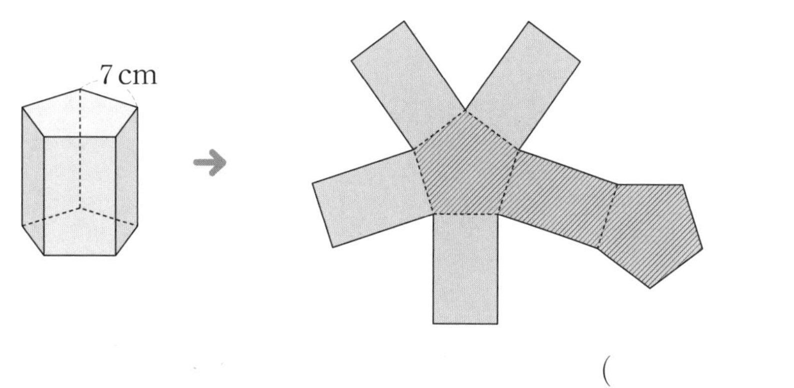

( )

유형 변형

각뿔의 모든 모서리의 길이의 합을 구하자.

유형 솔루션

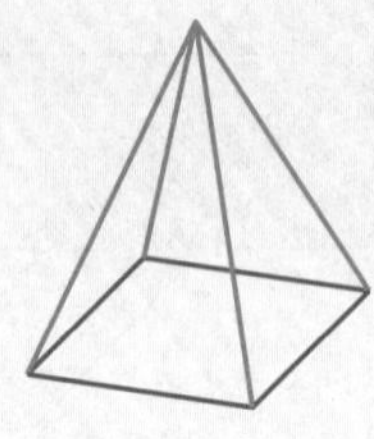

사각뿔의 모든 모서리의 길이의 합은 밑면의 둘레와 옆면의 모서리의 길이의 합을 더해 구합니다.

대표 유형 06

오른쪽 각뿔은 밑면이 정사각형이고 옆면이 이등변삼각형입니다. 이 각뿔의 모든 모서리의 길이의 합은 몇 cm일까요?

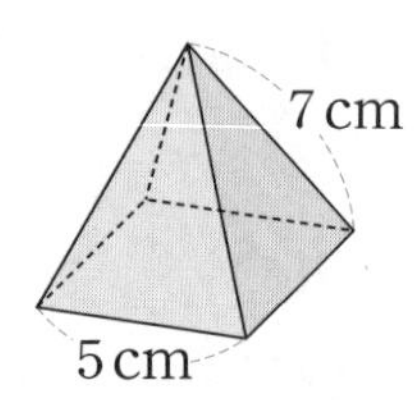

풀이

❶ (밑면의 둘레)$=5\times4=$ ☐ (cm)

❷ (옆면의 모서리의 길이의 합)$=$ ☐ $\times4=$ ☐ (cm)

❸ (모든 모서리의 길이의 합)$=$ ☐ $+$ ☐ $=$ ☐ (cm)

답 ____________

예제 오른쪽 각뿔은 밑면이 정오각형이고 옆면이 이등변삼각형입니다. 이 각뿔의 모든 모서리의 길이의 합은 몇 cm일까요?

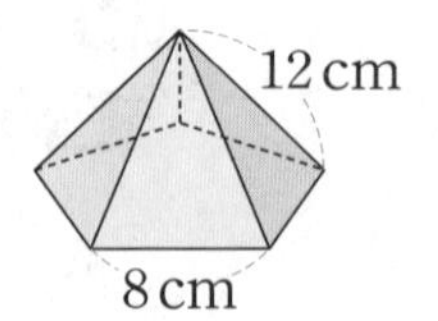

(　　　　　　　　)

>> 정답 및 풀이 16쪽

06-1 변형

오른쪽 각뿔은 모든 모서리의 길이가 같습니다. 이 육각뿔의 모든 모서리의 길이의 합은 몇 cm일까요?

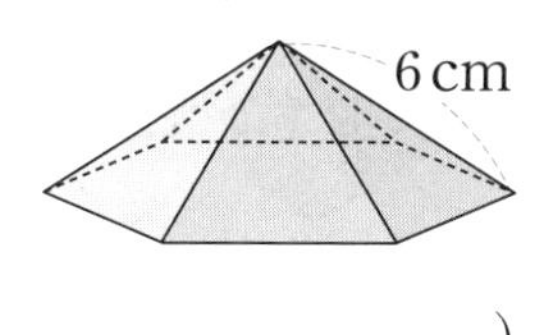

(　　　　　　　　)

06-2 변형

오른쪽 각뿔은 밑면이 정삼각형이고 옆면이 이등변삼각형입니다. 이 삼각뿔의 모든 모서리의 길이의 합은 몇 cm일까요?

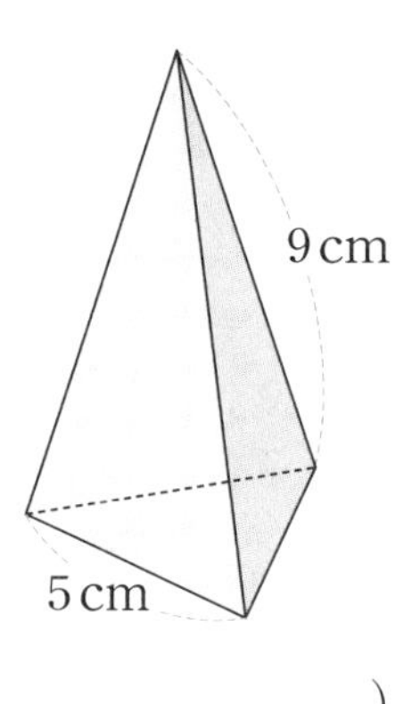

(　　　　　　　　)

06-3 발전

오른쪽 각뿔은 밑면이 직사각형이고 옆면이 이등변삼각형입니다. 이 각뿔의 모든 모서리의 길이의 합이 54 cm일 때 옆면의 모서리의 길이는 몇 cm일까요?

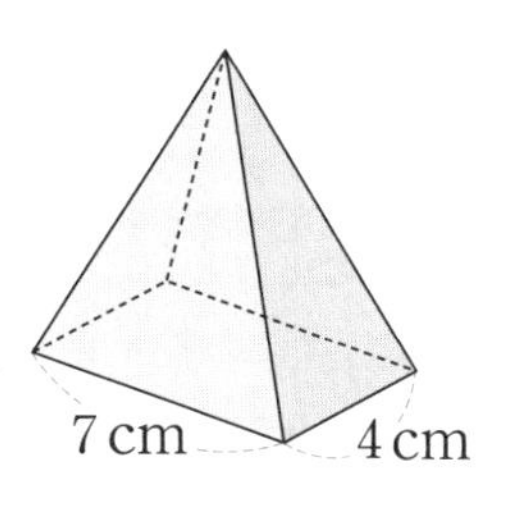

(　　　　　　　　)

유형 변형

사용한 끈의 길이와 평행한 모서리의 길이를 알아보자.

유형 솔루션

• 사각기둥 모양의 상자를 끈으로 둘러쌌을 때 필요한 끈의 길이

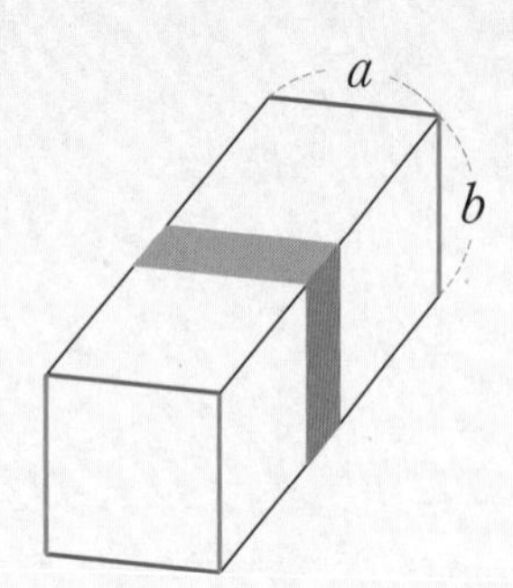

끈의 길이와 평행한 모서리를 찾아 길이를 알아봅니다.

→ (필요한 끈의 길이)$=a\times2+b\times2$

대표 유형 07

사각기둥 모양의 상자에 오른쪽과 같이 테이프를 십자 모양으로 붙이려고 할 때 필요한 테이프의 길이는 몇 cm일까요? (단, 길이가 같은 테이프끼리는 겹쳐지지 않습니다.)

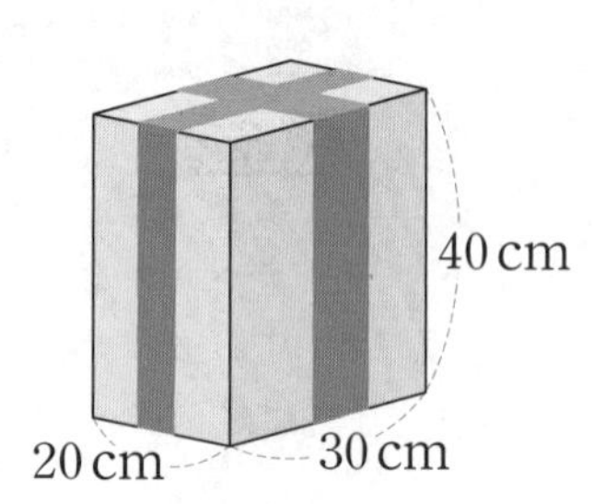

풀이

❶ 20 cm인 모서리와 길이가 같은 테이프: ☐개,

30 cm인 모서리와 길이가 같은 테이프: ☐개,

40 cm인 모서리와 길이가 같은 테이프: ☐개

❷ (필요한 테이프의 길이)$=20\times$☐$+30\times$☐$+40\times$☐

$=$☐$+$☐$+$☐

$=$☐(cm)

답 ______________

예제 사각기둥 모양의 상자에 오른쪽과 같이 테이프를 십자 모양으로 붙이려고 할 때 필요한 테이프의 길이는 몇 cm일까요? (단, 길이가 같은 테이프끼리는 겹쳐지지 않습니다.)

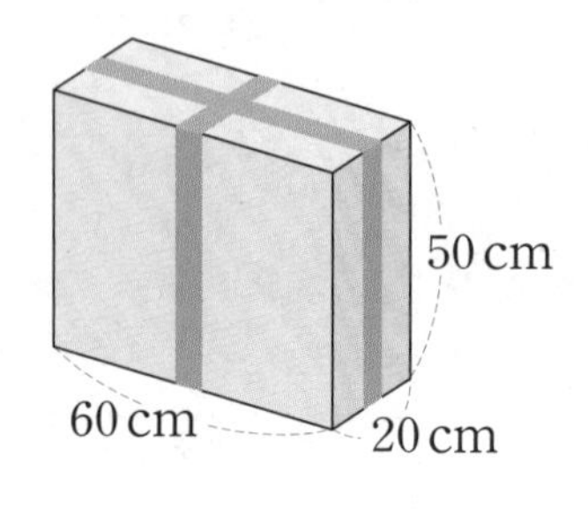

(   )

>> 정답 및 풀이 16~17쪽

07-1 변형

가로가 25 cm, 세로가 30 cm, 높이가 5 cm인 사각기둥 모양의 스티로폼 2개를 오른쪽과 같이 끈을 십자 모양으로 묶어 판매하려고 합니다. 필요한 끈의 길이는 몇 cm일까요? (단, 매듭에 사용되는 끈은 18 cm입니다.)

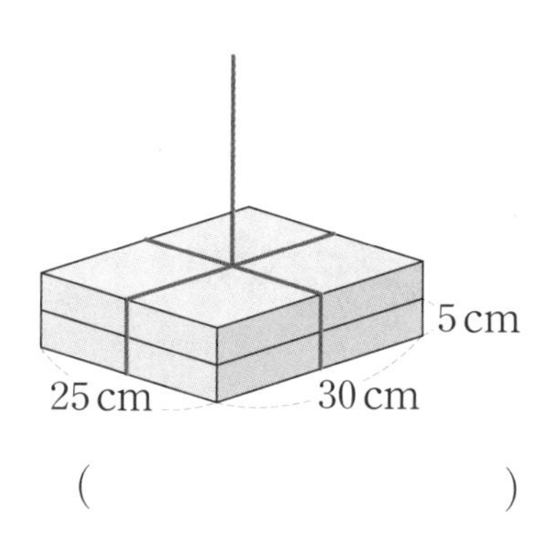

(　　　　　　　　　　)

07-2 변형

모든 모서리의 길이의 합이 900 cm인 육각뿔 모양의 텐트가 있습니다. 이 텐트 옆면의 모든 모서리를 오른쪽과 같이 초록색 끈으로 장식하려고 할 때 필요한 끈의 길이는 몇 cm일까요? (단, 텐트의 모든 모서리의 길이는 같습니다.)

(　　　　　　　　　　)

07-3 발전

오른쪽과 같이 오각기둥 모양의 나무 조각 옆면을 노란색 실로 겹치지 않게 5번 둘러싸려고 합니다. 필요한 실의 길이가 125 cm일 때 이 나무 조각의 모든 모서리의 길이의 합은 몇 cm일까요?

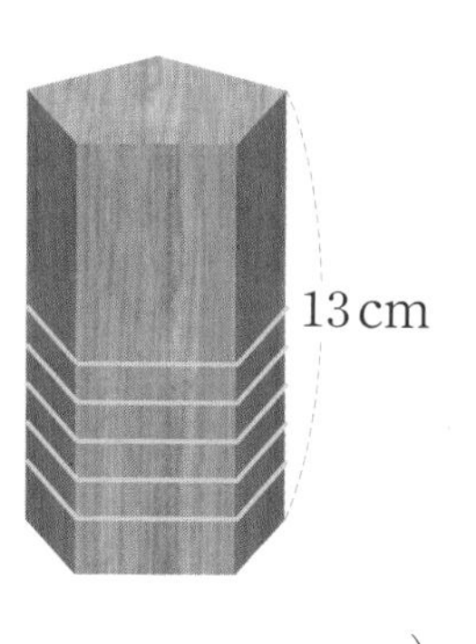

(　　　　　　　　　　)

2
각기둥과 각뿔

선이 지나는 점을 모두 찾아보자.

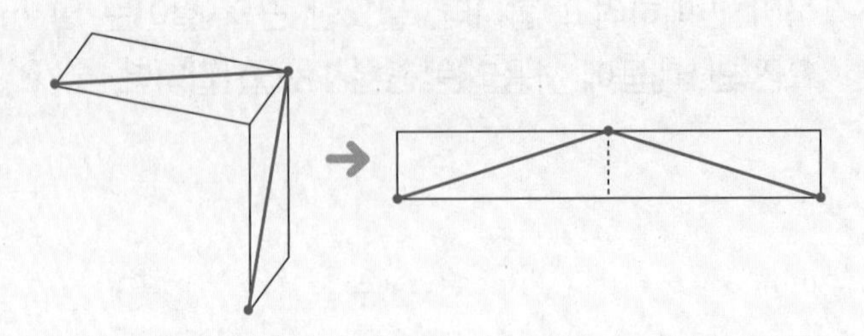

전개도에 각기둥의 꼭짓점을 표시한 후 점끼리 잇습니다.

대표 유형 08

왼쪽 삼각기둥에 그은 선을 오른쪽 삼각기둥의 전개도에 나타내 보세요.

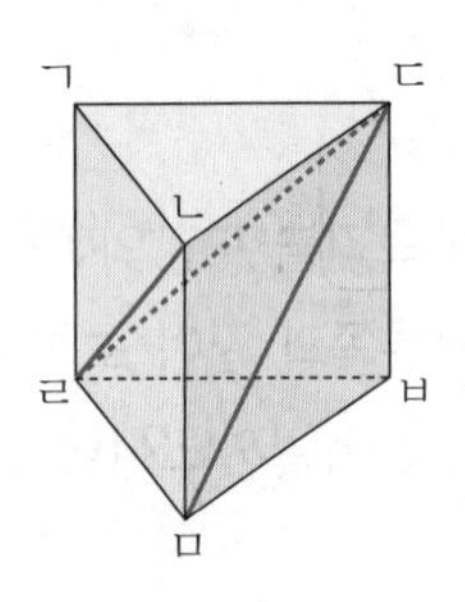

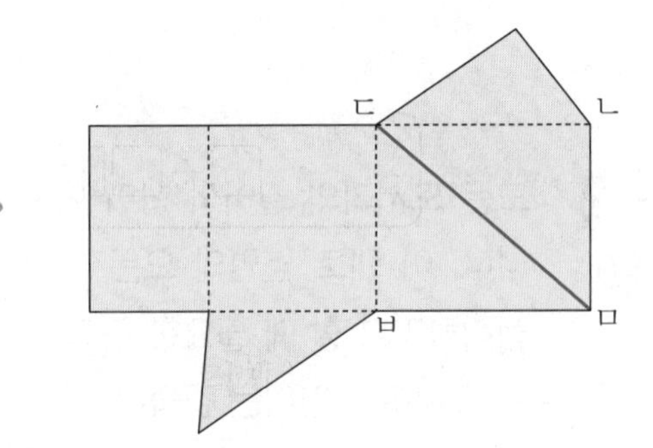

풀이

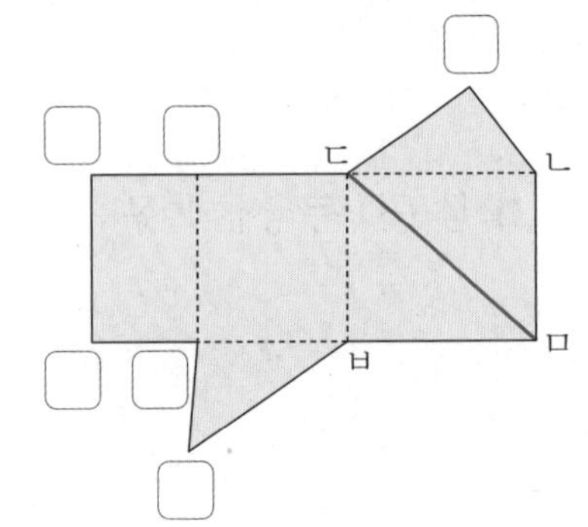

❶ 점 ㅁ과 점 ㄷ을 잇습니다.

❷ 점 ㄷ과 점 □을 잇습니다.

❸ 점 □과 점 □을 잇습니다.

예제 왼쪽 삼각기둥에 그은 선을 오른쪽 삼각기둥의 전개도에 나타내 보세요.

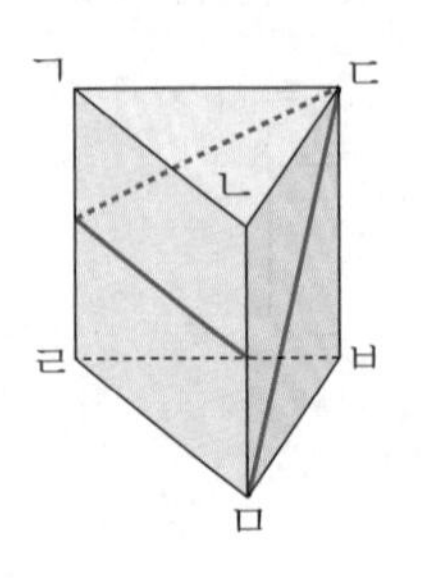

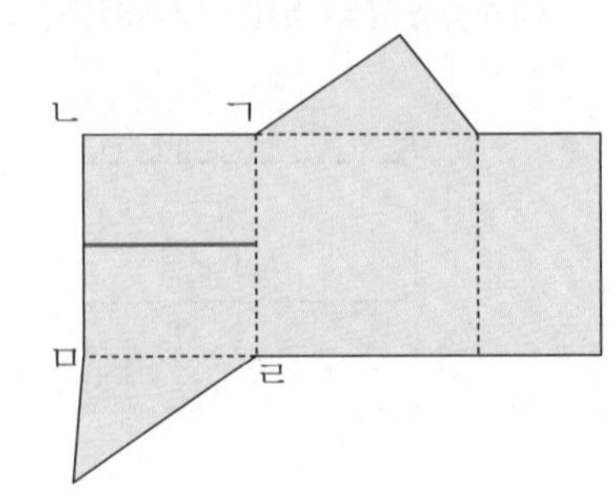

08-1 왼쪽 사각기둥에 그은 선을 오른쪽 사각기둥의 전개도에 나타내 보세요.

변형

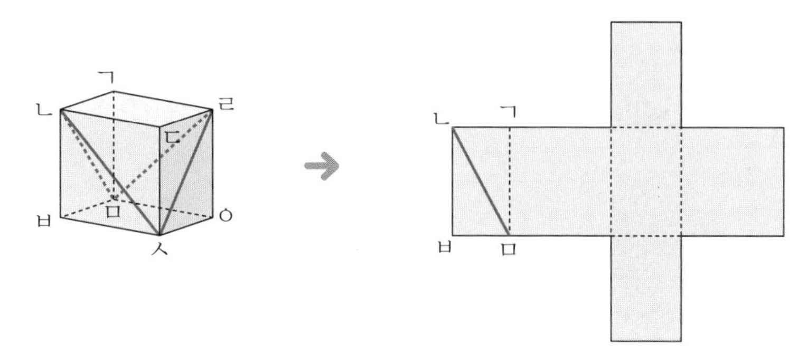

08-2 왼쪽 오각기둥에 그은 선을 오른쪽 오각기둥의 전개도에 나타내 보세요.

변형

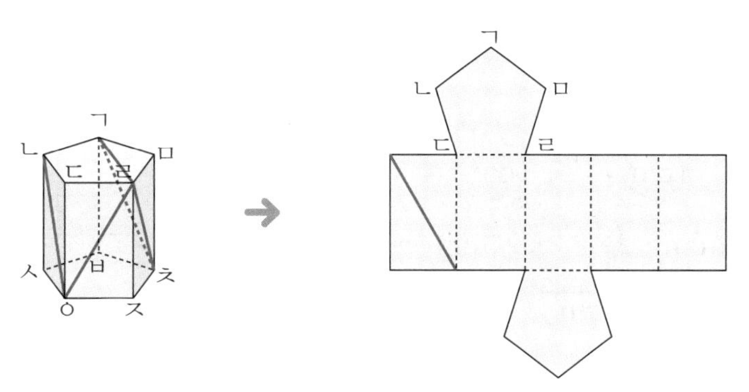

08-3 왼쪽 삼각기둥에 그은 선을 오른쪽 삼각기둥의 전개도에 나타내 보세요.

발전

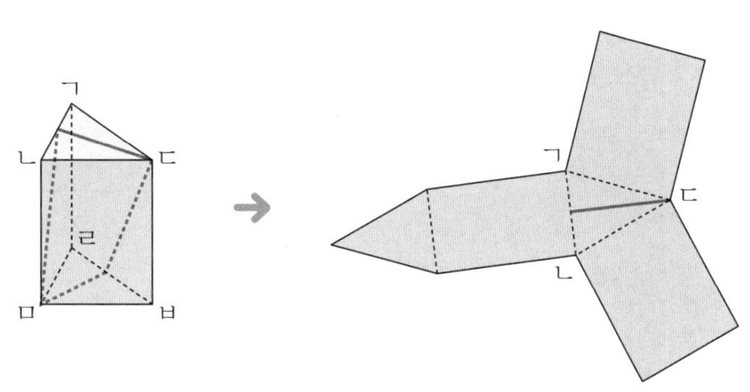

실전 적용

대표 유형 02

01 밀면이 정육각형인 각기둥의 전개도의 둘레는 몇 cm일까요?

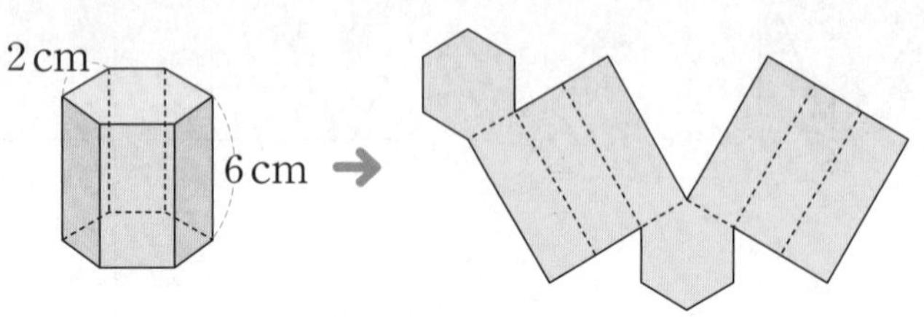

> **Tip** 전개도에서 길이가 2 cm인 선분과 6 cm인 선분이 각각 몇 개로 이루어져 있는지 알아봅니다.

풀이

답 ______________

대표 유형 05

02 사각기둥의 전개도에서 빗금 친 부분의 둘레는 몇 cm일까요?

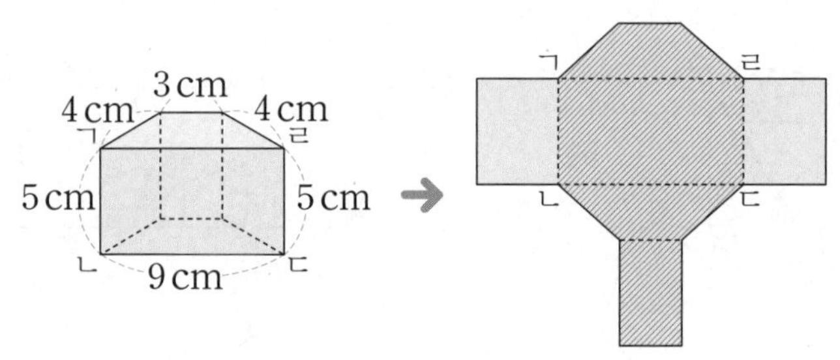

풀이

답 ______________

대표 유형 06

03 밑면이 정사각형이고 옆면의 모양이 오른쪽과 같은 이등변삼각형으로 이루어진 각뿔이 있습니다. 이 각뿔의 모든 모서리의 길이의 합은 몇 cm일까요?

> **Tip** (각뿔의 모든 모서리의 길이의 합)
> =(밑면의 둘레)
> +(옆면의 모서리의 길이의 합)

풀이

답 ______________

≫ 정답 및 풀이 18쪽

대표 유형 03

04 밑면의 모양이 오른쪽과 같은 삼각기둥의 전개도에서 옆면을 모아 직사각형 모양 한 개로 그렸을 때 옆면의 넓이의 합이 120 cm^{2}였습니다. 이 삼각기둥의 높이는 몇 cm일까요?

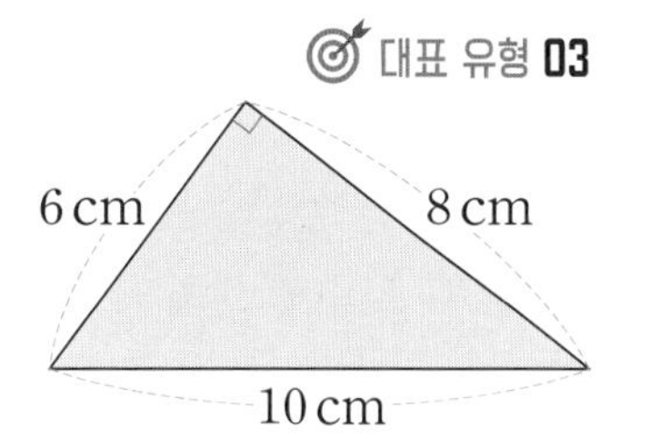

Tip
옆면의 넓이의 합을 이용하여 삼각기둥의 높이를 구합니다.

풀이

답 ______________

대표 유형 04

05 밑면의 가로가 8 cm, 세로가 6 cm인 직사각형 모양의 사각기둥이 있습니다. 이 사각기둥의 모든 모서리의 길이의 합이 92 cm일 때 이 사각기둥의 높이는 몇 cm일까요?

풀이

답 ______________

대표 유형 01

06 다음 각뿔의 이름을 써 보세요.

(면의 수)+(모서리의 수)+(꼭짓점의 수)=34

Tip
각뿔에서
(면의 수)
=(밑면의 변의 수)+1
(모서리의 수)
=(밑면의 변의 수)×2
(꼭짓점의 수)
=(밑면의 변의 수)+1

풀이

답 ______________

실전 적용

대표 유형 07

07 높이가 10 cm인 오각기둥의 옆면에 모두 물감을 칠한 후 종이 위에 놓고 한 방향으로 한 바퀴 굴렸더니 종이에 색칠된 부분의 넓이가 280 cm^2였습니다. 이 오각기둥의 모든 모서리의 길이의 합은 몇 cm일까요?

Tip
(색칠된 부분의 넓이)
=(한 밑면의 둘레)×(높이)
⇨ (한 밑면의 둘레)
=(색칠된 부분의 넓이)
÷(높이)

풀이

답 ____________

대표 유형 04

08 오른쪽 전개도의 둘레는 110 cm입니다. 이 전개도를 접었을 때 만들어지는 사각기둥의 모든 모서리의 길이의 합은 몇 cm일까요?

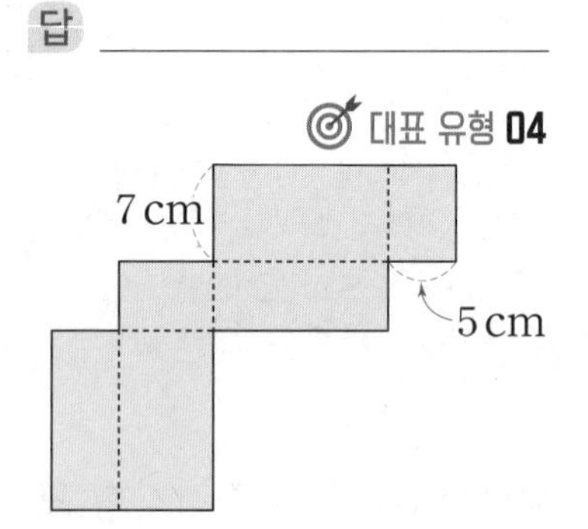

Tip
먼저 전개도의 둘레를 이용하여 길이를 모르는 모서리의 길이를 구합니다.

풀이

답 ____________

대표 유형 03

09 사각기둥의 전개도에서 면 ㉮의 넓이가 24 cm^2, 면 ㉯의 넓이가 42 cm^2일 때 선분 ㅁㅇ의 길이는 몇 cm일까요?

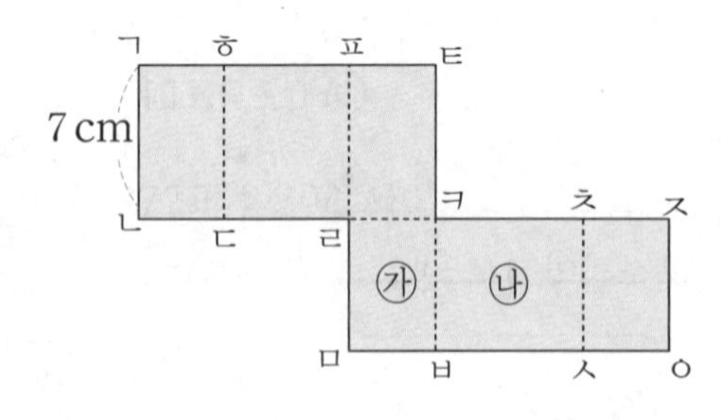

Tip
먼저 길이가 7 cm인 선분을 찾아봅니다.

풀이

답 ____________

대표 유형 06

10 꼭짓점이 11개이고 모든 모서리의 길이가 같은 각뿔이 있습니다. 이 각뿔의 한 모서리의 길이가 8 cm라면 모든 모서리의 길이의 합은 몇 cm일까요?

Tip
모든 모서리의 길이가 같을 때
(각뿔의 모든 모서리의 길이의 합)
=(한 모서리의 길이)
×(각뿔의 모서리의 수)

풀이

답 ________

대표 유형 07

11 사각기둥 모양의 상자를 오른쪽과 같이 끈으로 둘러싸려고 합니다. 필요한 끈의 길이는 몇 cm일까요? (단, 매듭의 길이는 생각하지 않습니다.)

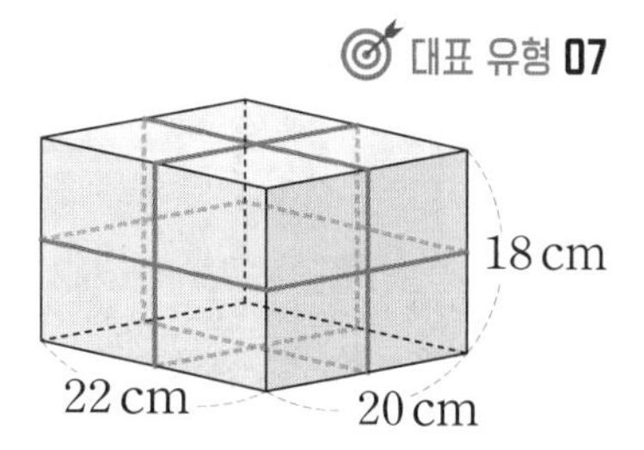

풀이

답 ________

대표 유형 08

12 오른쪽 삼각기둥의 꼭짓점 ㄹ에 실을 고정하고 모서리 ㄹㅁ과 45°를 이루도록 옆면을 따라 실을 팽팽하게 당겨 감았더니 꼭짓점 ㄱ과 만났습니다. 이 삼각기둥의 높이는 몇 cm일까요?

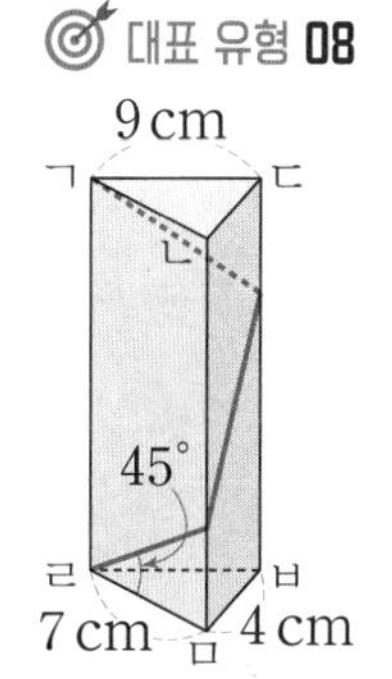

Tip
전개도에서 실이 지나는 길을 선으로 그어 봅니다.

풀이

답 ________

소수의 나눗셈

유형 변형 대표 유형

01 나눗셈식을 계산하여 주어진 식을 간단히 만들자.
□ 안에 들어갈 수 있는 수 구하기

02 가장 큰(작은) 수를 가장 작은(큰) 수로 나누자.
수 카드를 이용하여 나눗셈식 만들기

03 분 또는 시간으로 나타내어 계산하자.
나눗셈을 활용한 문장제

04 수직선의 눈금 한 칸의 크기를 먼저 구하자.
수직선에서 나타내는 수 구하기

05 도로 모양에 따라 나무 사이의 간격 수가 달라진다.
나무 사이의 간격 구하기

06 어떤 수를 □라 하여 식을 세우자.
바르게 계산한 몫 구하기

07 전체가 부분의 ▲배이면 부분은 (전체) ÷ ▲로 구하자.
넓이를 이용하여 선분의 길이 구하기

08 바구니에 담긴 물건 1개의 무게를 먼저 구하자.
빈 바구니의 무게 구하기

(소수)÷(자연수) (1)

교과서 개념

● 몫이 1보다 큰 (소수)÷(자연수)

예 5.4÷3의 계산

방법 1 분수의 나눗셈으로 바꾸어 계산하기

$$5.4 \div 3 = \frac{54}{10} \div 3 = \frac{54 \div 3}{10} = \frac{18}{10} = 1.8$$

방법 2 세로로 계산하기

$$\begin{array}{r} 18 \\ 3\overline{)54} \\ 3 \\ \hline 24 \\ 24 \\ \hline 0 \end{array} \rightarrow \begin{array}{r} 1.8 \\ 3\overline{)5.4} \\ 3 \\ \hline 2\,4 \\ 2\,4 \\ \hline 0 \end{array}$$

● 몫이 1보다 작은 (소수)÷(자연수)

예 1.71÷3의 계산

방법 1 자연수의 나눗셈을 이용하여 계산하기

171 ÷ 3 = 57

$\frac{1}{100}$배 ↓ $\frac{1}{100}$배 ↓

1.71 ÷ 3 = 0.57

방법 2 세로로 계산하기

$$\begin{array}{r} 57 \\ 3\overline{)171} \\ 15 \\ \hline 21 \\ 21 \\ \hline 0 \end{array} \rightarrow \begin{array}{r} 0.57 \\ 3\overline{)1.71} \\ 1\,5 \\ \hline 2\,1 \\ 2\,1 \\ \hline 0 \end{array}$$

01 보기 와 같은 방법으로 계산해 보세요.

보기

$$6.12 \div 9 = \frac{612}{100} \div 9 = \frac{612 \div 9}{100} = \frac{68}{100} = 0.68$$

4.38÷6= ______________________

02 가장 큰 수를 12로 나눈 몫을 구하세요.

37.2	46.8	32.4	28.8

(　　　　　　　　)

활용 개념 1 1과 나눗셈의 몫의 크기 비교하기

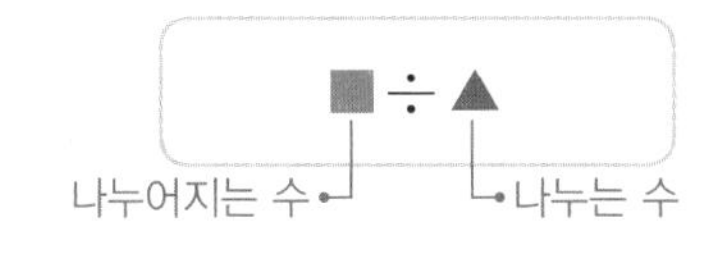

- ■>▲이면 몫이 1보다 큽니다.
  예 13.2÷6=2.2 (>) 1 (13.2>6)
- ■<▲이면 몫이 1보다 작습니다.
  예 1.12÷7=0.16 (<) 1 (1.12<7)

03 몫이 1보다 작은 나눗셈식을 찾아 기호를 써 보세요.

㉠ 23.43÷11	㉡ 12.48÷8
㉢ 114.3÷9	㉣ 10.5÷15

( )

활용 개념 2 나눗셈식 완성하기

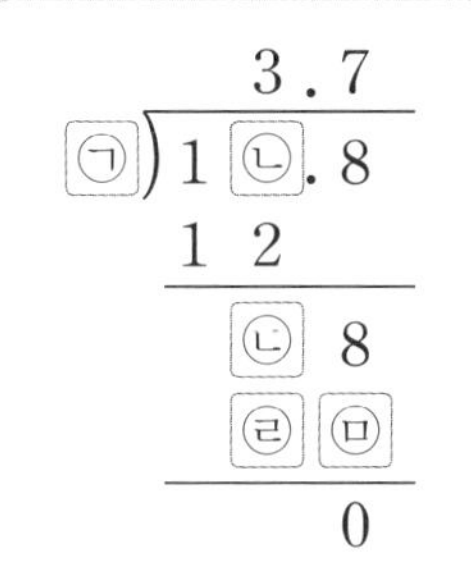

① 나누는 수 ㉠을 먼저 구합니다.
  ㉠×3=12 → 12÷3=㉠, ㉠=4
② 4×7=㉣㉤ → ㉣=2, ㉤=8
③ ㉢8−28=0 → ㉢=2
④ 1㉡−12=2 → ㉡=4

04 □ 안에 알맞은 수를 써넣으세요.

(1)

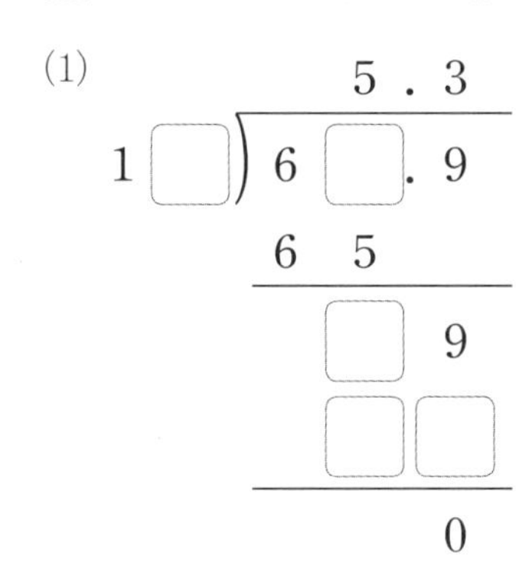

(2)

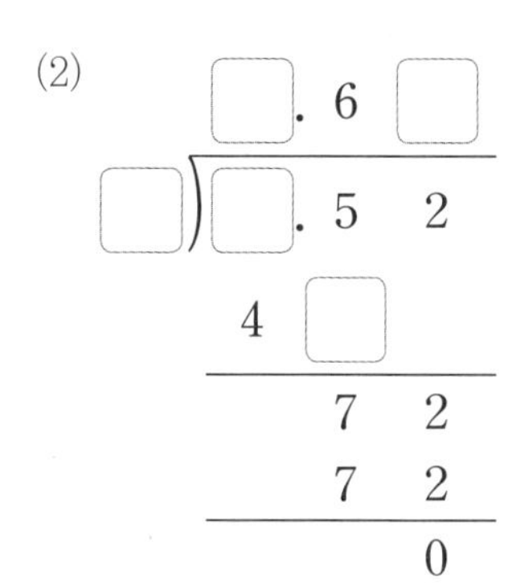

(소수)÷(자연수) (2)

교과서 개념

● 소수점 아래 0을 내려 계산해야 하는 (소수)÷(자연수)

예 15.6÷8의 계산

방법 1 분수의 나눗셈으로 바꾸어 계산하기

$$15.6\div 8=\frac{1560}{100}\div 8=\frac{1560\div 8}{100}$$

$$=\frac{195}{100}=1.95$$

방법 2 세로로 계산하기

$$\begin{array}{r} 195 \\ 8\overline{)1560} \\ \underline{8} \\ 76 \\ \underline{72} \\ 40 \\ \underline{40} \\ 0 \end{array} \rightarrow \begin{array}{r} 1.95 \\ 8\overline{)15.60} \\ \underline{8} \\ 7.6 \\ \underline{7.2} \\ 40 \\ \underline{40} \\ 0 \end{array}$$

소수점 아래에서 나누어떨어지지 않을 때는 0을 써서 계산해요.

● 몫의 소수 첫째 자리에 0이 있는 (소수)÷(자연수)

예 5.1÷5의 계산

방법 1 자연수의 나눗셈을 이용하여 계산하기

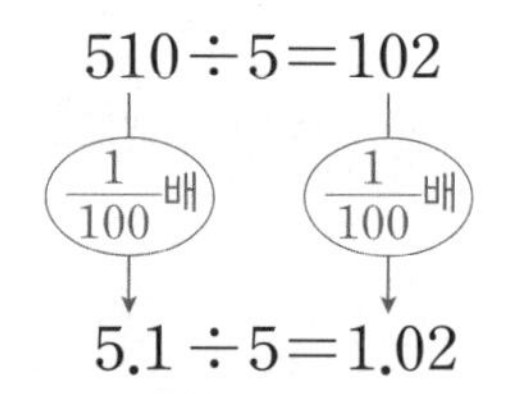

방법 2 세로로 계산하기

$$\begin{array}{r} 102 \\ 5\overline{)510} \\ \underline{5} \\ 10 \\ \underline{10} \\ 0 \end{array} \rightarrow \begin{array}{r} 1.02 \\ 5\overline{)5.10} \\ \underline{5} \\ 10 \\ \underline{10} \\ 0 \end{array}$$

01 소수를 자연수로 나눈 몫을 빈칸에 써넣으세요.

(1)

59.6	8

(2)

22	67.1

02 자연수의 나눗셈을 이용하여 바르게 계산한 사람의 이름을 써 보세요.

• 혜은: 2530÷5=506이니까 25.3÷5=50.6이야.
• 승훈: 630÷6=105니까 6.3÷6=1.05야.

(　　　　　　　　　　)

>> 정답 및 풀이 20쪽

활용 개념 1 곱셈과 나눗셈의 관계를 이용하여 모르는 수 구하기

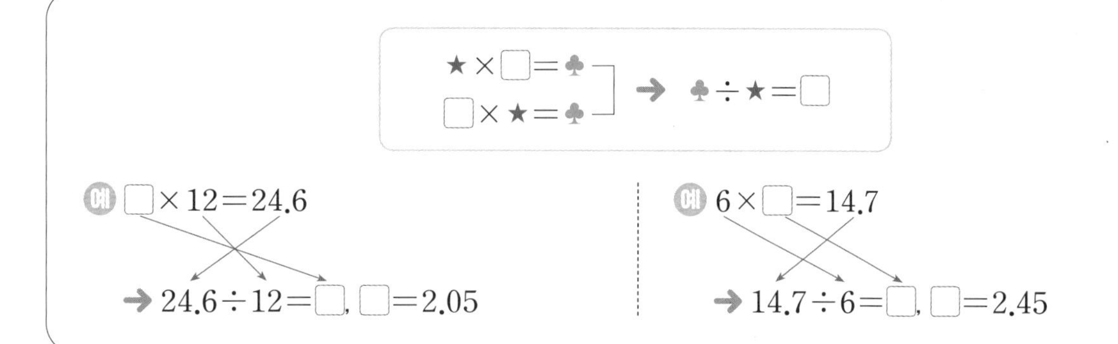

03 □ 안에 알맞은 수를 써넣으세요.

(1) 5×□=21.4 (2) □×7=49.28

04 어떤 소수에 8을 곱하였더니 26.8이 되었습니다. 어떤 소수를 구하세요.

( )

3 소수의 나눗셈

활용 개념 2 나눗셈을 활용한 문장제 문제

무게가 같은 연필 1타의 무게는 60.6 g입니다. 연필 한 자루의 무게는 몇 g일까요?

① 연필 1타는 12자루입니다.
② (연필 한 자루의 무게)=(연필 1타의 무게)÷(연필 수)=60.6÷12=5.05 (g)

05 무게가 같은 운동화 1켤레의 무게는 0.7 kg입니다. 운동화 한 짝의 무게는 몇 kg일까요?

( )

06 재정이네 식구가 일주일 동안 마신 생수는 56.14 L입니다. 매일 같은 양의 생수를 마셨다면 하루에 마신 생수는 몇 L일까요?

( )

(자연수)÷(자연수)

(자연수)÷(자연수)의 몫을 소수로 나타내기

예 14÷4의 계산

방법 1 분수의 나눗셈으로 바꾸어 계산하기

$$14\div4=\frac{140}{10}\div4=\frac{140\div4}{10}=\frac{35}{10}=3.5$$

방법 2 자연수의 나눗셈을 이용하여 계산하기

140÷4=35

$\frac{1}{10}$배 $\frac{1}{10}$배

14÷4=3.5

방법 3 세로로 계산하기

```
     3 5              3.5
4 ) 1 4 0   →   4 ) 1 4.0
    1 2             1 2
      2 0             2 0
      2 0             2 0
        0               0
```

01 4200÷8=525를 이용하여 나눗셈의 몫을 빈칸에 써넣으세요.

420÷8	42÷8

02 계산해 보세요.

(1) 8÷5

(2) 48÷75

03 몫의 소수 둘째 자리 숫자가 다른 하나를 찾아 기호를 써 보세요.

㉠ 19÷4 ㉡ 32÷25 ㉢ 15÷12

( )

활용 개념 1 둘레를 이용하여 한 변의 길이 구하기

둘레가 9 cm인 정육각형

정육각형은 변이 6개이고, 변의 길이가 모두 같습니다.
➔ (정육각형의 한 변의 길이)=(정육각형의 둘레)÷(변의 수)
$=9\div6=1.5$ (cm)

04 정다각형입니다. □ 안에 알맞은 수를 써넣으세요.

(1) 둘레: 17 cm

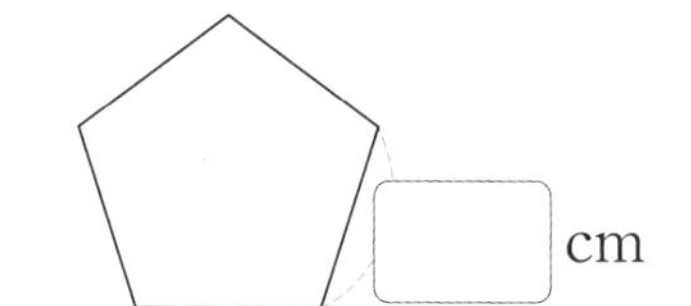

□ cm

(2) 둘레: 18 cm

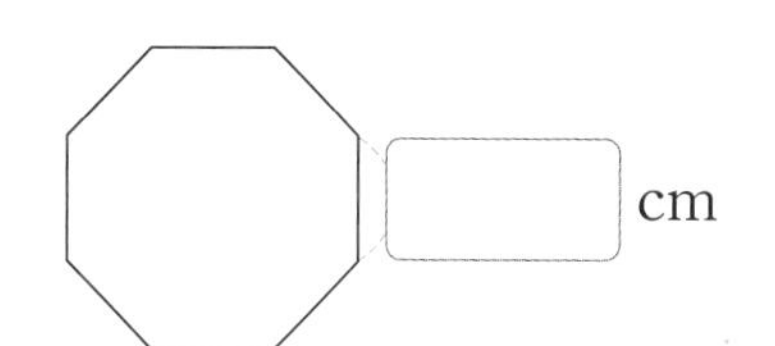

□ cm

활용 개념 2 합, 차가 주어진 두 수 구하기

㉠+㉡=6
㉠−㉡=1

① 두 식을 더하여 한 수를 구합니다.

㉠+㉡=6
+) ㉠−㉡=1
㉠+㉠=7 ➔ ㉠×2=7, 7÷2=㉠, ㉠=3.5

② ㉠+㉡=6에서 3.5+㉡=6, 6−3.5=㉡, ㉡=2.5

05 조건을 만족하는 ㉠과 ㉡에 알맞은 수를 각각 구하세요.

㉠+㉡=10　　㉠−㉡=5

㉠ (　　　　　)
㉡ (　　　　　)

06 합이 16.5이고 차가 4.5인 두 수 중에서 큰 수를 구하세요.

(　　　　　)

유형 변형

나눗셈식을 계산하여 주어진 식을 간단히 만들자.

유형 솔루션

• □ 안에 들어갈 수 있는 자연수 구하기

$28.28 \div 4 < \square < 302.4 \div 32$

↓ 나눗셈식을 계산하여 식을 간단히 만들기

$7.07 < \square < 9.45$

↓ □ 안에 들어갈 수 있는 자연수 구하기

$\square = 8, 9$

대표 유형 01

0부터 9까지의 수 중에서 ■에 들어갈 수 있는 수를 모두 구하세요.

$29.61 \div 7 < 4.■7 < 36.16 \div 8$

풀이

❶ $29.61 \div 7 = \square$, $36.16 \div 8 = \square$

❷ $\square < 4.■7 < \square$에서 ■에 들어갈 수 있는 수는 □, □, □입니다.

답 ____________________

예제 1부터 9까지의 수 중에서 □ 안에 들어갈 수 있는 수를 모두 구하세요.

$28 \div 5 < 5.\square < 23.76 \div 4$

(   )

>> 정답 및 풀이 21쪽

01-1 변형

0부터 9까지의 수 중에서 □ 안에 들어갈 수 있는 수는 모두 몇 개일까요?

$$56.7 \div 6 < 9.\square6 < 88.02 \div 9$$

(　　　　　　　　)

01-2 변형

□ 안에 공통으로 들어갈 수 있는 자연수는 모두 몇 개일까요?

$$79.8 \div 7 < \square < 137.7 \div 9$$

$$149.4 \div 12 < \square < 258.3 \div 15$$

(　　　　　　　　)

01-3 발전

□ 안에 들어갈 수 있는 자연수 중에서 가장 작은 수와 가장 큰 수의 합을 구하세요.

$$21 \div 6 < \square \div 8 < 69 \div 15$$

(　　　　　　　　)

유형 변형 가장 큰(작은) 수를 가장 작은(큰) 수로 나누자.

유형 솔루션

• 2, 4, 6 을 한 번씩 모두 사용하여 □.□÷□ 만들기

- 몫이 가장 큰 나눗셈 ➔ 6.4÷2 (6.4: 가장 큰 수, 2: 가장 작은 수)
- 몫이 가장 작은 나눗셈 ➔ 2.4÷6 (2.4: 가장 작은 수, 6: 가장 큰 수)

대표 유형 02

4장의 수 카드 3, 4, 6, 5 를 한 번씩 모두 사용하여 다음과 같은 나눗셈을 만들려고 합니다. 몫이 가장 클 때의 몫을 구하세요.

□.□□÷□

풀이

❶ 몫이 가장 크려면 나누어지는 수를 가장 (크게 , 작게), 나누는 수를 가장 (크게 , 작게) 해야 합니다.

❷ 가장 큰 소수 두 자리 수: □, 가장 작은 한 자리 수: □

❸ 몫이 가장 큰 나눗셈식: □÷□=□

답 ____________

예제 4장의 수 카드 4, 8, 9, 6 을 한 번씩 모두 사용하여 다음과 같은 나눗셈을 만들려고 합니다. 몫이 가장 작을 때의 몫을 구하세요.

□.□□÷□

(   )

≫ 정답 및 풀이 21~22쪽

02-1 변형

5장의 수 카드 중 4장을 골라 한 번씩만 사용하여 (소수 두 자리 수)÷(한 자리 수)의 나눗셈을 만들려고 합니다. 몫이 가장 클 때의 몫을 구하세요.

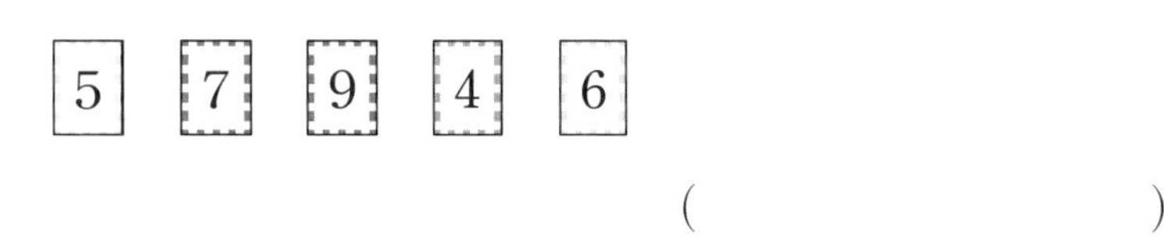

(　　　　　　　　　　)

02-2 변형

5장의 수 카드 중 3장을 골라 한 번씩만 사용하여 (두 자리 수)÷(한 자리 수)의 나눗셈을 만들려고 합니다. 몫이 가장 작을 때의 몫을 구하세요.

(　　　　　　　　　　)

3 소수의 나눗셈

02-3 발전

5장의 수 카드 중에서 3장을 골라 한 번씩만 사용하여 다음과 같은 나눗셈을 만들려고 합니다. 몫이 가장 클 때와 가장 작을 때의 몫의 합을 구하세요.

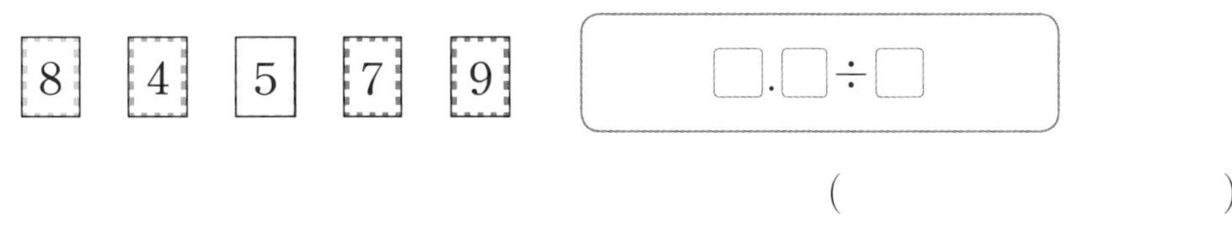

(　　　　　　　　　　)

유형 변형

분 또는 시간으로 나타내어 계산하자.

유형 솔루션

• 1시간＝60분, 1분＝$\frac{1}{60}$시간을 이용하여 분 또는 시간으로 나타내기

■시간＝(■×60)분

예 2시간 12분＝(2×60)분＋12분
＝120분＋12분
＝132분

▲분＝$\frac{▲}{60}$시간＝(▲÷60)시간

예 30분＝$\frac{30}{60}$시간＝(30÷60)시간
＝0.5시간

대표 유형 03

상준이는 자전거를 타고 1시간 36분 동안 24 km를 갔습니다. 자전거의 빠르기가 일정하다면 상준이가 자전거를 타고 1분 동안 간 거리는 몇 km일까요?

풀이

❶ 1시간 36분＝☐분＋36분＝☐분

❷ (상준이가 자전거를 타고 1분 동안 간 거리)＝(전체 간 거리)÷(걸린 시간)
＝24÷☐＝☐(km)

답 

예제 미래는 버스를 타고 2시간 24분 동안 194.4 km를 갔습니다. 버스의 빠르기가 일정하다면 미래가 버스를 타고 1분 동안 간 거리는 몇 km일까요?

(　　　　　　　　)

>> 정답 및 풀이 22쪽

03-1 변형

물이 일정하게 나오는 어떤 수도에서 1시간 3분 동안 물 51.03 L가 나왔습니다. 이 수도에서 1분 동안 나온 물은 몇 L일까요?

( )

03-2 변형

어느 산책로 한 바퀴의 길이는 1.8 km입니다. 종태가 일정한 빠르기로 산책로를 4바퀴 걷는 데 1시간 20분이 걸렸습니다. 종태가 1분 동안 걸은 거리는 몇 km일까요?

( )

03-3 변형

지연이는 유람선을 타고 2시간 25분 동안 62.35 km를 갔습니다. 유람선의 빠르기가 일정하다면 지연이가 유람선을 타고 31분 동안 간 거리는 몇 km일까요?

( )

03-4 발전

일정한 빠르기로 한 시간 동안 90 km를 가는 자동차가 있습니다. 이 자동차가 같은 빠르기로 45분 동안 간 거리를 자전거로 가면 3시간이 걸립니다. 자전거의 빠르기가 일정하다면 한 시간 동안 몇 km를 간 것일까요?

( )

유형 변형 수직선의 눈금 한 칸의 크기를 먼저 구하자.

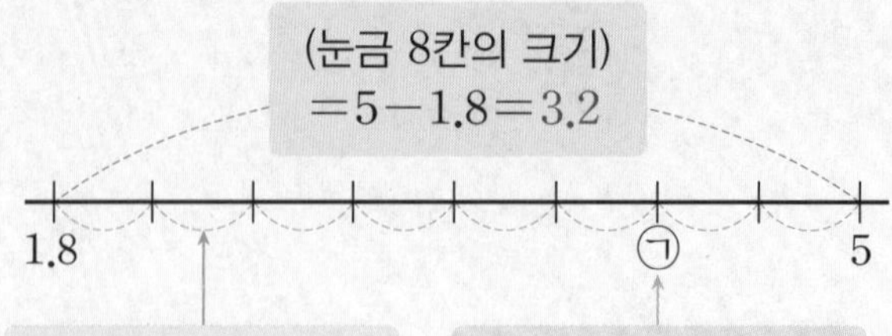

(눈금 한 칸의 크기)
$=3.2 \div 8=0.4$

$1.8+0.4\times6=4.2$ → 1.8에서 0.4씩 6칸 더 간 수
또는
$5-0.4\times2=4.2$ → 5에서 0.4씩 2칸 덜 간 수

대표 유형 04

수직선에서 3.16과 12.76 사이를 똑같이 4칸으로 나누었을 때 ■에 알맞은 수를 구하세요.

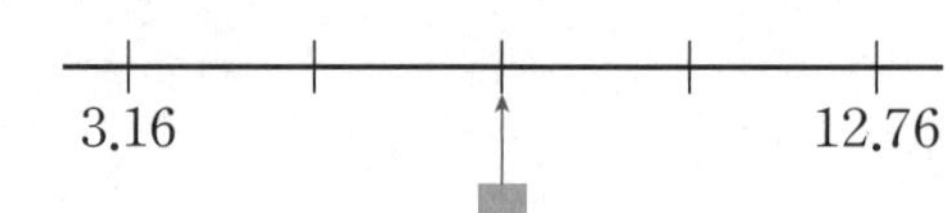

풀이

❶ (눈금 4칸의 크기)$=12.76-3.16=$☐

➔ (눈금 한 칸의 크기)$=$☐$\div4=$☐

❷ ■에 알맞은 수는 3.16에서 ☐씩 2칸 더 간 수이므로

$3.16+$☐$\times2=$☐입니다.

답 ______________

예제 수직선에서 5.77과 24.04 사이를 똑같이 9칸으로 나누었을 때 ☐ 안에 알맞은 수를 구하세요.

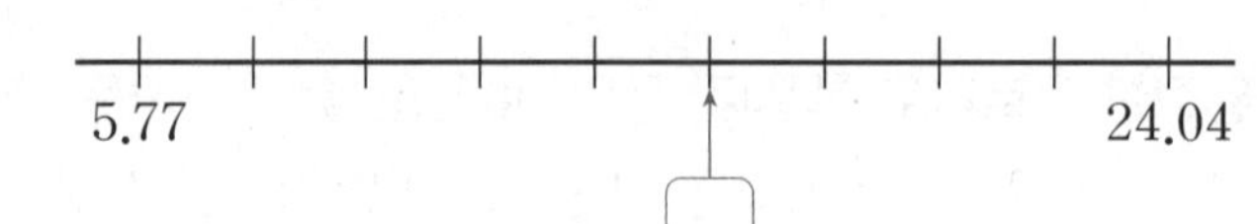

(　　　　　　　　)

04-1 변형

수직선에서 15.36과 32.86 사이를 똑같이 7칸으로 나누었을 때 ㉠과 ㉡에 알맞은 수를 각각 구하세요.

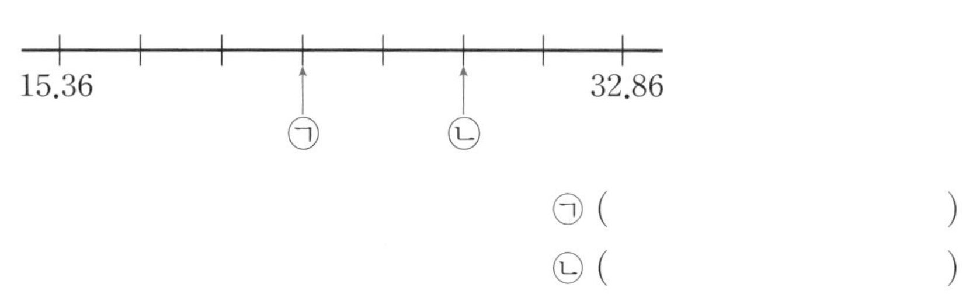

㉠ (　　　　　　　)

㉡ (　　　　　　　)

04-2 변형

수직선에서 4와 33.2 사이를 똑같이 8칸으로 나누었을 때 ㉠과 ㉡에 알맞은 수의 합을 구하세요.

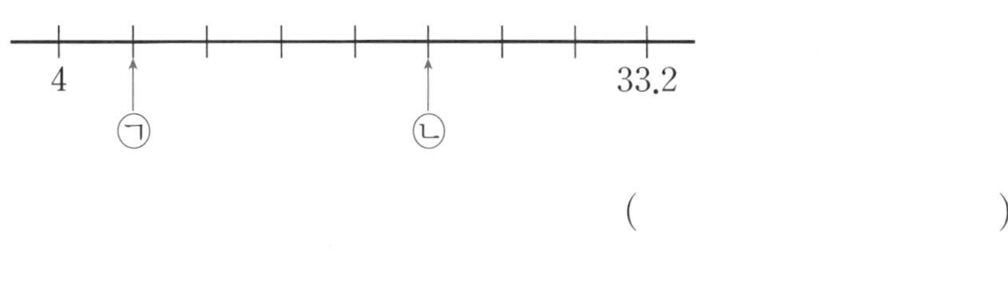

(　　　　　　　)

04-3 발전

다음 수직선은 2.4와 13.2 사이를 똑같이 6칸으로 나눈 다음 ㉠과 ㉡ 사이를 다시 똑같이 5칸으로 나눈 것입니다. □ 안에 알맞은 수를 구하세요.

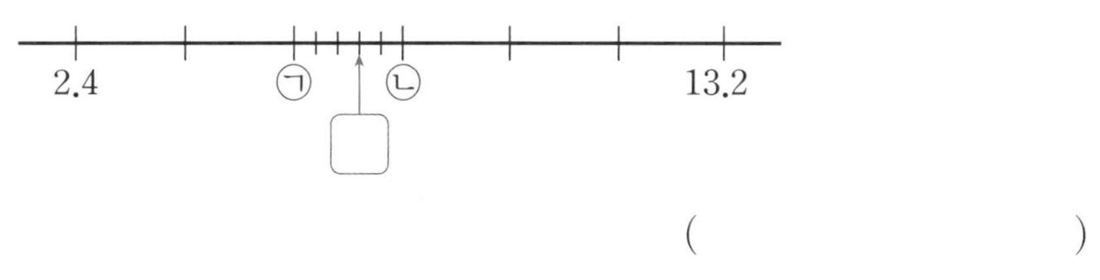

(　　　　　　　)

도로 모양에 따라 나무 사이의 간격 수가 달라진다.

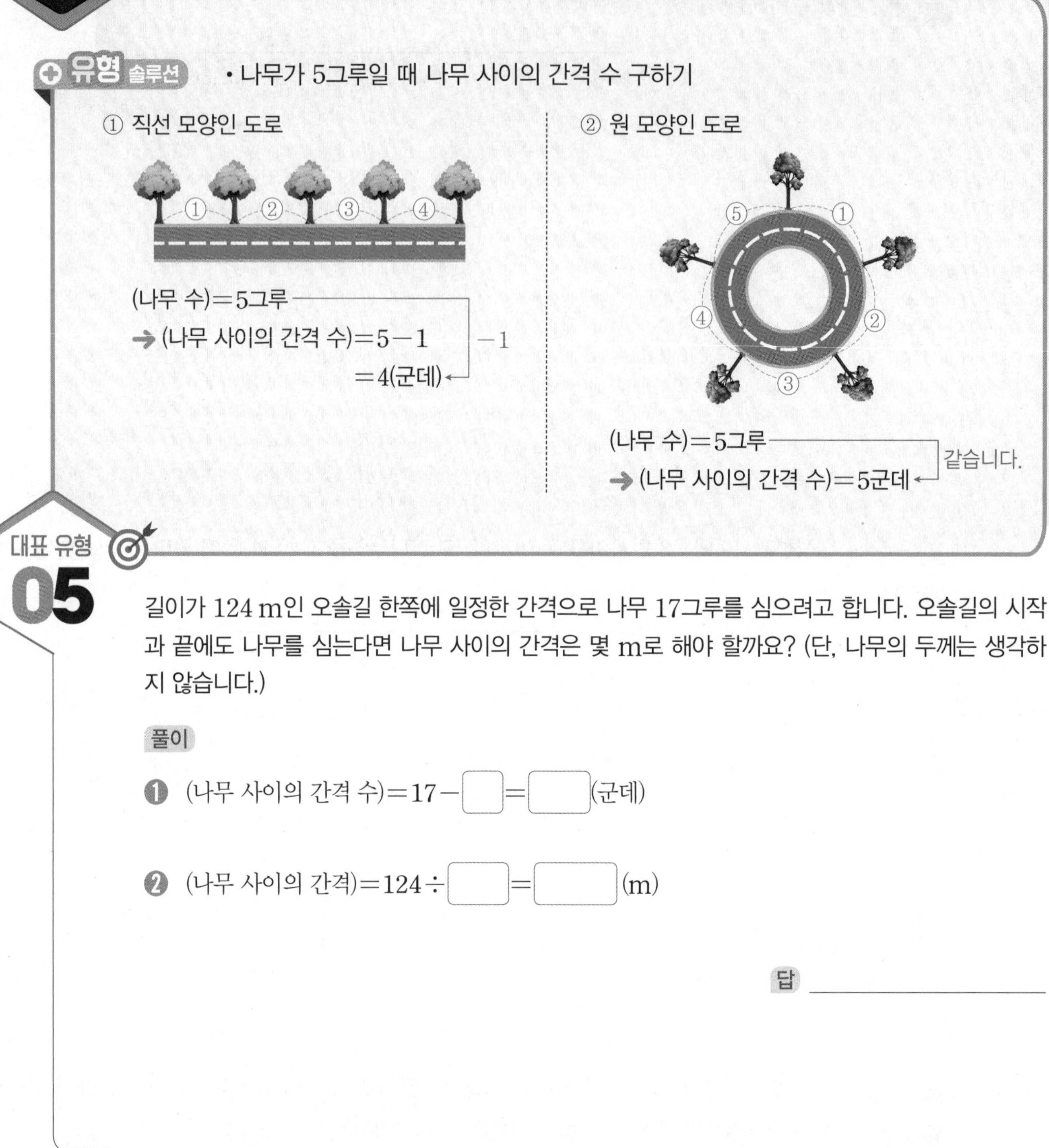

유형 솔루션
• 나무가 5그루일 때 나무 사이의 간격 수 구하기
① 직선 모양인 도로
① ② ③ ④
(나무 수)=5그루
➔ (나무 사이의 간격 수)=5−1
=4(군데)
−1
② 원 모양인 도로
① ② ③ ④ ⑤
(나무 수)=5그루
➔ (나무 사이의 간격 수)=5군데
같습니다.

대표 유형 **05**

길이가 124 m인 오솔길 한쪽에 일정한 간격으로 나무 17그루를 심으려고 합니다. 오솔길의 시작과 끝에도 나무를 심는다면 나무 사이의 간격은 몇 m로 해야 할까요? (단, 나무의 두께는 생각하지 않습니다.)

풀이

❶ (나무 사이의 간격 수)=17−☐=☐(군데)

❷ (나무 사이의 간격)=124÷☐=☐(m)

답 ____________

예제 길이가 169 m인 도로 한쪽에 일정한 간격으로 나무 21그루를 심으려고 합니다. 도로의 시작과 끝에도 나무를 심는다면 나무 사이의 간격은 몇 m로 해야 할까요? (단, 나무의 두께는 생각하지 않습니다.)

(　　　　　　　)

>> 정답 및 풀이 23~24쪽

05-1 변형

길이가 42.84 cm인 선분 위에 일정한 간격으로 점 8개를 찍으려고 합니다. 선분의 시작과 끝에도 점을 찍는다면 점 사이의 간격은 몇 cm로 해야 할까요? (단, 점의 두께는 생각하지 않습니다.)

( )

05-2 변형

둘레가 48.1 m인 원 모양의 땅에 일정한 간격으로 말뚝 26개를 박으려고 합니다. 말뚝 사이의 간격은 몇 m로 해야 할까요? (단, 말뚝의 두께는 생각하지 않습니다.)

( )

05-3 변형

길이가 84.7 m인 도로의 양쪽에 일정한 간격으로 가로등 30개를 세우려고 합니다. 도로의 시작과 끝에도 가로등을 세운다면 가로등 사이의 간격은 몇 m로 해야 할까요? (단, 가로등의 두께는 생각하지 않습니다.)

( )

05-4 발전

한 변의 길이가 72.6 m인 정삼각형 모양의 땅의 둘레에 일정한 간격으로 화분 12개를 놓으려고 합니다. 땅의 세 꼭짓점에 반드시 화분을 한 개씩 놓는다면 화분 사이의 간격은 몇 m로 해야 할까요? (단, 화분의 두께는 생각하지 않습니다.)

( )

어떤 수를 □라 하여 식을 세우자.

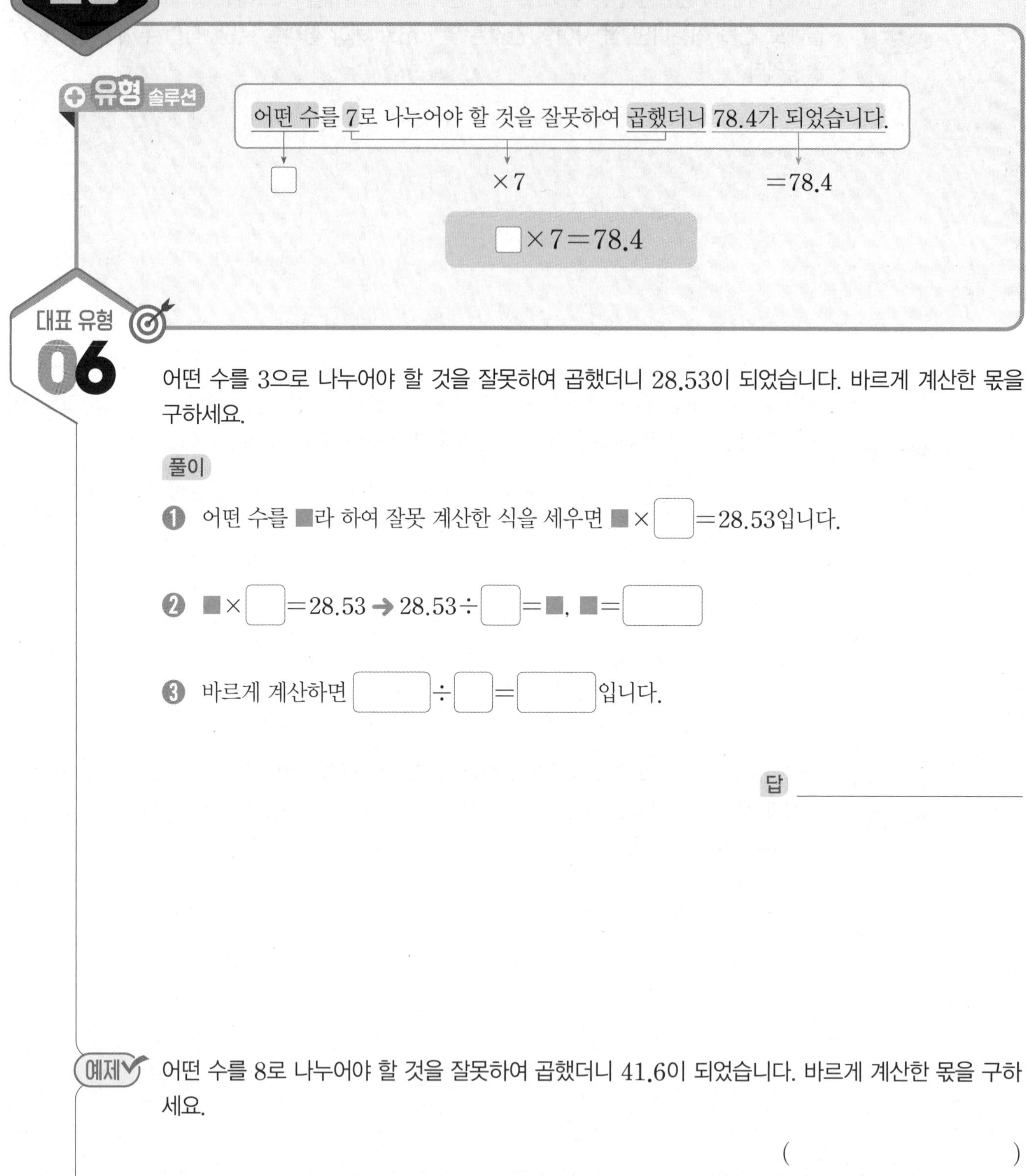

유형 솔루션
어떤 수를 7로 나누어야 할 것을 잘못하여 곱했더니 78.4가 되었습니다.
□
×7
=78.4
□×7=78.4
대표 유형
06

어떤 수를 3으로 나누어야 할 것을 잘못하여 곱했더니 28.53이 되었습니다. 바르게 계산한 몫을 구하세요.

풀이

❶ 어떤 수를 ■라 하여 잘못 계산한 식을 세우면 ■×□=28.53입니다.

❷ ■×□=28.53 → 28.53÷□=■, ■=□

❸ 바르게 계산하면 □÷□=□입니다.

답 ______________

예제 어떤 수를 8로 나누어야 할 것을 잘못하여 곱했더니 41.6이 되었습니다. 바르게 계산한 몫을 구하세요.

(　　　　　　　　)

>> 정답 및 풀이 24쪽

06-1 변형

어떤 수를 9로 나누었더니 몫이 13.5가 되었습니다. 어떤 수를 25로 나누었을 때의 몫을 구하세요.

( )

06-2 변형

17을 어떤 수로 나누어야 할 것을 잘못하여 곱하였더니 85가 되었습니다. 바르게 계산한 몫을 구하세요.

( )

06-3 변형

어떤 수를 16으로 나누어야 할 것을 잘못하여 6으로 나누었더니 몫이 6.24가 되었습니다. 바르게 계산한 몫을 구하세요.

( )

06-4 발전

어떤 수를 4로 나눈 후 14를 곱해야 할 것을 잘못하여 4를 더한 후 14를 곱했더니 92.4가 되었습니다. 바르게 계산한 값을 구하세요.

( )

유형 변형

전체가 부분의 ▲배이면 부분은 (전체)÷▲로 구하자.

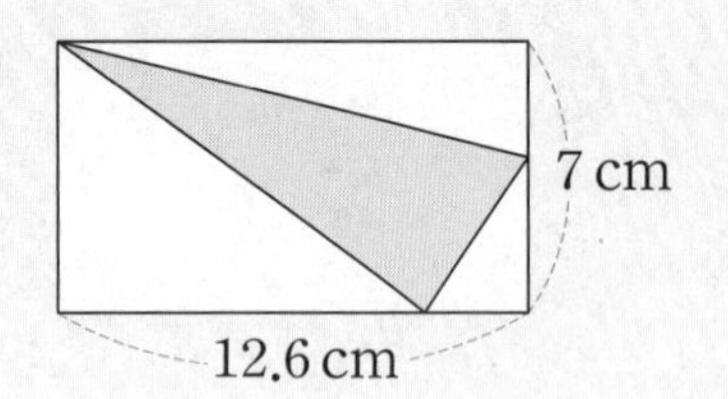

직사각형의 넓이는 색칠한 삼각형의 넓이의 3배입니다.

➔ (색칠한 삼각형의 넓이)=(직사각형의 넓이)÷3

$=(12.6\times7)\div3$

$=29.4\,(\text{cm}^2)$

대표 유형 **07**

오른쪽 그림에서 직사각형 ㄱㄴㄷㄹ의 넓이는 삼각형 ㄹㅁㄷ의 넓이의 5배입니다. 선분 ㅁㄷ의 길이는 몇 cm일까요?

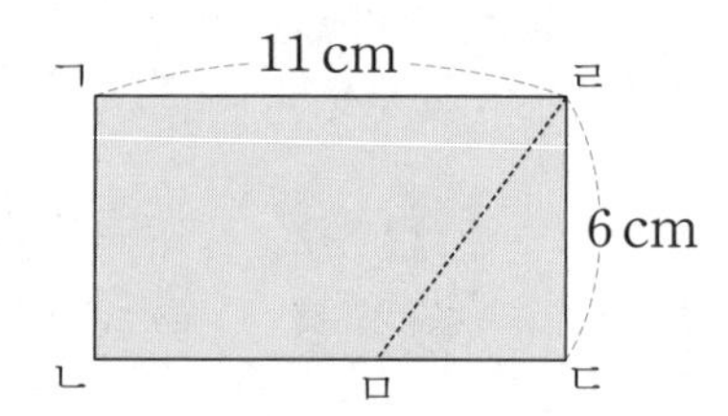

풀이

❶ (직사각형 ㄱㄴㄷㄹ의 넓이)=$11\times6=$ □ (cm^2)

❷ (삼각형 ㄹㅁㄷ의 넓이)=(직사각형 ㄱㄴㄷㄹ의 넓이)÷5

=□÷5=□ (cm^2)

❸ 선분 ㅁㄷ의 길이를 ■cm라 하면 ■×6÷2=□에서

■×6=□×2, ■×6=□, ■=□÷6=□

➔ (선분 ㅁㄷ의 길이)=□cm

답

예제 오른쪽 그림에서 직사각형 ㄱㄴㄷㄹ의 넓이는 삼각형 ㅁㄴㄷ의 넓이의 6배입니다. 선분 ㅁㄴ의 길이는 몇 cm일까요?

( )

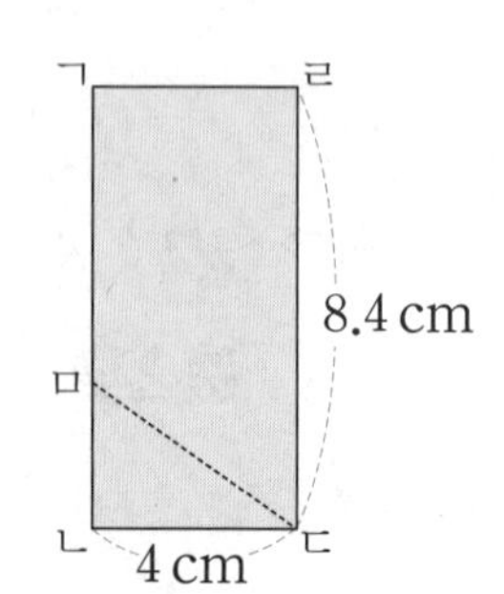

07-1 변형

그림에서 삼각형 ㄱㄴㄷ의 넓이는 삼각형 ㅁㄹㄷ의 넓이의 4배입니다. 선분 ㄹㄷ의 길이는 몇 cm일까요?

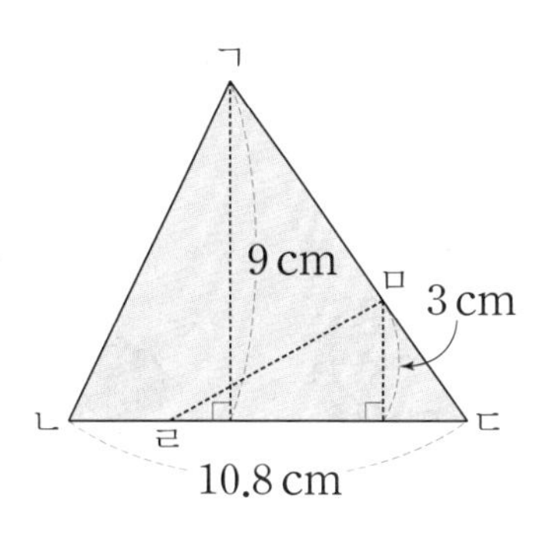

( )

07-2 변형

그림에서 사다리꼴 ㄱㄴㄷㄹ의 넓이는 삼각형 ㄹㅁㄷ의 넓이의 3배입니다. 선분 ㄴㅁ의 길이는 몇 cm일까요?

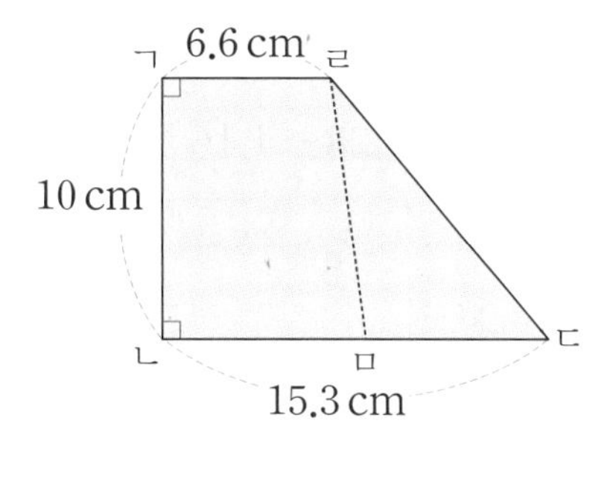

( )

07-3 발전

그림에서 평행사변형 ㄱㄴㄷㄹ의 넓이는 삼각형 ㄹㄷㅁ의 넓이의 5배입니다. 평행사변형 ㄱㄴㄷㄹ의 넓이가 208 cm^2일 때 선분 ㄷㅁ의 길이는 몇 cm일까요?

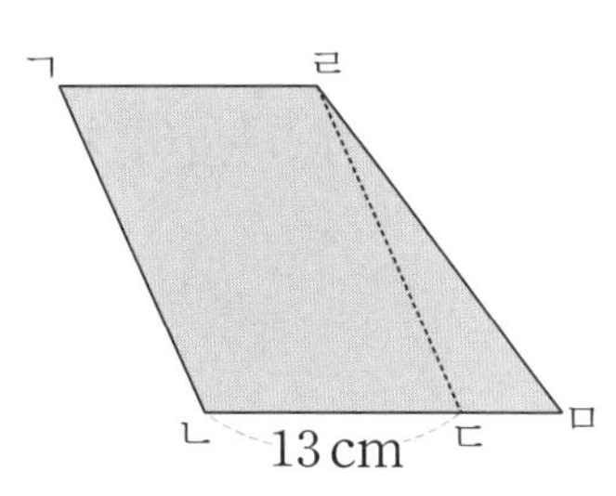

( )

유형 변형 바구니에 담긴 물건 1개의 무게를 먼저 구하자.

+ (사과 3개) $=1.18\text{kg}$

$-$) (바구니) + (사과 1개) $=0.66\text{kg}$

(사과 2개) $=0.52\text{kg}$ → (사과 1개) $=0.26\text{kg}$

$\div 2$

대표 유형 **08**

배 5개가 들어 있는 바구니의 무게를 재어 보니 $4.16\,\text{kg}$이고, 이 바구니에 배 3개를 더 넣은 후 무게를 재어 보니 $6.38\,\text{kg}$이었습니다. 빈 바구니의 무게는 몇 kg일까요? (단, 배의 무게는 모두 같습니다.)

풀이

❶ (배 3개의 무게)$=6.38-4.16=\square(\text{kg})$

❷ (배 1개의 무게)$=\square\div 3=\square(\text{kg})$

❸ (빈 바구니의 무게)$=$(배 5개가 들어 있는 바구니의 무게)$-$(배 5개의 무게)

$=4.16-\square\times 5=4.16-\square=\square(\text{kg})$

답 ____________

예제 복숭아 3개가 들어 있는 바구니의 무게를 재어 보니 $1.16\,\text{kg}$이고, 이 바구니에 복숭아 2개를 더 넣은 후 무게를 재어 보니 $1.5\,\text{kg}$이었습니다. 빈 바구니의 무게는 몇 kg일까요? (단, 복숭아의 무게는 모두 같습니다.)

(　　　　　　)

>> 정답 및 풀이 25~26쪽

08-1 변형

통조림 9개가 들어 있는 상자의 무게를 재어 보니 4.75 kg이고, 이 상자에서 통조림 4개를 뺀 후 무게를 재어 보니 2.95 kg이었습니다. 빈 상자의 무게는 몇 kg일까요? (단, 통조림의 무게는 모두 같습니다.)

(   )

08-2 변형

가방에 책 6권을 넣고 무게를 재어 보니 6.82 kg이고, 똑같은 빈 가방에 책 14권을 넣고 무게를 재어 보니 14.18 kg이었습니다. 빈 가방의 무게는 몇 kg일까요? (단, 책의 무게는 모두 같습니다.)

(   )

08-3 발전

샌드위치 15개가 들어 있는 상자의 무게를 재어 보니 5.36 kg이고, 이 상자에 샌드위치 5개를 더 넣은 후 무게를 재어 보니 6.76 kg이었습니다. 비어 있는 같은 상자에 무게가 같은 주스 8병을 넣어 무게를 재어 보니 3.96 kg일 때 주스 한 병의 무게는 몇 kg일까요?

(단, 샌드위치의 무게는 모두 같습니다.)

(   )

실전 적용

대표 유형 03

01 진형이는 버스를 타고 1시간 28분 동안 118.8 km를 갔습니다. 버스의 빠르기가 일정하다면 진형이가 버스를 타고 1분 동안 간 거리는 몇 km일까요?

Tip 버스를 탄 시간을 분으로 나타내어 계산합니다.

풀이

답 ______________

대표 유형 02

02 5장의 수 카드 [4], [8], [6], [5], [1]을 한 번씩 모두 사용하여 다음과 같은 나눗셈을 만들려고 합니다. 몫이 가장 작을 때의 몫을 구하세요.

□□.□□÷□

Tip 몫이 가장 작으려면 나누어지는 수를 가장 작게, 나누는 수를 가장 크게 해야 합니다.

풀이

답 ______________

대표 유형 01

03 □ 안에 들어갈 수 있는 자연수는 모두 몇 개일까요?

$42.48 \div 18 < \square \div 4 < 48.75 \div 13$

풀이

답 ______________

≫ 정답 및 풀이 26~27쪽

대표 유형 04

04 수직선에서 12.8과 37.6 사이를 똑같이 8칸으로 나누었을 때 □ 안에 알맞은 수를 구하세요.

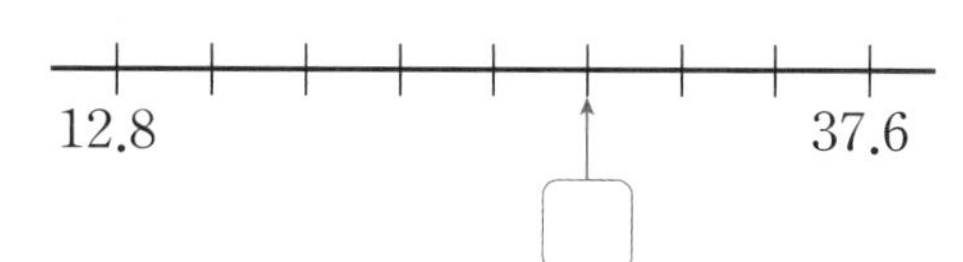

풀이

답 ______________

대표 유형 08

05 음료수 캔 6개가 들어 있는 상자의 무게를 재어 보니 2.76 kg이고, 똑같은 빈 상자에 음료수 캔 5개를 넣고 무게를 재어 보니 2.37 kg이었습니다. 빈 상자의 무게는 몇 kg일까요? (단, 음료수 캔의 무게는 모두 같습니다.)

Tip
(음료수 캔 1개의 무게)
=(음료수 캔 6개가 들어 있는 상자의 무게)
−(음료수 캔 5개가 들어 있는 상자의 무게)

풀이

답 ______________

대표 유형 06

06 어떤 수를 6으로 나누어야 할 것을 잘못하여 9로 나누었더니 몫이 12.7이 되었습니다. 바르게 계산한 몫과 잘못 계산한 몫의 차를 구하세요.

Tip
먼저 어떤 수를 □라 하여 잘못 계산한 식을 세워 봅니다.

풀이

답 ______________

실전 적용

대표 유형 05

07 길이가 2.72 km인 도로의 양쪽에 일정한 간격으로 벚나무 34그루를 심으려고 합니다. 도로의 시작과 끝에도 벚나무를 심는다면 벚나무 사이의 간격은 몇 km로 해야 할까요? (단, 벚나무의 두께는 생각하지 않습니다.)

풀이

답 ________________

대표 유형 04

08 다음 수직선은 13.25와 42.05 사이를 똑같이 12칸으로 나눈 다음 ㉠과 ㉡ 사이를 다시 똑같이 3칸으로 나눈 것입니다. □ 안에 알맞은 수를 구하세요.

13.25 ㉠ ㉡ 42.05

□

> **Tip**
> 큰 눈금 한 칸의 크기를 구한 후 작은 눈금 한 칸의 크기를 구합니다.

풀이

답 ________________

대표 유형 07

09 오른쪽 그림에서 평행사변형 ㄱㄴㄷㄹ의 넓이는 삼각형 ㅁㄷㄹ의 넓이의 9배입니다. 선분 ㅁㄹ의 길이는 몇 cm일까요?

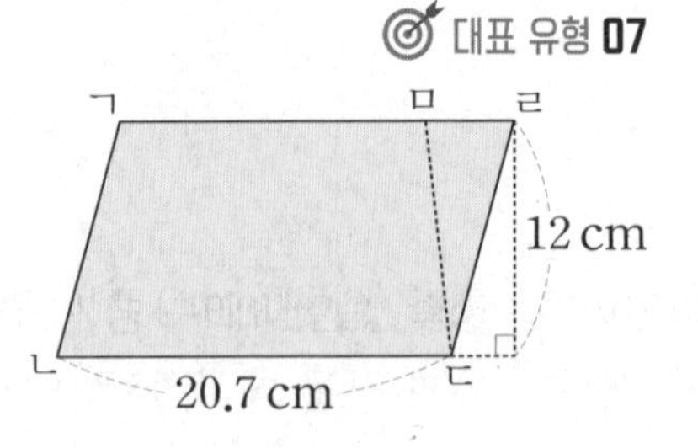

> **Tip**
> (평행사변형 ㄱㄴㄷㄹ의 넓이)
> =(삼각형 ㅁㄷㄹ의 넓이)×9
> → (삼각형 ㅁㄷㄹ의 넓이)
> =(평행사변형 ㄱㄴㄷㄹ의 넓이)÷9

풀이

답 ________________

대표 유형 05

10 가로가 21.56 m, 세로가 15.4 m인 직사각형 모양의 땅의 둘레에 일정한 간격으로 깃발 24개를 꽂으려고 합니다. 땅의 네 꼭짓점에 반드시 깃발을 한 개씩 꽂는다면 깃발 사이의 간격은 몇 m로 해야 할까요? (단, 깃발의 두께는 생각하지 않습니다.)

Tip
(깃발 사이의 간격 수)
=(깃발 수)

풀이

답 ____________

대표 유형 08

11 공 13개가 들어 있는 자루의 무게를 재어 보니 2.52 kg이고, 이 자루에서 공 4개를 뺀 후 무게를 재어 보니 1.96 kg이었습니다. 비어 있는 같은 자루에 무게가 같은 줄넘기 6개를 넣어 무게를 재어 보니 5.68 kg일 때 줄넘기 한 개의 무게는 몇 kg일까요? (단, 공의 무게는 모두 같습니다.)

풀이

답 ____________

대표 유형 03

12 은유네 집에서 할머니 댁까지 가는 데 한 시간에 70 km를 가는 버스로 3시간 36분 동안 갔더니 할머니 댁까지 남은 거리가 5.64 km였습니다. 은유네 집에서 할머니 댁까지 자동차로 일정한 빠르기로 가는 데 3시간이 걸렸다면 한 시간 동안 몇 km를 간 것일까요? (단, 버스는 일정한 빠르기로 쉬지 않고 갑니다.)

Tip
(은유네 집에서 할머니 댁까지의 거리)
=(버스로 3시간 36분 동안 간 거리)+(남은 거리)

풀이

답 ____________

4

비와 비율

유형 변형

대표 유형

01 전체 개수에 대한 꺼낸 개수의 비를 비율로 나타내자.
개수를 보고 비율로 나타내기

02 비율을 이용하여 도형의 변의 길이를 구하자.
길이의 비율을 이용하여 도형의 넓이 구하기

03 ■에 대한 ▲의 비를 ▲ : ■로 나타내자.
둘레가 주어진 두 도형의 한 변의 길이의 비 구하기

04 조건을 하나씩 만족시키자.
조건을 만족하는 사람 수 구하기

05 비율을 구하여 부분의 넓이를 구하자.
색칠된 부분의 넓이 구하기

06 분모와 분자에 같은 수를 곱해도 비율은 같다.
조건을 만족하는 비 구하기

07 길이를 늘이면 +, 줄이면 −를 하자.
변이 길이를 늘이거나 줄인 도형의 넓이 구하기

08 원래 가격과 판매한 가격을 비교하자.
할인율 구하기

09 진하기는 소금물의 양에 대한 소금의 양의 비율이다.
소금물의 진하기 구하기

비, 비율 알아보기

교과서 개념

- 비: 두 양을 비교할 때 한 양을 기준으로 다른 양이 몇 배가 되는지를 기호 :을 사용하여 나타낸 것

3 : 8 ➔
- 3 대 8
- 3과 8의 비
- 3의 8에 대한 비
- 8에 대한 3의 비

참고

3 : 8 — 비교하는 양(3), 기준량(8)

- 비율: 기준량에 대한 비교하는 양의 크기

$$(\text{비율})=(\text{비교하는 양})\div(\text{기준량})=\frac{(\text{비교하는 양})}{(\text{기준량})}$$

비 3 : 8을 비율로 나타내기 ➔ $\frac{3}{8}$ 또는 0.375

01 4 : 7을 잘못 읽은 것은 어느 것일까요? ············ (　　　)

① 7에 대한 4의 비　② 4 대 7　③ 4에 대한 7의 비
④ 4의 7에 대한 비　⑤ 4와 7의 비

02 비율을 분수와 소수로 각각 나타내 보세요.

(1) 11 : 10

분수 (　　　　　　)
소수 (　　　　　　)

(2) 9 : 25

분수 (　　　　　　)
소수 (　　　　　　)

03 봉은이네 반 남학생은 12명, 여학생은 17명입니다. 전체 학생 수에 대한 여학생 수의 비율을 분수로 나타내 보세요.

(　　　　　　)

>> 정답 및 풀이 28쪽

활용 개념 1 전체에 대한 색칠한 부분의 비 구하기

• 전체에 대한 색칠한 부분의 비 ➔ (색칠한 칸 수) : (전체 칸 수)

예

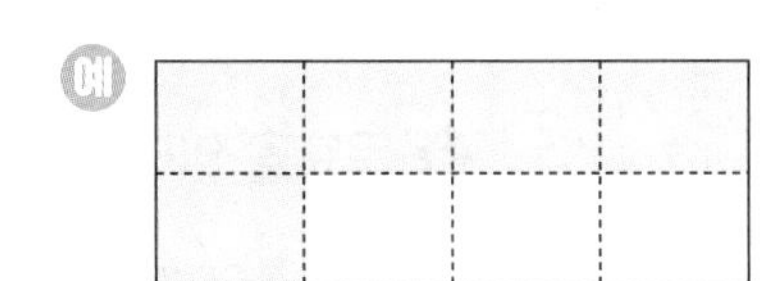

전체 칸 수=8칸
색칠한 칸 수=5칸
전체에 대한 색칠한 부분의 비 ➔ 5 : 8

04 그림을 보고 전체에 대한 색칠한 부분의 비를 써 보세요.

(1)

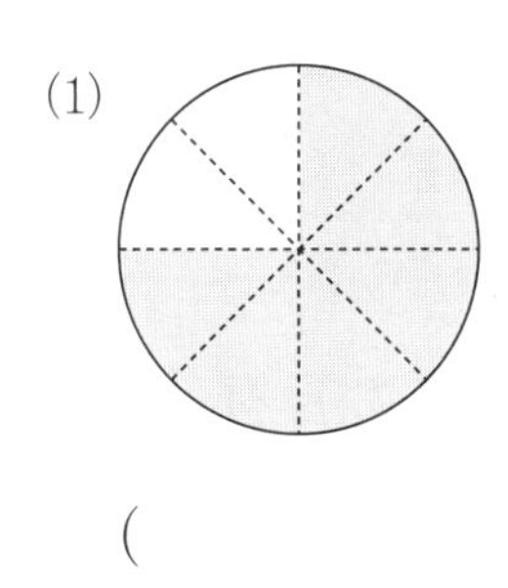

(　　　　　　　　)

(2)

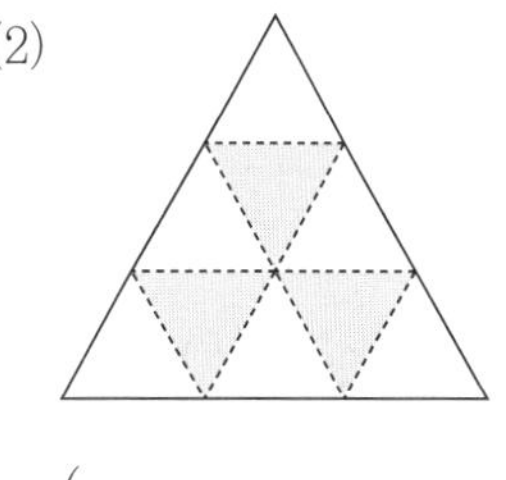

(　　　　　　　　)

활용 개념 2 기준량과 비교하는 양 크기 비교하기

• (비교하는 양)<(기준량) ➔ (비율)<1

예

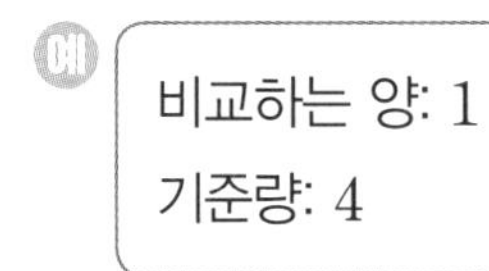

➔ $(비율)=\frac{(비교하는\ 양)}{(기준량)}=\frac{1}{4}=0.25<1$

• (비교하는 양)>(기준량) ➔ (비율)>1

예

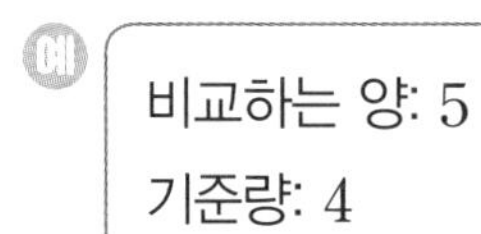

➔ $(비율)=\frac{(비교하는\ 양)}{(기준량)}=\frac{5}{4}=1.25>1$

05 다음 비율 중 기준량이 비교하는 양보다 작은 경우를 모두 고르세요. ………… (　　　　)

① $\frac{5}{7}$　② 2.6　③ $\frac{2}{4}$

④ $3\frac{1}{2}$　⑤ 0.88

4 비와 비율

활용 개념 실생활에서 비율이 사용되는 경우

교과서 개념

타율 알아보기

$(\text{타율})=\dfrac{(\text{안타 수})}{(\text{전체 타수})}$

예 200타수 중에서 안타를 58번 친 선수의 타율

➔ $\dfrac{58}{200}=\dfrac{29}{100}(=0.29)$

빠르기 알아보기

$(\text{빠르기})=\dfrac{(\text{간 거리})}{(\text{걸린 시간})}$

예 버스가 3시간 동안 270 km를 갔을 때의 빠르기

➔ $\dfrac{270}{3}=90$

득표율 알아보기

$(\text{득표율})=\dfrac{(\text{해당 후보의 득표수})}{(\text{전체 득표수})}$

예 전체 110표 중에서 55표를 획득했을 때의 득표율

➔ $\dfrac{55}{110}=\dfrac{1}{2}(=0.5)$

01 어느 야구 선수는 300타수 중에서 안타를 111번 쳤습니다. 이 야구 선수의 타율을 소수로 나타내 보세요.

( )

02 전교 학생 회장 선거에서 혜정이는 전체 850표 중에서 391표를 득표했고, 주영이는 득표율이 $\dfrac{39}{100}$였습니다. 두 사람 중 득표율이 더 높은 사람의 이름을 써 보세요.

( )

03 표를 보고 오토바이와 자동차 중 어느 것이 더 빨리 달렸는지 써 보세요.

	오토바이	자동차
달린 거리(km)	96	216
달린 시간(시간)	2	3

( )

>> 정답 및 풀이 28쪽

활용 개념 1 넓이에 대한 인구의 비율

예 넓이가 300 km^2이고 인구가 60000명인 도시의 넓이에 대한 인구의 비율 구하기

→ 기준량(분모)은 넓이, 비교하는 양(분자)은 인구이므로 비율은 $\frac{60000}{300}$(=200)입니다.

→ 도시의 넓이에 대한 인구의 비율이 높을수록 인구가 더 밀집한 곳입니다.

04 두 마을의 넓이와 인구를 나타낸 표입니다. 인구가 더 밀집한 곳은 어디인지 써 보세요.

	A 마을	B 마을
인구(명)	8400	10240
넓이(km^2)	24	32

( )

4 비와 비율

활용 개념 2 비율과 기준량을 이용하여 비교하는 양 구하기

• (비교하는 양)=(비율)×(기준량)

예 전교 회장 선거에서 전체 득표수가 700표이고 다은이의 득표율이 0.43일 때 다은이의 득표수 구하기

→ (다은이의 득표율)=$\frac{(\text{다은이의 득표수})}{(\text{전체 득표수})}$=$\frac{(\text{다은이의 득표수})}{700}$=0.43이므로

(다은이의 득표수)=0.43×700=301(표) → 비교하는 양

비율, 기준량

05 어느 야구 선수의 타율이 0.29입니다. 같은 타율로 200타수를 친다면 안타는 몇 번 칠 수 있는지 구하세요.

( )

백분율 알아보기

교과서 개념

- 백분율: 기준량을 100으로 할 때의 비율

예 $\frac{27}{50}$의 백분율 구하기

방법 1 기준량이 100인 비율로 나타낸 후 백분율로 나타내기

$\frac{27}{50}=\frac{54}{100}$ ➔ 54 %

방법 2 비율에 100을 곱해서 나온 값에 기호 % 붙이기

$\frac{27}{50}\times 100=54$ ➔ 54 %

참고
백분율은 기호 %를 사용하고 퍼센트라고 읽습니다.

01 빈칸에 알맞게 써넣으세요.

비율(기약분수)	비율(소수)	백분율
	0.3	
$\frac{14}{25}$		
		71 %

02 비율을 백분율로 바르게 나타낸 것을 찾아 기호를 써 보세요.

㉠ $\frac{19}{20}$ ➔ 45 %　　㉡ 7.2 ➔ 72 %

㉢ $\frac{11}{50}$ ➔ 11 %　　㉣ 1.35 ➔ 135 %

(　　　　　　　　)

03 현정이네 학급문고에는 위인전 17권, 동화책 13권, 시집 20권이 있습니다. 위인전 수와 전체 책 수의 비율을 백분율로 나타내 보세요.

(　　　　　　　　)

활용 개념 1 비율의 크기 비교하기

• 비율을 분수 또는 소수, 백분율로 통일하여 크기를 비교하기

예 비율이 가장 큰 것은?

$62\ \%$	0.5	$\frac{37}{100}$

① 비율을 모두 백분율로 통일합니다.

$0.5 \rightarrow 0.5 \times 100 = 50\ (\%)$, $\frac{37}{100} \rightarrow 37\ \%$

② 크기를 비교하면 $62\ \% > 50\ \% > 37\ \%$이므로 비율이 가장 큰 것은 $62\ \%$입니다.

04 다음에서 백분율이 가장 큰 것은 어느 것일까요? ……………………………… (　　　)

① $3 : 25$　② $\frac{1}{8}$　③ $8\ \%$

④ 0.117　⑤ 10에 대한 1의 비

활용 개념 2 이자율 알아보기

• 이자율: 예금한 금액에 대한 이자의 비율

$(이자율) = \frac{(이자)}{(예금한\ 금액)} \rightarrow (백분율) = (이자율) \times 100$

예 은행에 100만 원을 예금하고 1년이 지나 찾은 금액이 1037000원이었을 때 예금의 이자율 구하기

→ $(이자) = 1037000 - 1000000 = 37000$(원)이므로

$(이자율) = \frac{37000}{1000000} = 0.037$이고 백분율로 나타내면 $0.037 \times 100 = 3.7\ (\%)$입니다.

05 은행에 150만 원을 예금하고 1년이 지나 찾은 금액이 1542000원이었습니다. 이 예금의 이자율은 몇 %일까요?

(　　　　　　)

4 비와 비율

유형 변형 전체 개수에 대한 꺼낸 개수의 비를 비율로 나타내자.

유형 솔루션

전체 구슬 수: 10개

주머니에서 구슬 한 개를 꺼냈을 때

(꺼낸 구슬이 빨간색일 비율) $=\frac{4}{10}=\frac{2}{5}$

(꺼낸 구슬이 파란색일 비율) $=\frac{3}{10}$

(꺼낸 구슬이 초록색일 비율) $=\frac{3}{10}$

대표 유형 01

상자 안에 오이 19개, 호박 13개, 당근 8개가 들어 있습니다. 상자에서 채소 한 개를 꺼냈을 때 꺼낸 채소가 당근일 비율을 기약분수로 나타내 보세요.

풀이

❶ (전체 채소 수) $=19+\square+8=\square$(개)

❷ (상자에서 꺼낸 채소가 당근일 비율)

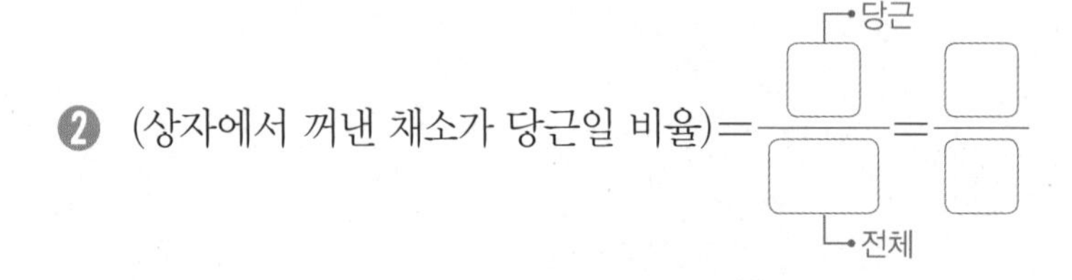

답 ____________

예제 바구니에 배 15개, 키위 8개, 레몬 7개가 들어 있습니다. 바구니에서 과일 한 개를 꺼냈을 때 꺼낸 과일이 키위일 비율을 기약분수로 나타내 보세요.

(　　　　　　　　)

>> 정답 및 풀이 29쪽

01-1 변형

창고에 축구공 15개, 야구공 22개, 배구공 13개가 있습니다. 창고에서 공 한 개를 꺼냈을 때 꺼낸 공이 축구공일 비율은 몇 %인지 구하세요.

( )

01-2 변형

지갑에 500원짜리 동전 22개, 100원짜리 동전 9개, 10원짜리 동전 9개가 들어 있습니다. 지갑에서 동전 한 개를 꺼냈을 때 꺼낸 동전이 500원짜리 동전일 비율을 소수로 나타내 보세요.

( )

01-3 변형

냉동고에 다음과 같은 아이스크림이 들어 있습니다. 덕교가 냉동고에서 아이스크림을 한 개 꺼내어 먹었을 때 먹은 아이스크림이 초코 맛 아이스크림이 아닐 비율을 기약분수로 나타내 보세요.

( )

01-4 발전

지율이의 책장에는 4종류의 책이 있고 시집은 소설보다 4권 많습니다. 위인전 18권, 동화책 26권, 소설 16권이 있을 때, 책장에서 책을 한 권 꺼냈다면 꺼낸 책이 시집일 비율은 몇 % 인지 구하세요.

( )

유형 변형 비율을 이용하여 도형의 변의 길이를 구하자.

가로에 대한 세로의 비율이 $\frac{2}{3}$일 때 세로는?

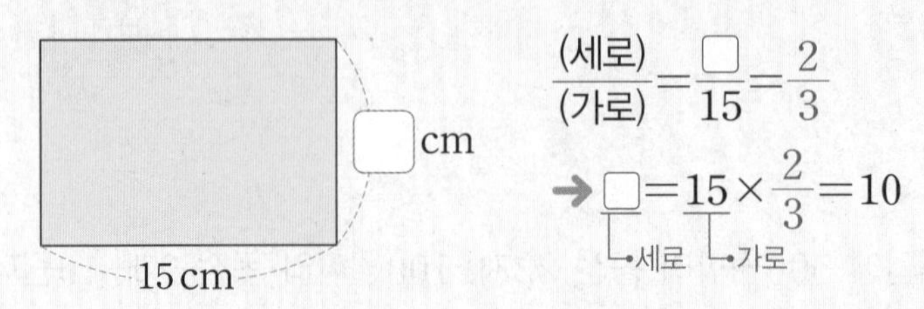

$\frac{(세로)}{(가로)}=\frac{\square}{15}=\frac{2}{3}$

$\rightarrow \square=15\times\frac{2}{3}=10$

(□: 세로, 15: 가로)

대표 유형 02

세로에 대한 가로의 비율이 $\frac{5}{4}$인 직사각형이 있습니다. 이 직사각형의 세로가 16 cm일 때 넓이는 몇 cm^2인지 구하세요.

풀이

❶ (직사각형의 가로)$=16\times\frac{\square}{\square}=\square$ (cm)

❷ (직사각형의 넓이)$=\square\times16=\square$ (cm^2)

답 ______________

예제 세로에 대한 가로의 비율이 $\frac{2}{5}$인 직사각형이 있습니다. 이 직사각형의 세로가 30 cm일 때 넓이는 몇 cm^2인지 구하세요.

(   )

>> 정답 및 풀이 30쪽

02-1 변형

가로에 대한 세로의 비율이 1.24인 직사각형이 있습니다. 이 직사각형의 가로가 50 cm일 때 둘레는 몇 cm인지 구하세요.

(　　　　　　　　)

02-2 변형

높이에 대한 밑변의 길이 비율이 125 %인 평행사변형이 있습니다. 이 평행사변형의 높이가 4 cm일 때 넓이는 몇 cm^2인지 구하세요.

(　　　　　　　　)

02-3 변형

밑변의 길이에 대한 높이의 비율이 35 %인 삼각형이 있습니다. 이 삼각형의 밑변의 길이가 40 cm일 때 넓이는 몇 cm^2인지 구하세요.

(　　　　　　　　)

02-4 발전

그림과 같이 가로에 대한 둘레의 비율이 $4\frac{1}{2}$인 직사각형 모양의 액자가 있습니다. 이 액자의 넓이는 몇 cm^2인지 구하세요.

12 cm

(　　　　　　　　)

유형 변형

■에 대한 ▲의 비를 ▲ : ■로 나타내자.

유형 솔루션

가의 한 변의 길이에 대한 나의 한 변의 길이의 비는?

가

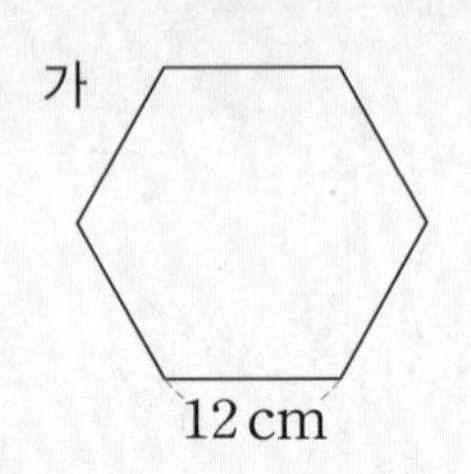

나

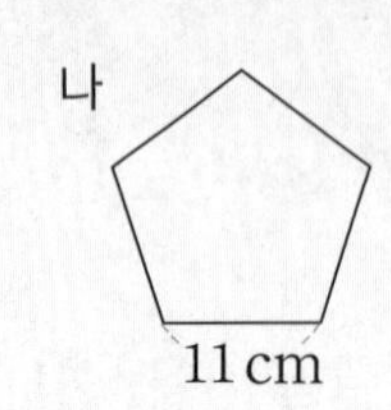

가의 한 변의 길이에 대한 나의 한 변의 길이

➔ (나의 한 변의 길이) : (가의 한 변의 길이)

➔ $11 : 12$

대표 유형 03

정사각형 가의 둘레는 32 cm이고, 정오각형 나의 둘레는 45 cm입니다. 가의 한 변의 길이에 대한 나의 한 변의 길이의 비를 써 보세요.

가

나

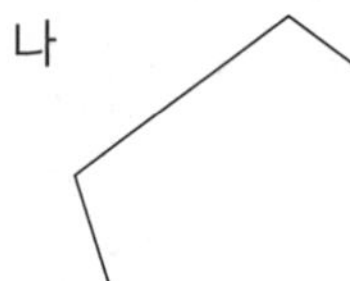

풀이

❶ (가의 한 변의 길이)$=32\div4=\square$(cm)

❷ (나의 한 변의 길이)$=45\div5=\square$(cm)

❸ (나의 한 변의 길이) : (가의 한 변의 길이) ➔ $9 : \square$

답 ______________

예제 정삼각형 가의 둘레는 21 cm이고, 정팔각형 나의 둘레는 48 cm입니다. 가의 한 변의 길이에 대한 나의 한 변의 길이의 비를 써 보세요.

가

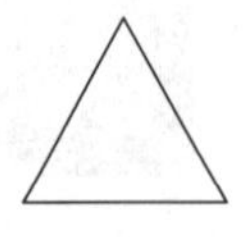

나

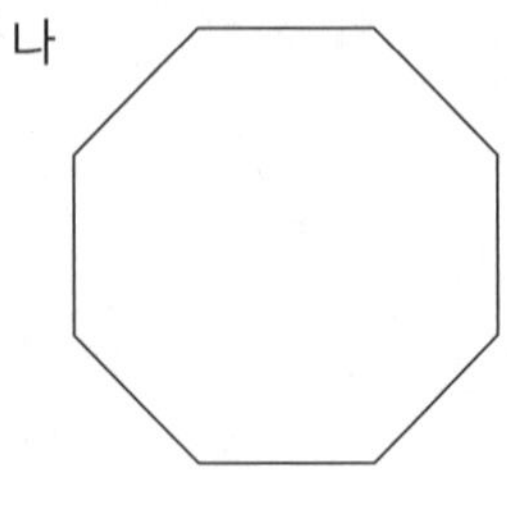

(　　　　　　　　　　)

03-1 변형

정오각형 가와 정팔각형 나의 둘레는 각각 40 cm입니다. 나의 한 변의 길이에 대한 가의 한 변의 길이의 비율을 기약분수로 나타내 보세요.

가

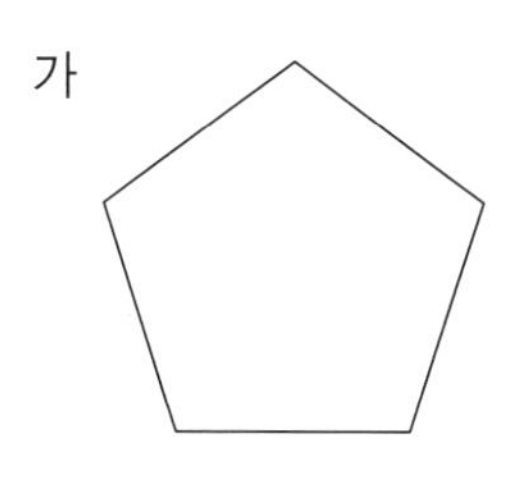

나

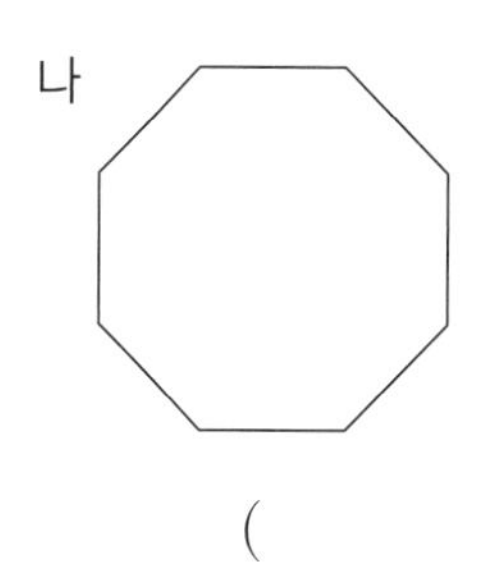

(   )

03-2 변형

정삼각형과 정칠각형이 있습니다. 정삼각형의 둘레는 36 cm이고, 정칠각형의 둘레는 105 cm입니다. 정칠각형의 한 변의 길이에 대한 정삼각형의 한 변의 길이의 비율을 소수로 나타내 보세요.

(   )

03-3 발전

모든 모서리의 길이가 같은 사각뿔 가의 모든 모서리의 길이의 합은 96 cm이고, 모든 모서리의 길이가 같은 삼각기둥 나의 모든 모서리의 길이의 합은 99 cm입니다. 나의 한 모서리의 길이에 대한 가의 한 모서리의 길이의 비를 써 보세요.

가

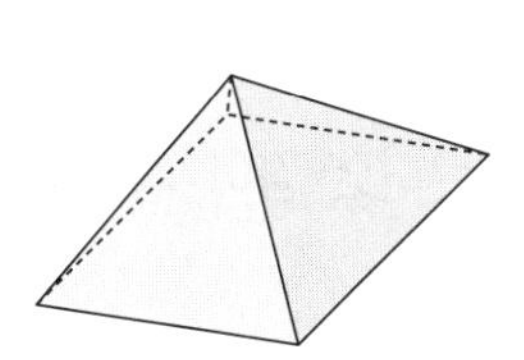

나

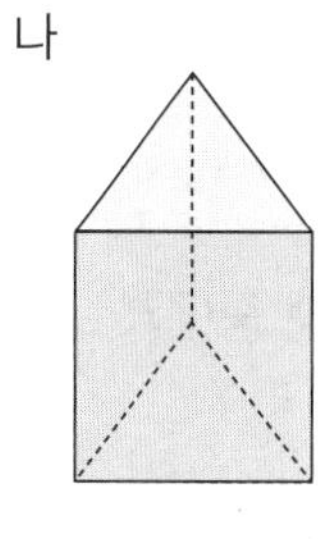

(   )

유형 변형

조건을 하나씩 만족시키자.

유형 솔루션

(전체 사람 수)$=$50명

↓ 전체 사람 수에 대한 여자 수의 비율 $\frac{7}{10}$

(여자 수)$=50\times\frac{7}{10}=35$(명)

↓ 여자들 중에서 $\frac{3}{5}$이 치마를 입음

(치마를 입은 여자 수)$=35\times\frac{3}{5}=21$(명)

대표 유형 04

라희네 학교 학생은 300명이고 전체 학생 수에 대한 여학생 수의 비율은 $\frac{11}{20}$입니다. 라희네 학교 여학생 중에서 $\frac{2}{5}$가 안경을 썼다면 안경을 쓴 여학생은 몇 명인지 구하세요.

풀이

❶ (라희네 학교 여학생 수)$=300\times\frac{\square}{\square}=\square$(명)

❷ (안경을 쓴 여학생 수)$=\square\times\frac{2}{5}=\square$(명)

답 ______________

예제 민정이네 반 학생은 25명이고 전체 학생 수에 대한 남학생 수의 비율은 $\frac{3}{5}$입니다. 민정이네 반 남학생 중에서 $\frac{1}{3}$이 강아지를 좋아한다면 강아지를 좋아하는 남학생은 몇 명인지 구하세요.

(   )

>> 정답 및 풀이 31~32쪽

04-1 변형

어느 동물원에 입장한 사람은 400명이고 입장한 어린이 수와 전체 입장객 수의 비율은 0.35입니다. 동물원에 입장한 어린이 중에서 $\frac{33}{70}$이 돌고래 공연을 보았다면 돌고래 공연을 보지 못한 어린이는 몇 명인지 구하세요.

(　　　　　　　　)

04-2 변형

어느 마라톤 대회에 참가한 사람은 600명이고 참가자에 대한 완주자의 비는 3 : 4였습니다. 완주자 중 40 %가 여자였다면 이 마라톤 대회를 완주한 여자는 몇 명인지 구하세요.

(　　　　　　　　)

04-3 변형

어느 회사의 전체 지원자 수에 대한 1차 면접 합격자 수의 비율이 $\frac{1}{17}$이었습니다. 1차 면접 합격자 중 80 %가 2차 면접에 합격하였고 2차 면접 합격자 중 25 %가 최종 합격했다고 합니다. 이 회사에 지원한 사람이 255명이었을 때 최종 합격자는 몇 명인지 구하세요.

(　　　　　　　　)

04-4 발전

민주네 동네 전체 주민은 900명입니다. 전체 주민 수에 대한 중학생 수의 비율은 $\frac{7}{30}$이고 전체 주민 수에 대한 초등학생 수의 비율은 0.06입니다. 민주네 동네 중학생과 초등학생 중에서 $\frac{5}{8}$가 남학생일 때 여자 중학생과 여자 초등학생은 몇 명인지 구하세요.

(　　　　　　　　)

유형 변형 비율을 구하여 부분의 넓이를 구하자.

유형 솔루션

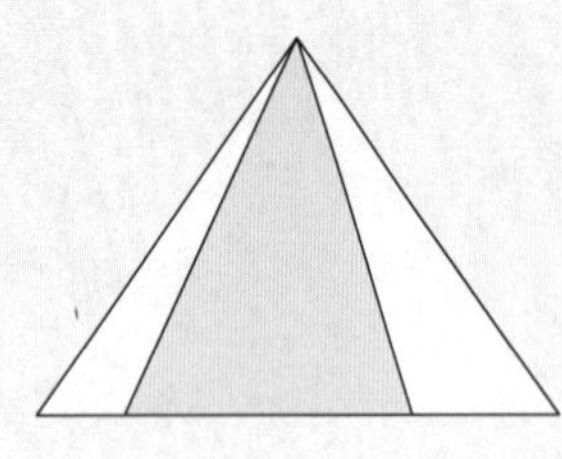

(색칠한 부분의 넓이) : (전체 넓이)

$=5:9 \rightarrow \frac{5}{9}$

(색칠한 부분의 넓이)$=$(전체 넓이)$\times\frac{5}{9}$

대표 유형 05

한 변의 길이가 $16\,\text{cm}$인 정사각형에서 전체 넓이에 대한 색칠한 부분의 넓이의 비가 $29:64$일 때 색칠한 부분의 넓이는 몇 cm^2인지 구하세요.

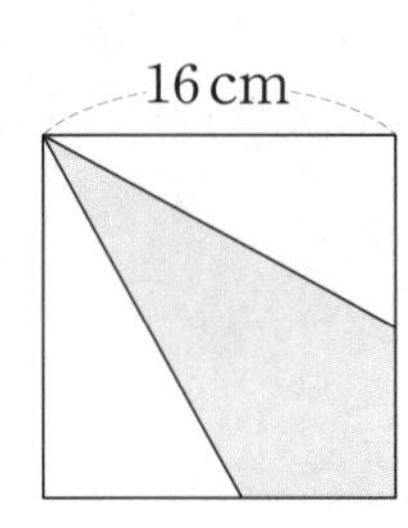

풀이

❶ (전체 넓이)$=$(정사각형의 넓이)$=\square\times\square=\square(\text{cm}^2)$

❷ (색칠한 부분의 넓이) : (전체 넓이)$=29:64 \rightarrow \frac{\square}{\square}$

❸ (색칠한 부분의 넓이)$=$(전체 넓이)$\times\frac{\square}{\square}=\square\times\frac{\square}{\square}=\square(\text{cm}^2)$

답 ______________

예제 오른쪽 직사각형에서 전체 넓이에 대한 색칠한 부분의 넓이의 비가 $9:13$일 때 색칠한 부분의 넓이는 몇 cm^2인지 구하세요.

6 cm

13 cm

(　　　　　　　　)

05-1 변형

사각형 ㄱㄴㄷㄹ은 마름모입니다. 전체 넓이에 대한 색칠한 부분의 넓이의 비가 3 : 4일 때 색칠한 부분의 넓이는 몇 cm^2인지 구하세요.

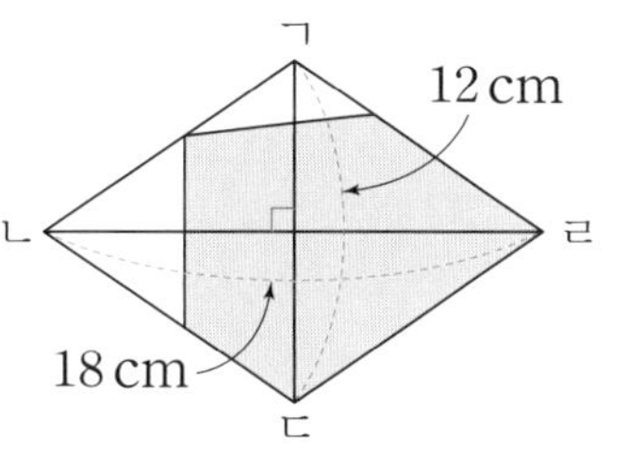

(　　　　　　　　)

05-2 변형

사각형 ㄱㄴㄷㄹ은 사다리꼴입니다. 색칠한 부분의 넓이와 전체 넓이의 비가 7 : 8일 때 색칠하지 않은 부분의 넓이는 몇 cm^2인지 구하세요.

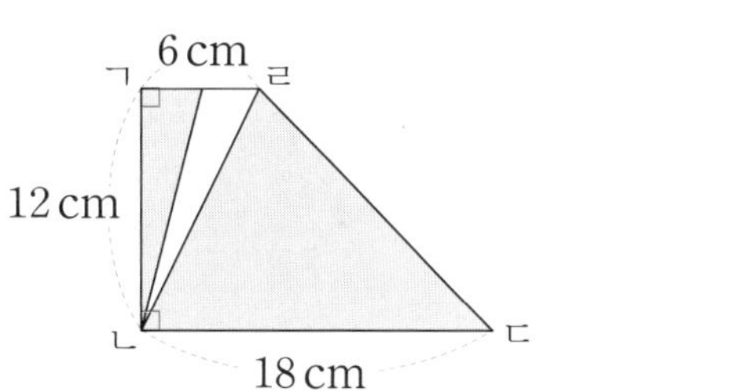

(　　　　　　　　)

05-3 발전

직사각형 ㄱㄴㄷㄹ의 넓이는 480 cm^2입니다. 이 직사각형을 선분 ㄷㅁ으로 나누면 ㉯의 넓이에 대한 ㉮의 넓이의 비가 25 : 7이 됩니다. 선분 ㄴㅁ의 길이는 몇 cm인지 구하세요.

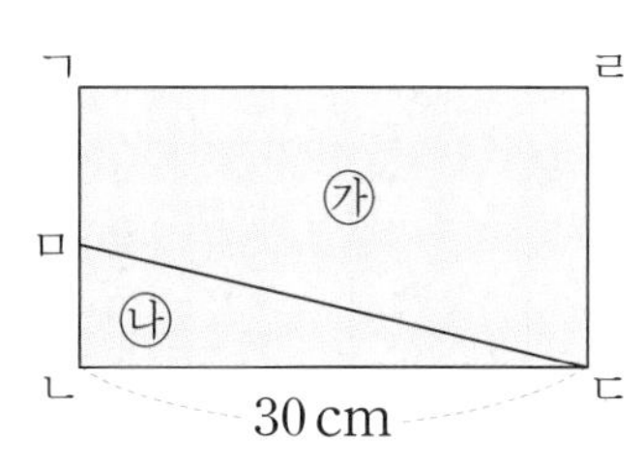

(　　　　　　　　)

4 비와 비율

유형 변형

분모와 분자에 같은 수를 곱해도 비율은 같다.

유형 솔루션

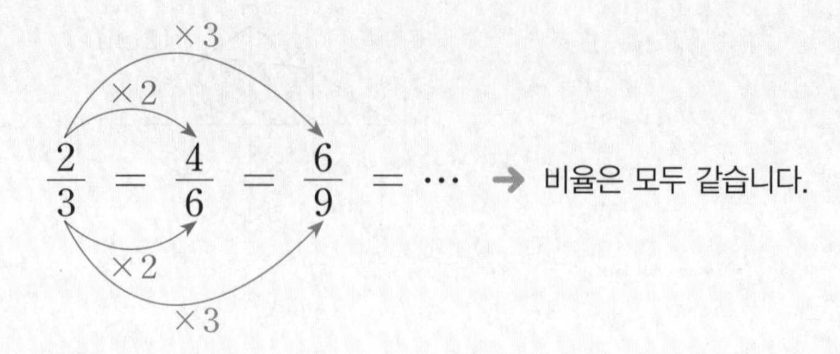

대표 유형 06

조건을 모두 만족하는 비를 구하세요.

- (비율)$=\frac{8}{17}$
- (비교하는 양)=(기준량)-18

풀이

❶ $\frac{8}{17}=\frac{\square}{34}=\frac{\square}{51}=\cdots$

❷ ❶에서 비교하는 양이 기준량보다 18만큼 더 작은 분수는 $\frac{\square}{\square}$입니다.

❸ $\frac{\square}{34}$ → $\square : 34$

답 ______________

예제 조건을 모두 만족하는 비를 구하세요.

- (비율)$=\frac{3}{5}$
- (비교하는 양)=(기준량)-10

(　　　　　　　　)

>> 정답 및 풀이 33~34쪽

06-1 변형

조건을 모두 만족하는 비를 구하세요.

- (비율)=2.5
- (기준량)=(비교하는 양)−30

( )

06-2 변형

조건을 모두 만족하는 비를 구하세요.

- (비율)=1.15
- (기준량)+(비교하는 양)=86

( )

06-3 변형

조건을 모두 만족하는 비를 구하세요.

- (비율)=33 %
- (기준량)+(비교하는 양)=399

( )

06-4 발전

민영이가 가지고 있는 볼펜 수와 연필 수의 합은 50자루입니다. 볼펜 수에 대한 연필 수의 비율이 25 %일 때 민영이가 가진 연필은 몇 자루인지 구하세요.

( )

유형 변형

길이를 늘이면 +, 줄이면 −를 하자.

유형 솔루션

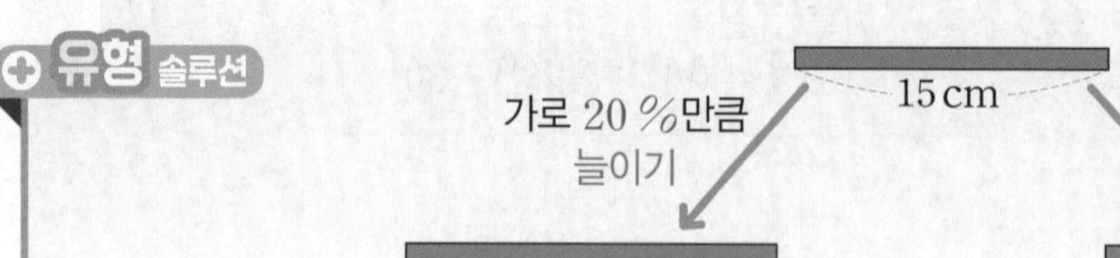

대표 유형 **07**

가로가 64 cm, 세로가 40 cm인 직사각형의 가로를 25 %만큼 늘이고 세로를 35 %만큼 줄여서 새로운 직사각형을 만들었습니다. 새로 만든 직사각형의 넓이는 몇 cm^2인지 구하세요.

풀이

❶ 25 % → $\frac{\square}{100}$, 35 % → $\frac{\square}{100}$

❷ (새로 만든 직사각형의 가로)$=64+64\times\frac{\square}{100}=\square$(cm)

(새로 만든 직사각형의 세로)$=40-40\times\frac{\square}{100}=\square$(cm)

❸ (새로 만든 직사각형의 넓이)$=\square\times\square=\square$($cm^2$)

답 ____________

예제 밑변의 길이가 40 cm, 높이가 50 cm인 평행사변형의 밑변의 길이를 15 %만큼 줄이고 높이를 20 %만큼 늘여서 새로운 평행사변형을 만들었습니다. 새로 만든 평행사변형의 넓이는 몇 cm^2인지 구하세요.

(　　　　　　　　)

>> 정답 및 풀이 34~35쪽

07-1 변형

가로가 20 cm, 세로가 25 cm인 직사각형의 가로를 10 %만큼 줄이고 세로를 30 %만큼 줄여서 새로운 직사각형을 만들었습니다. 새로 만든 직사각형의 둘레는 몇 cm인지 구하세요.

( )

07-2 변형

삼각형의 밑변의 길이와 높이를 각각 5 %씩 줄여서 새로운 삼각형을 만들었습니다. 새로 만든 삼각형의 넓이와 처음 삼각형의 넓이의 차는 몇 cm^2인지 구하세요.

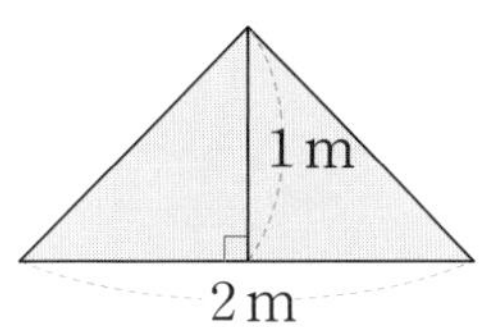

( )

07-3 발전

어느 정사각형의 각 변의 길이를 각각 30 %씩 늘여서 새로운 정사각형을 만들었습니다. 처음 정사각형의 넓이에 대한 새로 만든 정사각형 넓이의 비율을 소수로 나타내 보세요.

( )

4 비와 비율

유형 변형

원래 가격과 판매한 가격을 비교하자.

원래 가격 ·(할인된 가격)=(판매한 가격)

(할인 금액)$=12000-9600=2400$(원)

(로봇 장난감의 할인율)$=\frac{2400}{12000}=\frac{1}{5}$

$\rightarrow \frac{1}{5}\times 100=20\,(\%)$

대표 유형 08

옷 가게에서 정가가 55000원인 옷을 할인하여 38500원에 팔고 있습니다. 이 옷의 할인율은 몇 %인지 구하세요.

풀이

❶ (할인 금액)$=\square-38500=\square$(원)

❷ (옷의 할인율)$=\frac{\square}{\square}\rightarrow\frac{\square}{\square}\times 100=\square$ (%)

답

예제 윤민이가 놀이동산에 갔습니다. 놀이동산 입장료는 25000원인데 윤민이는 할인권을 이용하여 입장료로 17000원을 냈습니다. 할인율은 몇 %인지 구하세요.

(　　　　　　　　)

>> 정답 및 풀이 35~36쪽

08-1 변형

혜란이는 할인 매장에서 할인율이 30 %인 물건을 샀습니다. 혜란이가 산 물건은 무엇인지 써 보세요.

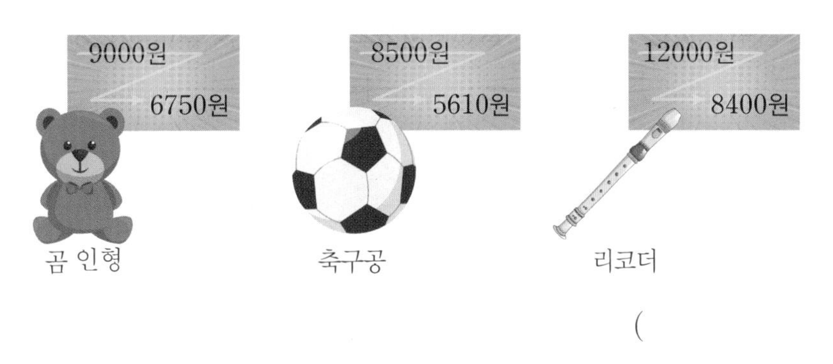

(　　　　　　　　)

08-2 변형

원가가 32000원인 원피스의 정가를 8000원 올려 정했다가 잘 팔리지 않아 할인하여 36400원에 팔았습니다. 정가에 대한 할인 금액의 비율은 몇 %인지 구하세요.

(　　　　　　　　)

08-3 변형

민우는 문구점에서 지난주에 연필 한 자루를 500원에 샀는데 이번 주에는 똑같은 연필 6자루를 2700원에 샀습니다. 연필 한 자루의 할인율은 몇 %인지 구하세요.

(　　　　　　　　)

08-4 발전

정가가 16000원인 모자가 있습니다. 이 모자를 A 가게에서는 20 % 할인해 판매하고, B 가게에서는 4000원을 할인해 판매합니다. 두 가게 중 모자를 더 싸게 구매할 수 있는 곳은 어디인지 써 보세요.

(　　　　　　　　)

유형 변형 진하기는 소금물의 양에 대한 소금의 양의 비율이다.

(진하기)$=\dfrac{50}{150+50}=\dfrac{50}{200}=\dfrac{1}{4}$ (분자: 소금의 양, 분모: 소금물의 양)

→ $\dfrac{1}{4}\times100=25\,(\%)$

대표 유형 **09**

물 170 g에 소금 30 g을 넣어 소금물을 만들었습니다. 이 소금물에 소금 50 g을 더 넣었다면 새로 만든 소금물의 진하기는 몇 %인지 구하세요.

풀이

❶ (새로 만든 소금물의 소금의 양)$=30+\square=\square$(g)

(새로 만든 소금물의 양)$=170+80=\square$(g)

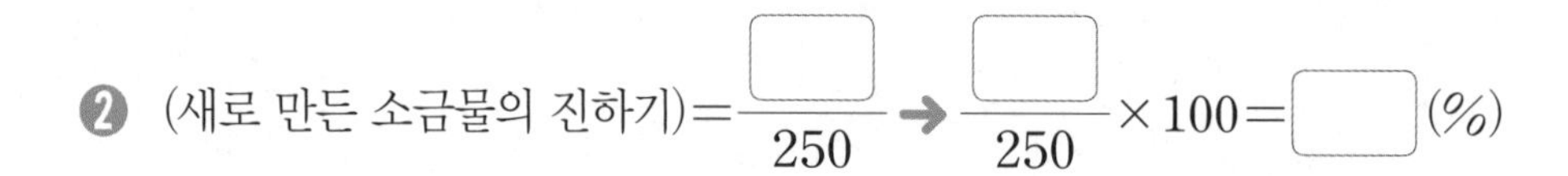

❷ (새로 만든 소금물의 진하기)$=\dfrac{\square}{250}$ → $\dfrac{\square}{250}\times100=\square$(%)

답 ______________

예제 물 110 g에 설탕 50 g을 넣어 설탕물을 만들었습니다. 이 설탕물에 설탕 40 g을 더 넣었다면 새로 만든 설탕물의 진하기는 몇 %인지 구하세요.

(　　　　　　　　)

>> 정답 및 풀이 36~37쪽

09-1 변형

포도 원액 70 g에 물 130 g을 넣어 포도주스를 만들었습니다. 이 포도주스에 물 50 g을 더 넣었다면 새로 만든 포도주스의 진하기는 몇 %인지 구하세요.

( )

09-2 변형

진하기가 15 %인 설탕물 400 g이 있습니다. 이 설탕물에 설탕 100 g을 더 넣었을 때 새로 만든 설탕물의 진하기는 몇 %인지 구하세요.

( )

09-3 변형

진하기가 25 %인 소금물 200 g이 있습니다. 이 소금물에 소금 50 g과 물 250 g을 더 넣었을 때 새로 만든 소금물의 진하기는 몇 %인지 구하세요.

( )

09-4 발전

진하기가 5 %인 설탕물 100 g과 진하기가 30 %인 설탕물 400 g을 섞었습니다. 새로 만든 설탕물의 진하기는 몇 %인지 구하세요.

( )

대표 유형 01

01 주은이는 빨간 색종이 5장, 노란 색종이 8장, 파란 색종이 7장을 가지고 있습니다. 주은이가 색종이 한 장을 사용했을 때 사용한 색종이가 노란색일 비율을 기약분수로 나타내 보세요.

풀이

답 ________________

대표 유형 02

02 밑변의 길이와 높이의 비가 9 : 4인 삼각형이 있습니다. 이 삼각형의 높이가 8 cm일 때 삼각형의 넓이는 몇 cm^2인지 구하세요.

풀이

답 ________________

대표 유형 01

03 전국 체육 대회에 참가한 학교별 학생 수는 다음과 같습니다. 전체 300명의 학생 중 대표를 한 명 뽑았을 때 뽑힌 대표가 다 학교 학생일 비율은 몇 %인지 구하세요.

Tip
전체 학생 수를 이용하여 다 학교 학생 수를 구합니다.

전국 체육 대회에 참가한 학교별 학생 수

학교	가	나	다	라
학생 수(명)	81	48		93

풀이

답 ________________

>> 정답 및 풀이 37쪽

대표 유형 03

04 정오각형과 정칠각형이 있습니다. 정오각형의 둘레는 135 cm이고, 정칠각형의 둘레는 126 cm입니다. 정칠각형의 한 변의 길이에 대한 정오각형의 한 변의 길이의 비율을 소수로 나타내 보세요.

Tip
(정♥각형의 한 변의 길이)
=(둘레)÷♥

풀이

답 ____________

대표 유형 07

05 가로가 40 cm, 세로가 45 cm인 직사각형의 가로를 30 %만큼 줄이고 세로를 20 %만큼 늘여서 새로운 직사각형을 만들었습니다. 새로 만든 직사각형에서 세로에 대한 가로의 비율을 기약분수로 나타내 보세요.

풀이

답 ____________

대표 유형 06

06 조건을 모두 만족하는 비를 구하세요.

- (비율)=0.3
- (기준량)+(비교하는 양)=52

Tip
비율을 분수로 나타내고 분자와 분모에 같은 수를 곱합니다.

풀이

답 ____________

대표 유형 08

07 마트에서 오늘 하루만 4개에 3000원 하는 과자를 사면 한 개를 더 주는 행사를 한다고 합니다. 오늘 과자 한 개의 할인율은 몇 %인지 구하세요.

Tip 과자 한 개를 기준으로 구합니다.

풀이

답 ____________

대표 유형 04

08 어느 열차는 전체 좌석이 800석이고 그중 특실 좌석이 전체 좌석의 0.15입니다. 특실 좌석의 $\frac{2}{3}$와 일반 좌석의 75 %가 찼을 때 남은 좌석은 몇 석인지 구하세요.

Tip 특실 좌석과 일반 좌석을 나눠서 생각합니다.

풀이

답 ____________

대표 유형 08

09 옷 가게에서 유경이는 할인율이 가장 높은 옷을 샀습니다. 유경이가 산 옷은 어느 것인지 구하세요.

	블라우스	원피스	치마
정가(원)	28000	34000	25000
판매가(원)	24360	26860	20500

Tip (할인율) $=\frac{(\text{할인 금액})}{(\text{원래 금액})}$

풀이

답 ____________

대표 유형 05

10 도형에서 전체 넓이에 대한 색칠한 부분의 넓이의 비율이 70 %일 때 색칠한 부분의 넓이는 몇 cm^2인지 구하세요.

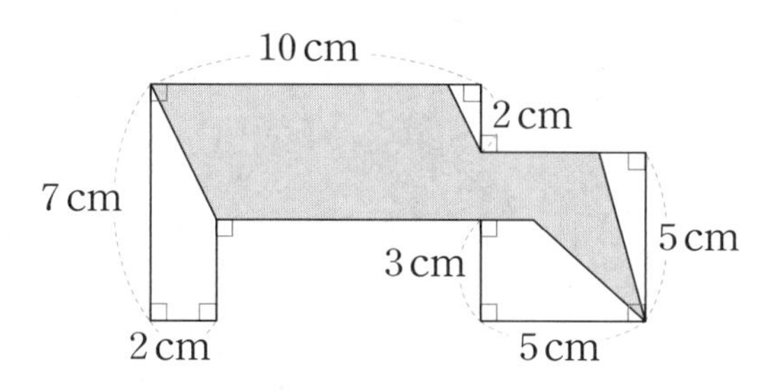

풀이

답 ____________

대표 유형 09

11 진하기가 7 %인 설탕물 300 g과 진하기가 9 %인 설탕물 400 g을 섞은 후 물 250 g을 더 넣어 새로운 설탕물을 만들었습니다. 새로 만든 설탕물의 진하기는 몇 %인지 구하세요.

Tip
$(\text{진하기}) = \dfrac{(\text{설탕의 양})}{(\text{설탕물의 양})}$

풀이

답 ____________

4 비와 비율

자료와 여러 가지 그래프

유형 변형 대표 유형

01 몇 상자를 팔 수 있는지 알아보자.
그림그래프의 활용

02 기준이 되는 것을 정하여 식을 세우자.
그림그래프에서 항목의 수량 구하기

03 모르는 항목의 비율은 백분율의 합계를 이용하여 구하자.
그래프를 보고 백분율 구하기

04 항목의 수량은 전체 자료의 수량에서 항목의 비율을 곱한다.
항목의 수량 구하기

05 그래프에서 항목의 개수를 세어 백분율을 구하자.
백분율 구하기

06 항목의 길이는 전체 길이에서 항목의 비율을 곱한다.
띠그래프로 나타낼 때 항목의 길이 구하기

07 원하는 항목의 수량을 구하려면 1 cm가 나타내는 수량을 먼저 구하자.
띠그래프에서 항목의 수량 구하기

08 전체의 ■% 중에서 ▲%인 수량은 (전체)$\times\frac{■}{100}\times\frac{▲}{100}$이다.
그래프가 2개일 때 항목의 수량 구하기

그림그래프

교과서 개념

● 그림그래프: 자료를 그림으로 나타낸 그래프

마을별 귤 생산량

마을	가	나	다	라
생산량(kg)	1300	2200	2400	1100

마을별 귤 생산량

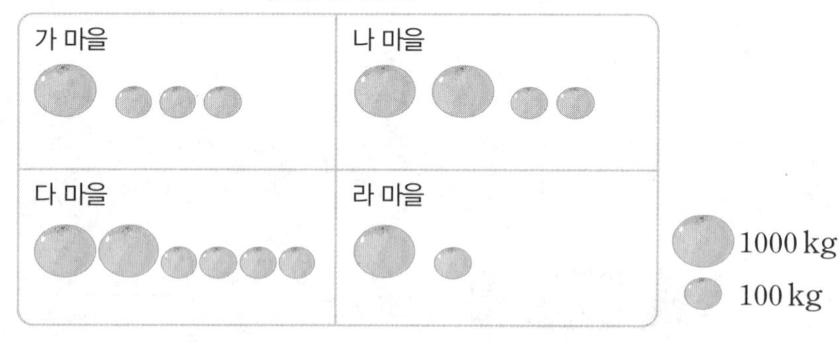

• 귤 생산량이 가장 많은 마을은 다 마을(2400 kg)입니다.
• 나 마을의 귤 생산량(2200 kg)은 라 마을의 귤 생산량(1100 kg)의 2배입니다.

[01~02] 공원별 나무 수를 조사하여 나타낸 표입니다. 물음에 답하세요.

공원별 나무 수

공원	달빛	호수	맑음	별빛
나무 수(그루)	350	210	300	320

01 표를 보고 그림그래프로 나타내 보세요.

공원별 나무 수

달빛 공원	호수 공원
맑음 공원	별빛 공원

100그루
10그루

02 나무가 가장 많은 공원의 나무는 몇 그루일까요?

( )

활용 개념 1 그림그래프에서 모르는 자료의 값 구하기

• 자동차 판매량의 평균이 200대일 때 다 지역의 자동차 판매량 구하기

지역별 자동차 판매량

지역	자동차 판매량
가	
나	
다	

100대
10대

① (전체 자동차 판매량)=(평균)×(자료의 수)=200×3=600(대)

② (다 지역의 자동차 판매량)=600−(210+170)=220(대)

03 목장별 우유 생산량을 조사하여 나타낸 그림그래프입니다. 우유 생산량의 평균이 3500 L일 때 나 목장의 우유 생산량은 몇 L일까요?

목장별 우유 생산량

목장	우유 생산량
가	
나	
다	
라	

1000 L
100 L

(   )

04 과수원별 배 생산량을 조사하여 나타낸 그림그래프입니다. 배 생산량의 평균이 450 kg일 때 다 과수원의 배 생산량은 몇 kg일까요?

과수원별 배 생산량

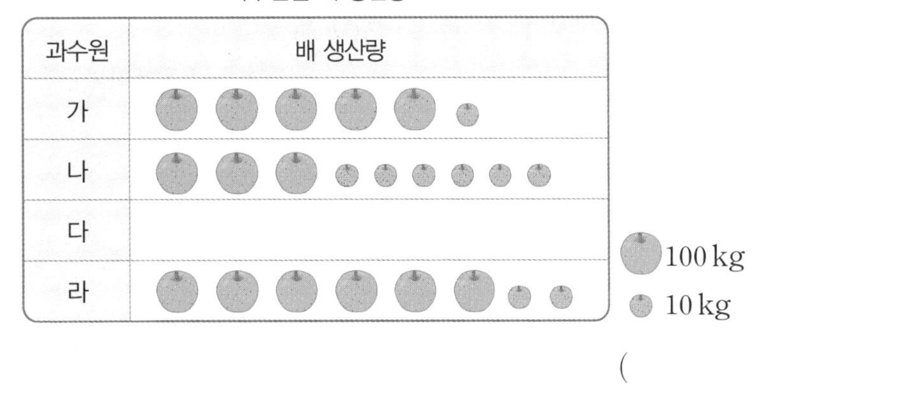

(   )

띠그래프, 원그래프

교과서 개념

- 띠그래프: 전체에 대한 각 부분의 비율을 띠 모양에 나타낸 그래프
- 원그래프: 전체에 대한 각 부분의 비율을 원 모양에 나타낸 그래프

후보자별 득표 수

후보자	다정	재훈	하윤	세아	합계
득표수(표)	200	150	100	50	500
백분율(%)	40	30	20	10	100

표를 보고 띠그래프 또는 원그래프로 나타내 봅니다.

후보자별 득표 현황 → 띠그래프

0 10 20 30 40 50 60 70 80 90 100(%)

다정 (40 %)	재훈 (30 %)	하윤 (20 %)	세아(10 %)

후보자별 득표 현황 → 원그래프

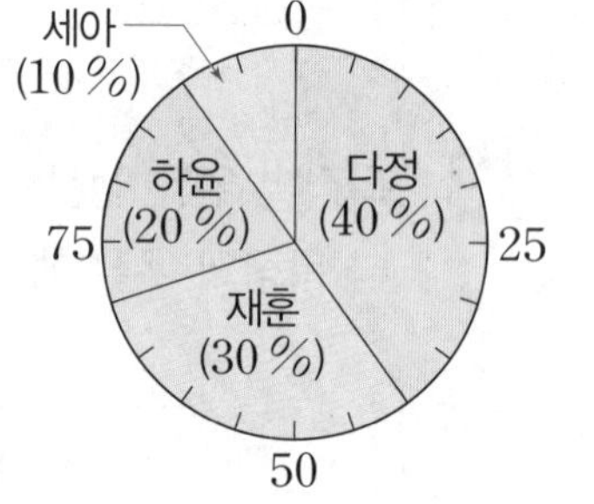

- 눈금 한 칸의 크기: 5 %
- 득표수가 가장 많은 후보: 다정(40 %)
- 다정이의 득표율(40 %)은 하윤이의 득표율(20 %)의 2배입니다.

[01~02] 수지네 학교 학생들이 좋아하는 운동을 조사하여 나타낸 표입니다. 물음에 답하세요.

좋아하는 운동별 학생 수

운동	축구	농구	발야구	줄넘기	훌라후프	합계
학생 수(명)	70	60	40	20	10	200
백분율(%)						100

01 위의 표를 완성해 보세요.

02 위 **01**의 표를 보고 원그래프로 나타내 보세요.

좋아하는 운동별 학생 수

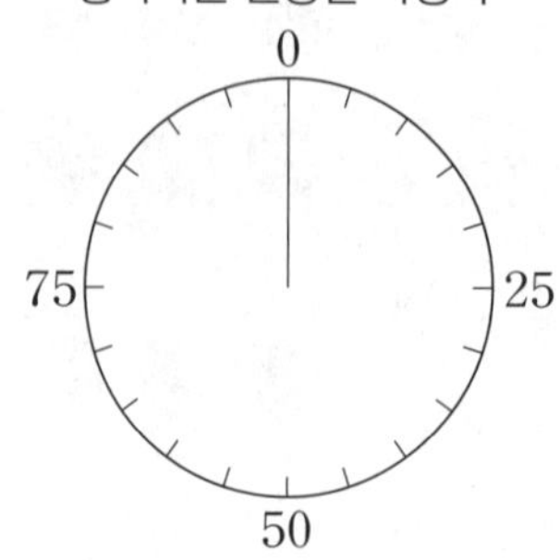

활용 개념 1 띠그래프에서 항목의 비율과 길이 구하기

• 전체 띠의 길이가 20 cm일 때 연예인의 백분율과 운동 선수의 길이 구하기

장래 희망별 학생 수

20 cm

연예인	선생님 (30 %)	운동 선수 (20 %)	기타 (15 %)

① (연예인의 백분율) $=100-(30+20+15)=35$ (%)

② (운동 선수의 길이) $=20\times\frac{20}{100}=4$ (cm)

전체 띠의 길이

03 민우네 반 학생들이 좋아하는 고기 종류를 조사하여 나타낸 띠그래프입니다. 전체 띠의 길이가 30 cm일 때 ㉠과 ㉡에 알맞은 수를 각각 구하세요.

좋아하는 고기 종류별 학생 수

30 cm

소고기 (40 %)	돼지고기 (㉠ %)	닭고기 (20 %)	기타 (10 %)

㉡ cm

㉠ (　　　　　　　　), ㉡ (　　　　　　　　)

활용 개념 2 중심각의 크기로 원그래프 그리기 중등 연계

• 중심각: 원에서 두 반지름이 만나서 생기는 각

• 중심각의 크기가 ■°인 항목의 백분율 → $\left(\frac{■}{360}\times100\right)$ %

• ▲ %인 항목의 중심각의 크기 → $\left(360\times\frac{▲}{100}\right)^{\circ}$

04 음식별 판매량을 조사하여 나타낸 원그래프입니다. 자장면의 판매량은 전체의 몇 %일까요?

음식별 판매량

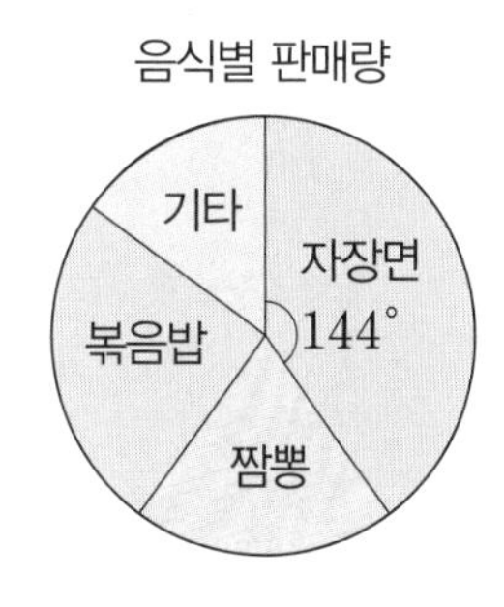

(　　　　　　　　)

5 자료와 여러 가지 그래프

몇 상자를 팔 수 있는지 알아보자.

유형 솔루션 50개를 한 상자에 3개씩 담아 판매하면 16상자를 팔 수 있고 2개가 남습니다.

$50 \div 3 = 16$(상자) $\cdots$ 2(개)

10000 원 10000 원 …

한 상자에 10000원씩 판매하면 판매한 금액은 모두 $10000 \times 16 = 160000$(원)입니다.

대표 유형 01

마을별 감자 생산량을 조사하여 나타낸 그림그래프입니다. 각 마을에서 생산한 감자를 모두 모아 한 상자에 9 kg씩 담아서 10000원에 판매했습니다. 감자를 판매한 금액은 모두 얼마일까요?

마을별 감자 생산량

마을	감자 생산량
가	
나	
다	

100 kg
10 kg

풀이

❶ 각 마을의 감자 생산량을 구합니다.

가 마을: 260 kg, 나 마을: □ kg, 다 마을: □ kg

❷ 세 마을의 감자 생산량을 모두 더하면

$260 + 130 +$ □ $=$ □ (kg)입니다.

❸ □ $\div 9 =$ □ $\cdots$ □ 이므로 판매한 상자는 □ 상자입니다.

따라서 감자를 판매한 금액은 모두 $10000 \times$ □ $=$ □ (원)입니다.

답 ______

>> 정답 및 풀이 39~40쪽

예제 과수원별 사과 생산량을 조사하여 나타낸 그림그래프입니다. 각 과수원에서 생산한 사과를 모두 모아 한 상자에 8 kg씩 담아서 20000원에 판매했습니다. 사과를 판매한 금액은 모두 얼마일까요?

과수원별 사과 생산량

과수원	사과 생산량
가	
나	
다	

100 kg
10 kg

(   )

01-1 변형

공장별 초콜릿 생산량을 조사하여 나타낸 그림그래프입니다. 각 공장에서 생산한 초콜릿을 모두 모아 한 상자에 12개씩 담아 3000원에 판매했습니다. 초콜릿을 판매한 금액은 모두 얼마일까요?

공장별 초콜릿 생산량

(   )

01-2 변형

마을별 포도 생산량을 조사하여 나타낸 그림그래프입니다. 각 마을에서 생산한 포도를 모두 모아 한 상자에 7 kg씩 담아 9000원에 판매했습니다. 다 마을의 포도 생산량이 나 마을의 포도 생산량의 2배일 때 포도를 판매한 금액은 모두 얼마일까요?

마을별 포도 생산량

(   )

유형 변형

기준이 되는 것을 정하여 식을 세우자.

유형 솔루션

세 도시의 서점 수가 모두 300개이고 가 도시의 서점 수가 나 도시의 서점 수보다 20개 더 많다면 (기준: 나 도시의 서점 수)

가$+$나$+$다$=300$이고 가$=$나$+20$

가$+$나$+80=300$,

가$+$나$=220$, 나$+20+$나$=220$,

나$+$나$=200$

→ 나$=100$, 가$=100+20=120$

대표 유형 02

도시별 신생아 수를 조사하여 나타낸 그림그래프입니다. 네 도시의 신생아 수의 합이 880명이고 나 도시의 신생아 수는 라 도시의 신생아 수보다 30명 더 많습니다. 라 도시의 신생아 수는 몇 명일까요?

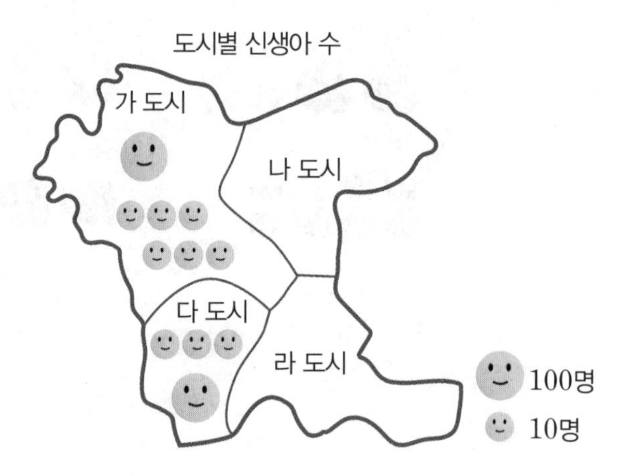

풀이

❶ (나 도시와 라 도시의 신생아 수의 합)$=$ ☐ $-(160+130)=$ ☐ (명)

❷ 라 도시의 신생아 수를 ■명이라 하면 나 도시의 신생아 수는 (■$+30$)명이므로

(■$+30$)$+$■$=$ ☐, ■$+$■$=$ ☐, ■$=$ ☐ 입니다.

따라서 라 도시의 신생아 수는 ☐ 명입니다.

답 ________________

>> 정답 및 풀이 40쪽

예제 가게별 아이스크림 판매량을 조사하여 나타낸 그림그래프입니다. 네 가게의 아이스크림 판매량의 합이 680개이고 다 가게의 아이스크림 판매량은 나 가게의 아이스크림 판매량보다 70개 더 많습니다. 나 가게의 아이스크림 판매량은 몇 개일까요?

가게별 아이스크림 판매량

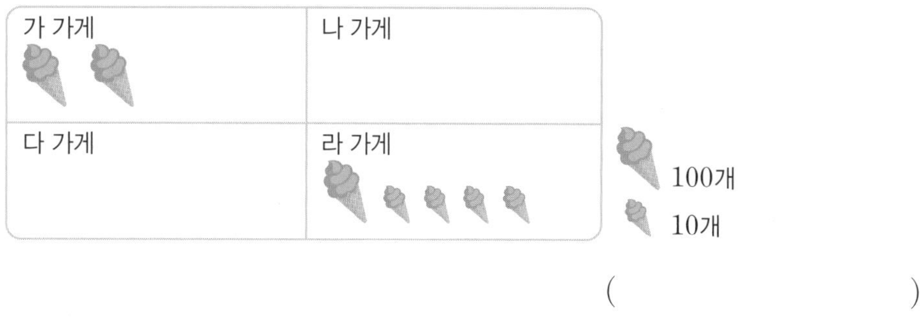

(　　　　　　　　)

02-1 변형 공장별 자동차 생산량을 조사하여 나타낸 그림그래프입니다. 네 공장의 자동차 생산량의 평균이 2300대이고 나 공장의 자동차 생산량은 가 공장의 자동차 생산량보다 1400대 더 적습니다. 가 공장의 자동차 생산량은 몇 대일까요?

공장별 자동차 생산량

(　　　　　　　　)

02-2 변형 마을별 쌀 소비량을 조사하여 나타낸 그림그래프입니다. 네 마을의 쌀 소비량의 평균이 2600 kg이고 나 마을의 쌀 소비량이 다 마을의 쌀 소비량보다 300 kg 더 적습니다. 다 마을의 쌀 소비량은 몇 kg일까요?

마을별 쌀 소비량

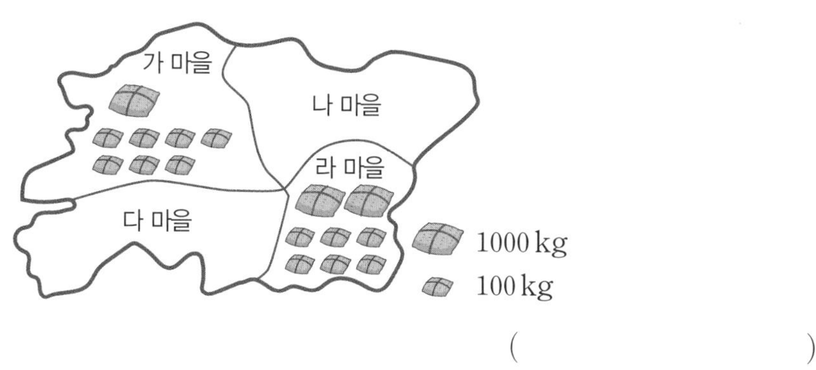

(　　　　　　　　)

모르는 항목의 비율은 백분율의 합계를 이용하여 구하자.

유형 솔루션

20 %	10 %	㉠	㉡

→ $20\,\% + 10\,\% + ㉠ + ㉡ = \mathbf{100\,\%}$ 백분율의 합계

㉠+㉡=70 %이고 ㉠ : ㉡=3 : 4라면 ㉠=(■×3) %, ㉡=(■×4) %

■×3+■×4=70, ■×7=70, ■=10

→ ㉠=30 %, ㉡=40 %

대표 유형 03

한나네 반 학생들이 태어난 계절을 조사하여 나타낸 띠그래프입니다. 봄에 태어난 학생 수와 겨울에 태어난 학생 수의 비가 2 : 3일 때 봄과 겨울에 태어난 학생은 각각 전체의 몇 %일까요?

태어난 계절별 학생 수

봄	여름 (40 %)	가을(10 %)	겨울

풀이

❶ (봄과 겨울에 태어난 학생 수의 백분율의 합)=100−(40+10)=☐(%)

❷ (봄에 태어난 학생 수의 백분율)=(■×2) %,
(겨울에 태어난 학생 수의 백분율)=(■×3) %

■×2+■×3=☐, ■×☐=☐, ■=☐

→ (봄에 태어난 학생 수의 백분율)=☐×2=☐(%),

(겨울에 태어난 학생 수의 백분율)=☐×3=☐(%)

답 봄 ________, 겨울 ________

예제 우진이네 반 학생들이 좋아하는 음료수를 조사하여 나타낸 띠그래프입니다. 주스를 좋아하는 학생 수와 우유를 좋아하는 학생 수의 비가 4 : 3일 때 주스와 우유를 좋아하는 학생은 각각 전체의 몇 %일까요?

좋아하는 음료수별 학생 수

주스	탄산음료 (25 %)	우유	기타 (5 %)

주스 (　　　　), 우유 (　　　　)

03-1 변형

혜지네 밭에 심은 작물의 재배 면적(넓이의 크기)을 조사하여 나타낸 띠그래프입니다. 고구마를 심은 면적과 옥수수를 심은 면적의 비가 2 : 1일 때 고구마를 심은 면적은 전체의 몇 %일까요?

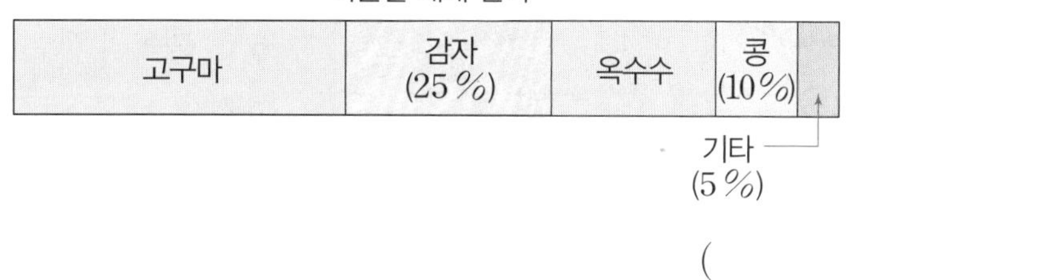

(   )

03-2 변형

오른쪽은 민혁이네 학교 학생들이 좋아하는 꽃을 조사하여 나타낸 원그래프입니다. 장미를 좋아하는 학생 수와 해바라기를 좋아하는 학생 수의 비가 3 : 7일 때 장미를 좋아하는 학생 수는 전체의 몇 %일까요?

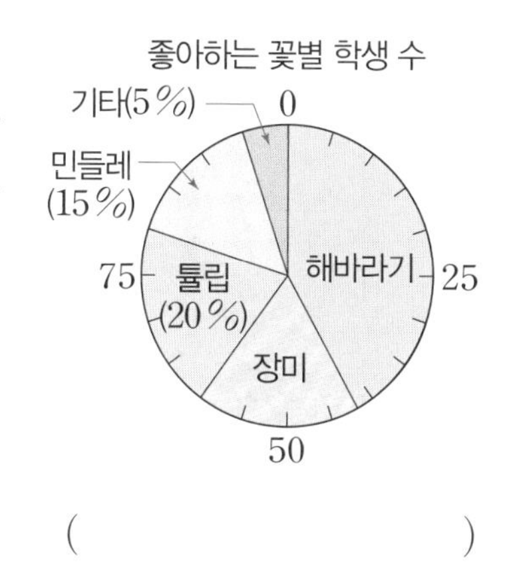

(   )

03-3 발전

희서네 학교 학생 200명의 등교 방법을 조사하여 나타낸 띠그래프입니다. 자전거로 등교하는 학생 수와 버스로 등교하는 학생 수의 비가 4 : 5일 때 자전거로 등교하는 학생은 몇 명인지 구하세요.

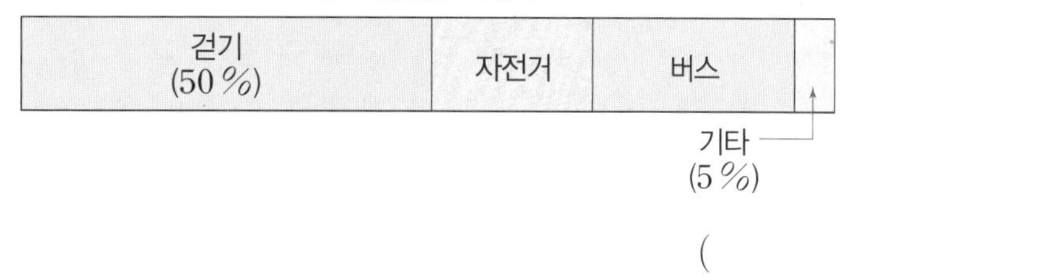

(   )

유형 변형

항목의 수량은 전체 자료의 수량에서 항목의 비율을 곱한다.

유형 솔루션

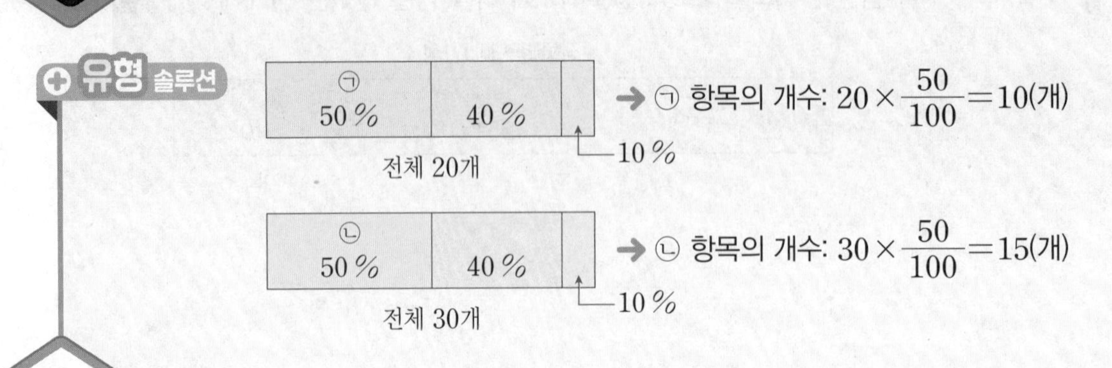

대표 유형 04

재민이네 초등학교 5학년과 6학년 학생들의 장래 희망을 조사하여 나타낸 띠그래프입니다. 5학년 학생은 250명이고 장래 희망이 의사인 학생 수는 6학년이 5학년보다 20명 더 많습니다. 6학년 학생은 모두 몇 명일까요?

장래 희망별 학생 수

5학년	운동선수 (36 %)	의사 (28 %)	교사 (14 %)	연예인 (12 %)	기타 (10 %)
6학년	운동선수 (33 %)	의사 (30 %)	교사 (16 %)	연예인 (13 %)	기타 (8 %)

풀이

❶ (5학년에서 장래 희망이 의사인 학생 수)$=250 \times \frac{28}{100} = \square$(명)

(6학년에서 장래 희망이 의사인 학생 수)$= \square + 20 = \square$(명)

❷ 6학년 학생의 30 %가 $\square$명이므로

10 %는 $\square \div 3 = \square$(명)입니다.

따라서 6학년 학생 수는 10 %의 10배이므로

$\square \times 10 = \square$(명)입니다.

답 ____________

예제 지민이네 초등학교 6학년 남학생과 여학생이 좋아하는 반찬을 조사하여 나타낸 띠그래프입니다. 남학생은 140명이고 달걀말이를 좋아하는 학생 수는 여학생이 남학생보다 9명 더 많습니다. 여학생은 모두 몇 명일까요?

좋아하는 반찬별 학생 수

남학생	장조림 (40 %)	떡갈비 (30 %)	달걀말이 (15 %)	김 (10%)	기타 (5 %)
여학생	장조림 (32 %)	떡갈비 (26 %)	달걀말이 (20 %)	김 (14 %)	기타 (8 %)

(　　　　　　　　　　)

04-1 변형

빙수 가게의 7월과 8월의 빙수 판매량을 조사하여 나타낸 원그래프입니다. 7월의 판매량은 500그릇이고 8월의 판매량은 400그릇입니다. 판매한 딸기빙수의 수는 어느 달이 몇 그릇 더 많을까요?

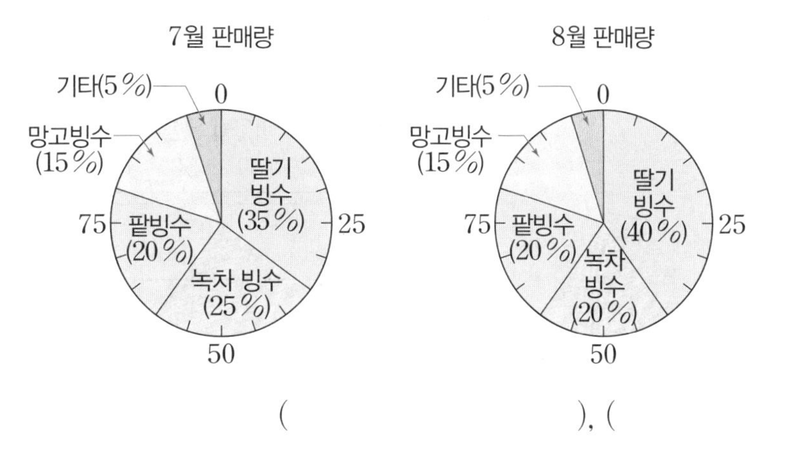

(　　　　　　　　　　), (　　　　　　　　　　)

04-2 발전

수호네 반과 주하네 반 학급 문고 책의 종류를 조사하여 나타낸 띠그래프입니다. 수호네 반 학급 문고 책 수는 50권이고 위인전의 수는 수호네 반이 주하네 반보다 6권 더 적습니다. 주하네 반 학급 문고 책 중 동화책은 몇 권일까요?

종류별 책 수

수호네 반	동화책 (40 %)	위인전 (20 %)	만화책 (30 %)	과학책 (10 %)
주하네 반	동화책 (50 %)	위인전 (20 %)	만화책 (20 %)	과학책 (10 %)

(　　　　　　　　　　)

5 자료와 여러 가지 그래프

그래프에서 항목의 개수를 세어 백분율을 구하자.

과수원별 토마토 생산량

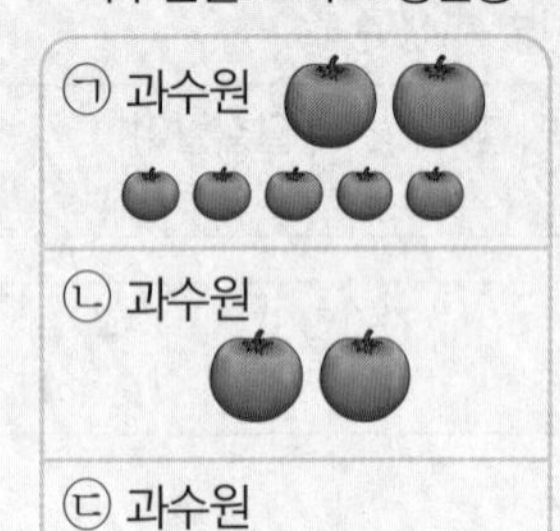

→

• 전체 생산량: $250+200+50=500$ (kg)

과수원	생산량(kg)	백분율(%)
㉠	250	$\frac{250}{500}\times100=50$
㉡	200	$\frac{200}{500}\times100=40$
㉢	50	$\frac{50}{500}\times100=10$

대표 유형 05

그림그래프를 보고 띠그래프로 나타내 보세요.

마을별 은행나무 수

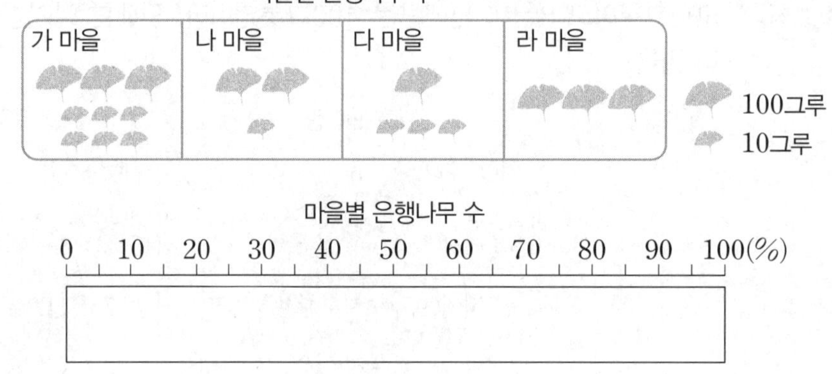

풀이

❶ 가 마을: 360그루, 나 마을: 210그루, 다 마을: 130그루, 라 마을: 300그루

(전체 은행나무 수) $=360+210+130+300=\square$ (그루)

❷ (가 마을의 백분율) $=\frac{\square}{\square}\times100=\square$ (%),

(나 마을의 백분율) $=\frac{\square}{\square}\times100=\square$ (%),

(다 마을의 백분율) $=\frac{\square}{\square}\times100=\square$ (%),

(라 마을의 백분율) $=\frac{\square}{\square}\times100=\square$ (%)

» 정답 및 풀이 42~43쪽

예제 그림그래프를 보고 띠그래프로 나타내 보세요.

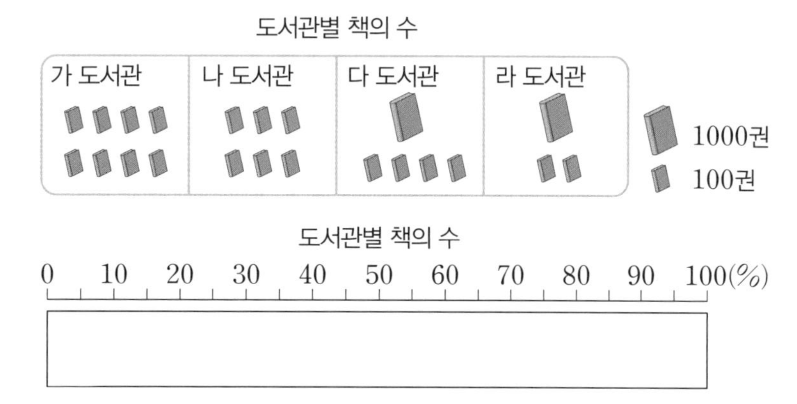

도서관별 책의 수

0 10 20 30 40 50 60 70 80 90 100(%)

05-1 막대그래프를 보고 띠그래프로 나타내 보세요.

변형

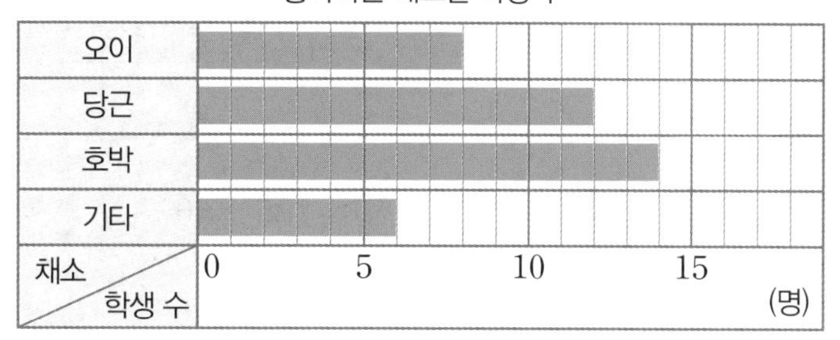

좋아하는 채소별 학생 수

0 10 20 30 40 50 60 70 80 90 100(%)

05-2 그림그래프를 보고 원그래프로 나타내 보세요.

변형

5 자료와 여러 가지 그래프

유형 변형 항목의 길이는 전체 길이에서 항목의 비율을 곱한다.

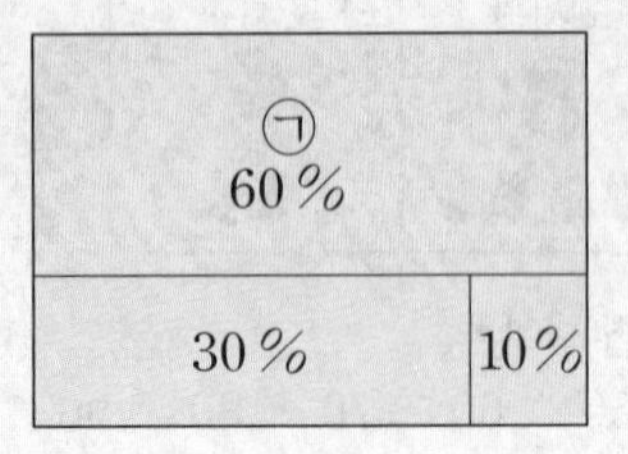

길이가 10 cm인 띠그래프로 나타내면

→ ㉠ 항목의 길이: $10 \times \frac{60}{100} = 6$ (cm)

대표 유형 **06**

서하네 집 화단의 면적을 조사하여 나타낸 것입니다. 면적의 비율을 길이가 32 cm인 띠그래프로 나타낼 때 해바라기가 차지하는 길이는 몇 cm인지 구하세요.

장미 ($135\,m^2$)	
해바라기 ($60\,m^2$)	국화 ($45\,m^2$)

풀이

❶ (서하네 집 화단 전체의 면적) $= 135 + 60 + \square = \square$ (m^2)

(해바라기의 비율) $= \frac{\square}{\square} \times 100 = \square$ (%)

❷ 따라서 길이가 32 cm인 띠그래프로 나타낼 때 해바라기가 차지하는 길이는

$32 \times \frac{\square}{100} = \square$ (cm)입니다.

답 ________________

예제 민호네 밭에 심은 작물의 면적을 조사하여 나타낸 것입니다. 면적의 비율을 길이가 25 cm인 띠그래프로 나타낼 때 콩이 차지하는 길이는 몇 cm인지 구하세요.

고구마 ($54\,m^2$)	
보리 ($14\,m^2$)	콩 ($32\,m^2$)

(　　　　　　　　　　)

06-1 변형

전체 면적이 300 m²인 민지네 집을 조사하여 나타낸 것입니다. 면적의 비율을 길이가 20 cm인 띠그래프로 나타낼 때 주차장이 차지하는 길이는 몇 cm인지 구하세요.

화단 (76 m²)	주차장
건물 (164 m²)	

(　　　　　　　　)

06-2 변형

직사각형 모양의 색종이를 겹치지 않게 이어 붙여 큰 정사각형을 만든 것입니다. 색깔별 넓이의 비율을 길이가 35 cm인 띠그래프로 나타낼 때 보라색이 차지하는 길이는 몇 cm인지 구하세요.

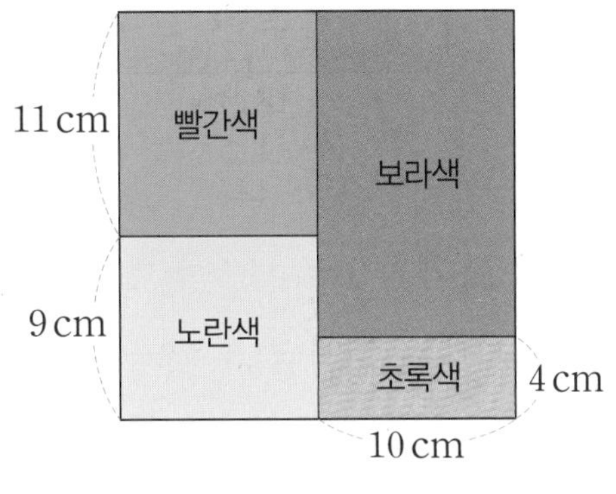

(　　　　　　　　)

06-3 발전

지우네 반 학생들이 좋아하는 올림픽 경기 종목을 조사하여 나타낸 표입니다. 학생 수의 비율을 길이가 30 cm인 띠그래프로 나타낼 때 배구가 차지하는 길이는 몇 cm인지 구하세요.

좋아하는 올림픽 경기 종목별 학생 수

종목	양궁	배구	태권도	축구	기타
학생 수(명)	19	10	6	10	5

(　　　　　　　　)

유형 변형 원하는 항목의 수량을 구하려면 1 cm가 나타내는 수량을 먼저 구하자.

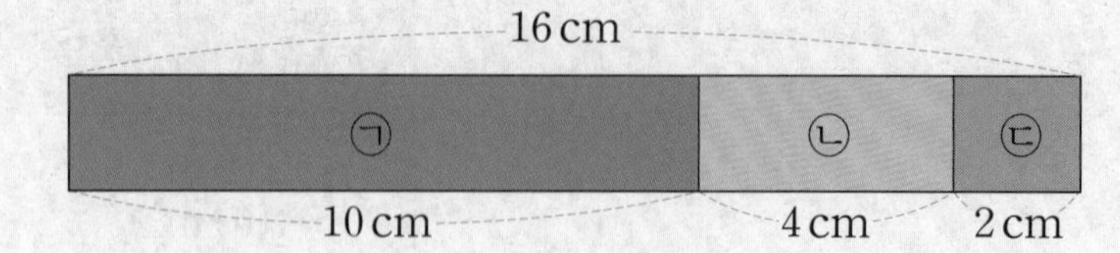

㉠ 항목의 개수가 20개일 때 1 cm가 나타내는 수량은 $20 \div 10 = 2$(개)
㉡ 항목의 개수: $2 \times 4 = 8$(개)
㉢ 항목의 개수: $2 \times 2 = 4$(개)
→ 전체 항목의 개수: $2 \times 16 = 32$(개)

대표 유형 07

어느 가게에 있는 맛별 우유의 수를 조사하여 나타낸 띠그래프입니다. 바나나 우유가 60개일 때 딸기 우유는 몇 개일까요?

맛별 우유의 수

초콜릿	바나나	딸기	기타
18 cm	6 cm	12 cm	4 cm

풀이

❶ 바나나 우유 60개를 6 cm로 나타냈으므로
(1 cm가 나타내는 수량)$=60 \div 6=$ ☐(개)입니다.

❷ 딸기 우유는 12 cm로 나타냈으므로
(딸기 우유의 개수)$=$ ☐ $\times 12=$ ☐(개)입니다.

답 ______________

예제 소희네 학교 학생들이 좋아하는 연예인 분야를 조사하여 나타낸 띠그래프입니다. 가수를 좋아하는 학생이 60명일 때 배우를 좋아하는 학생은 몇 명일까요?

좋아하는 연예인 분야별 학생 수

가수	개그맨	배우	기타
15 cm	12 cm	9 cm	4 cm

(　　　　　　　　)

>> 정답 및 풀이 44~45쪽

07-1 변형

아린이네 학교 학생들이 배우고 싶은 외국어를 조사하여 나타낸 띠그래프입니다. 띠그래프 전체 길이가 30 cm이고 독일어를 배우고 싶은 학생이 80명일 때 전체 학생은 모두 몇 명일까요?

배우고 싶은 외국어별 학생 수

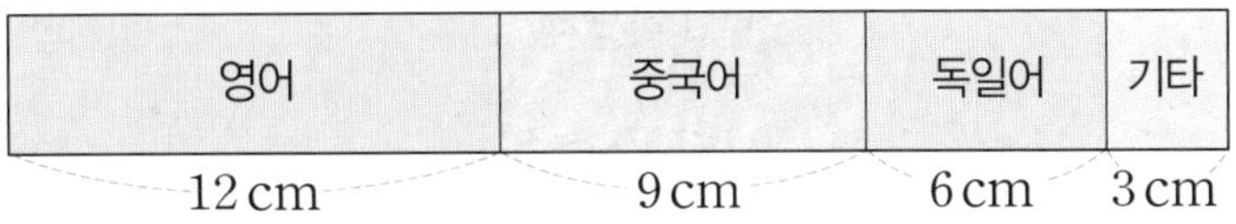

영어	중국어	독일어	기타
12 cm	9 cm	6 cm	3 cm

(　　　　　　　　)

07-2 변형

유주네 반 학생들이 좋아하는 분식 종류를 조사하여 나타낸 띠그래프입니다. 전체 띠그래프는 몇 cm일까요?

좋아하는 분식별 학생 수

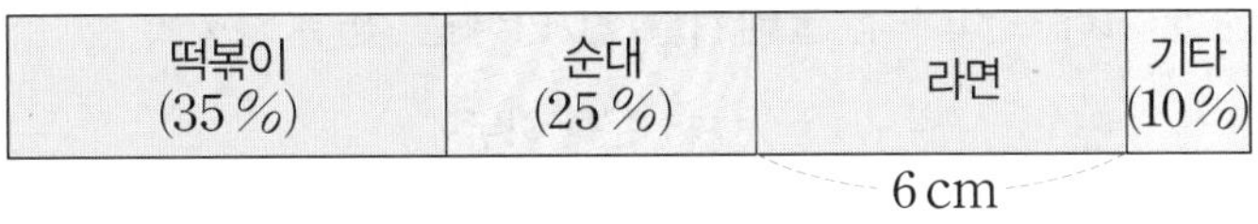

떡볶이 (35 %)	순대 (25 %)	라면	기타 (10 %)
		6 cm	

(　　　　　　　　)

07-3 발전

어느 문구점에서 판매된 볼펜 수를 색깔별로 조사하여 나타낸 띠그래프입니다. 띠그래프 전체 길이가 35 cm이고 초록색 볼펜이 50자루 팔렸다면 판매된 볼펜은 모두 몇 자루일까요?

색깔별 판매된 볼펜 수

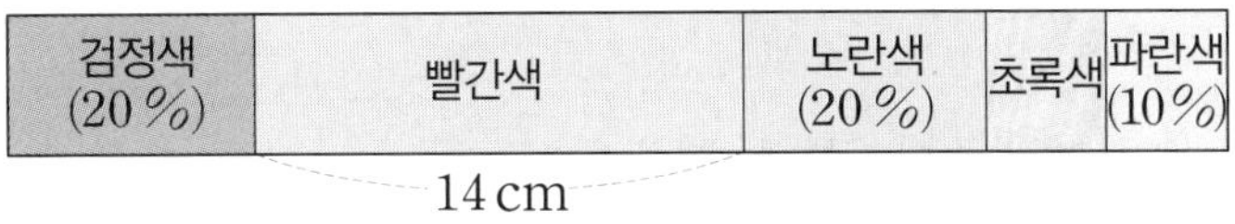

검정색 (20 %)	빨간색	노란색 (20 %)	초록색	파란색 (10 %)
	14 cm			

(　　　　　　　　)

유형 변형

전체의 ■ % 중에서 ▲ %인 수량은 (전체)$\times\frac{■}{100}\times\frac{▲}{100}$이다.

유형 솔루션 전체 학생 수가 500명일 때 O형인 남학생 수 구하기

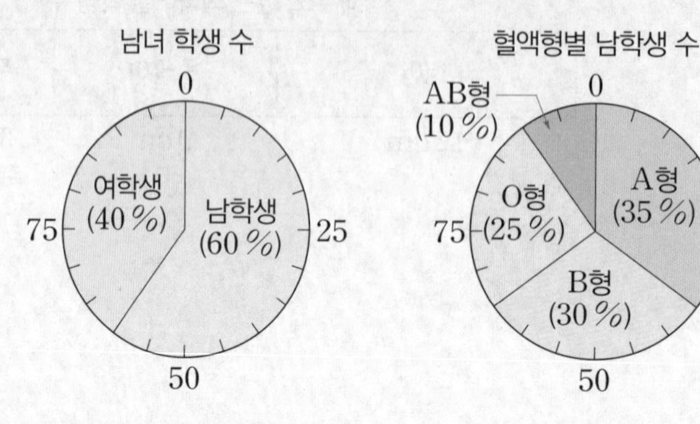

① (남학생 수)$=500\times\frac{60}{100}=300$(명)

② (O형인 남학생 수)$=300\times\frac{25}{100}=75$(명)

대표 유형 08

지난 주말에 우빈이네 학교 학생 400명의 운동 여부와 학생들이 한 운동의 종류를 조사하여 나타낸 원그래프입니다. 줄넘기를 한 학생은 몇 명일까요?

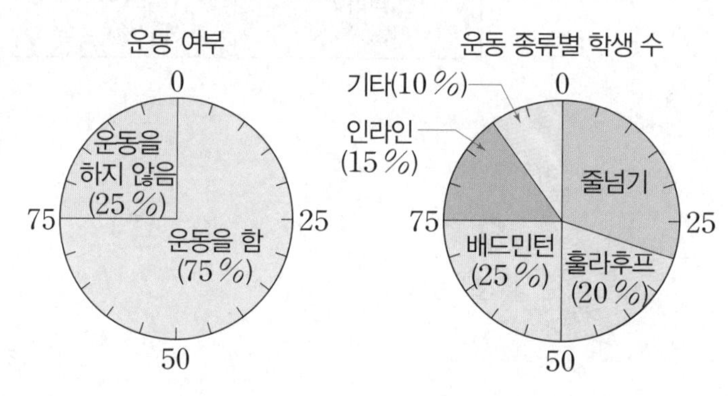

풀이

❶ (운동을 한 학생 수)$=400\times\frac{\square}{100}=\square$(명)

❷ (줄넘기를 한 학생의 백분율)$=100-(20+25+15+10)=\square$(%)

따라서 줄넘기를 한 학생은 $\square\times\frac{\square}{100}=\square$(명)입니다.

답 ________________

>> 정답 및 풀이 45쪽

예제 민아네 학교 학생 300명의 남녀 학생 수와 남학생이 좋아하는 과목을 조사하여 나타낸 원그래프입니다. 체육을 좋아하는 남학생은 몇 명일까요?

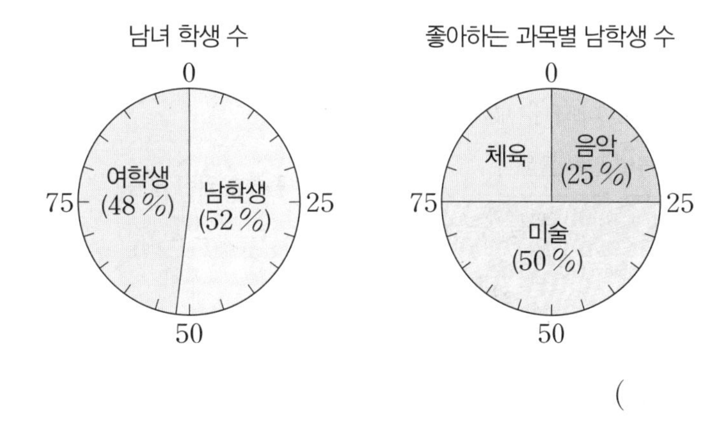

(　　　　　　　　)

08-1 변형

어느 도시의 선거 투표율과 후보자별 득표율을 조사하여 나타낸 그래프입니다. 전체 투표자 수가 500만 명일 때 나 후보자의 득표수는 몇 표일까요?

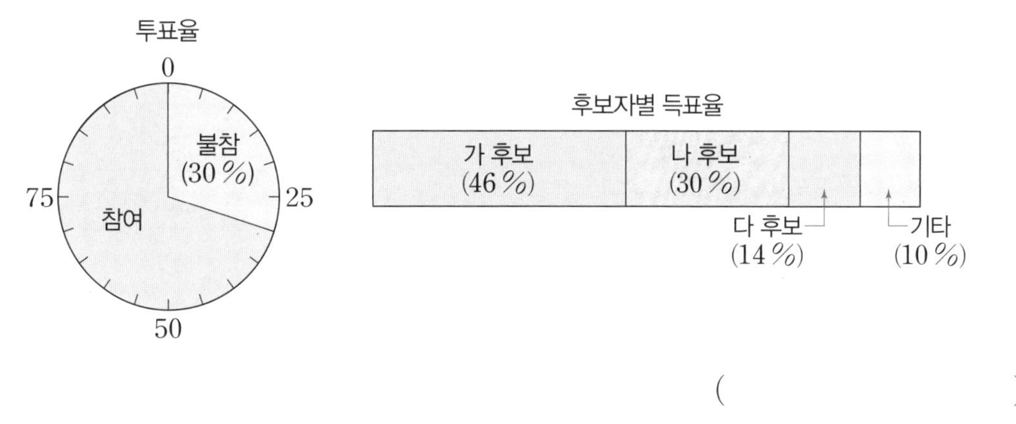

(　　　　　　　　)

08-2 발전

예서네 학교 학생들의 남녀 학생 수와 여학생들이 좋아하는 음악 종류를 조사하여 나타낸 그래프입니다. 남학생이 220명일 때 가요를 좋아하는 여학생은 몇 명일까요?

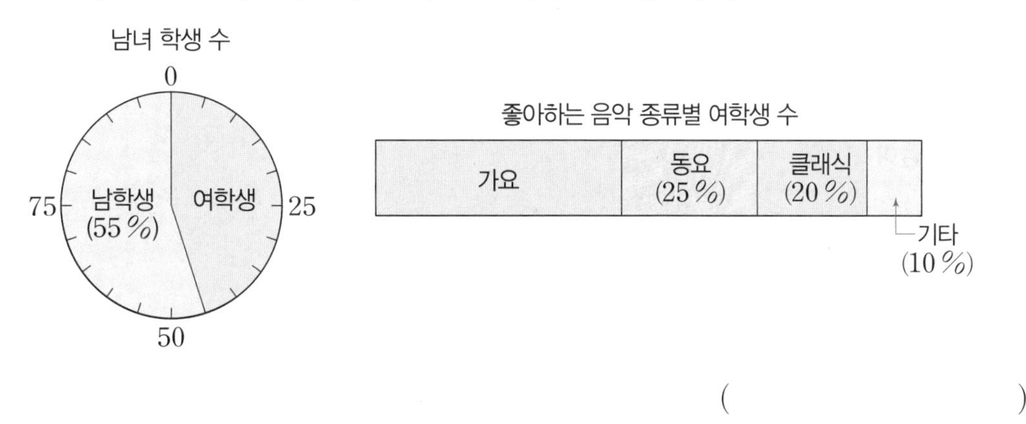

(　　　　　　　　)

대표 유형 05

01 아파트 알뜰 장터에서 팔린 물품의 종류를 조사하여 나타낸 표입니다. 표를 보고 원그래프로 나타내 보세요.

종류별 팔린 물품 수

종류	물품 수(개)
도서	54
의류	30
학용품	24
기타	12

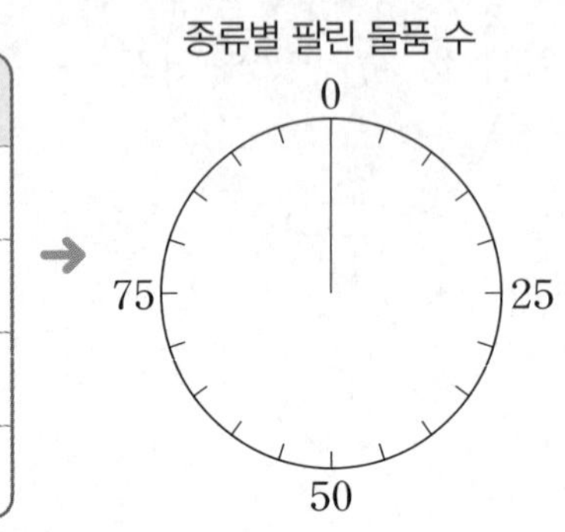

풀이

대표 유형 03

02 어느 빵 가게에서 오늘 종류별 팔린 빵 수를 조사하여 나타낸 원그래프입니다. 소보로빵 판매량과 샌드위치 판매량의 비가 6 : 5일 때 소보로빵의 판매량은 전체의 몇 %일까요?

㉠ : ㉡은 ■×㉠ : ■×㉡으로 나타낼 수 있습니다.

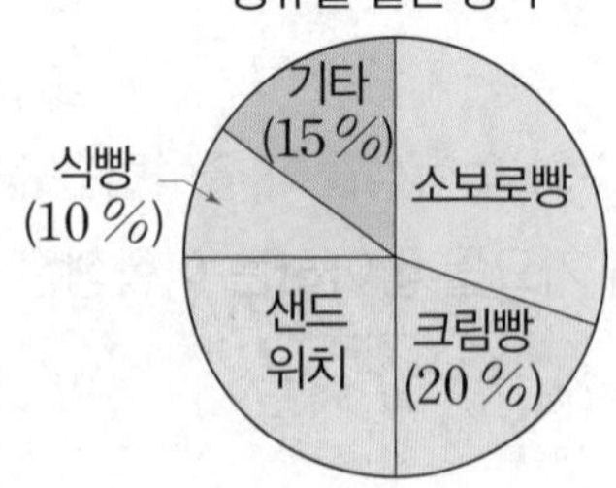

풀이

답 ____________

>> 정답 및 풀이 45~46쪽

대표 유형 02

03 빌딩별 주차된 자동차 수를 조사하여 나타낸 그림그래프입니다. 다 빌딩에 주차된 자동차 수는 가 빌딩과 나 빌딩에 주차된 자동차 수의 평균보다 30대 더 많다고 할 때 다 빌딩에 주차된 자동차는 몇 대일까요?

빌딩별 주차된 자동차 수

빌딩	자동차 수
가	
나	
다	

100대
10대

풀이

답 ______________

대표 유형 01

04 어느 공장의 연필 생산량을 조사하여 나타낸 그림그래프입니다. 네 공장의 전체 연필 생산량이 840자루이고 다 공장에서 연필을 12자루씩 묶어 묶음으로만 판매합니다. 한 묶음에 3000원씩 판매한다면 다 공장에서 연필을 판매한 금액은 모두 얼마일까요?

공장별 연필 생산량

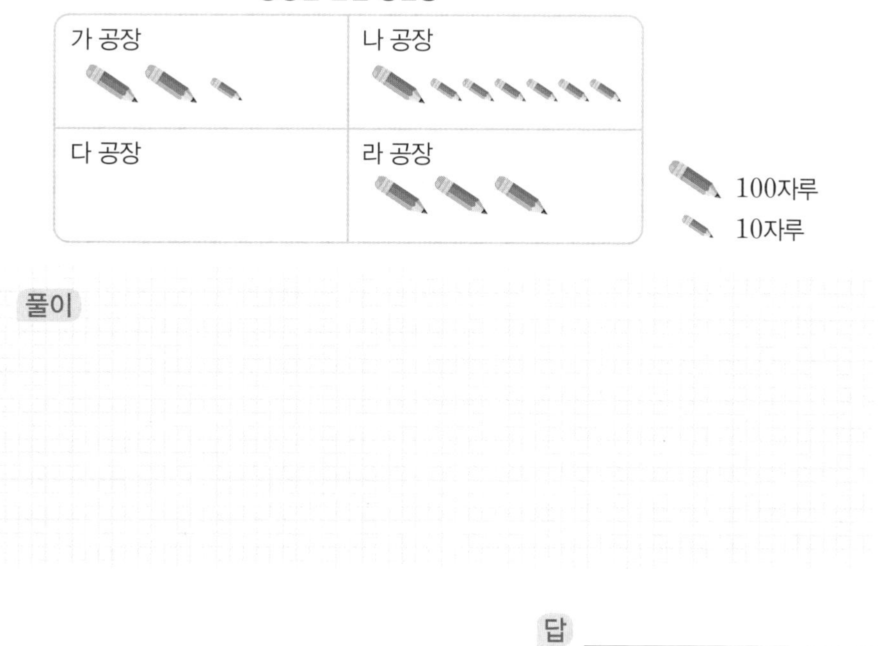

답 ______________

Tip
다 공장의 연필 수를 먼저 구합니다.

5 자료와 여러 가지 그래프

실전 적용

대표 유형 08

05 기현이네 할머니 댁에는 넓이의 합이 500 m^2인 논과 밭이 있습니다. 이 논과 밭의 넓이의 비율과 밭의 이용률을 조사하여 나타낸 원그래프입니다. 호박을 심은 밭의 넓이는 몇 m^2일까요?

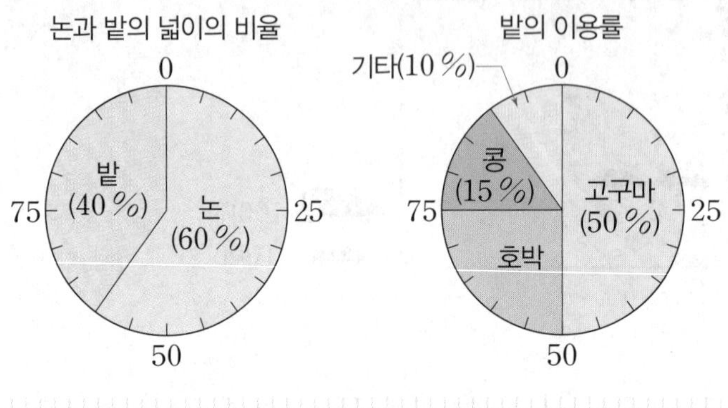

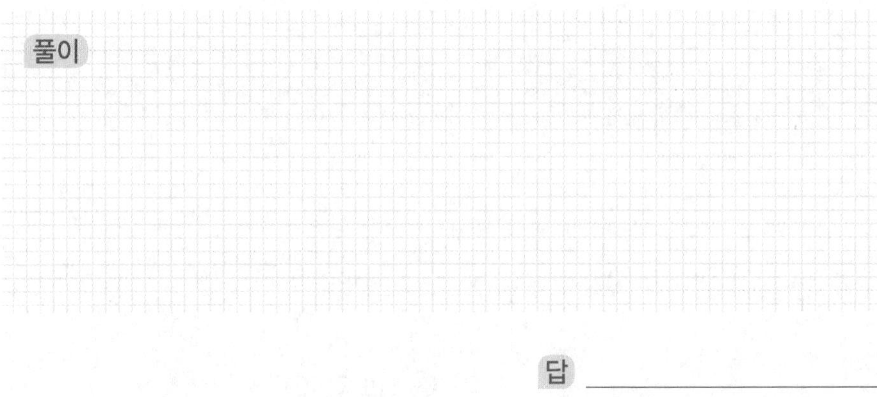

답 ________________

대표 유형 07

06 네 지역의 보건소 수를 조사하여 전체 길이가 40 cm인 띠그래프로 나타낸 것입니다. 나 지역이 다 지역보다 4 cm 더 길고, 다 지역이 라 지역보다 4 cm 더 깁니다. 라 지역의 보건소 수가 20개일 때 가 지역의 보건소는 몇 개일까요?

Tip
1 cm가 나타내는 수량을 알아봅니다.

지역별 보건소 수

가 지역	나 지역	다 지역	라 지역

4 cm

풀이

답 ________________

>> 정답 및 풀이 46쪽

대표 유형 04

07 과일 가게의 9월과 12월 과일 판매량을 조사하여 나타낸 원그래프입니다. 9월의 전체 과일 판매량은 240개였고 매달 20개씩 줄었습니다. 9월과 12월 중 사과 판매량이 적은 달은 몇 월이고, 몇 개 더 적은지 구하세요.

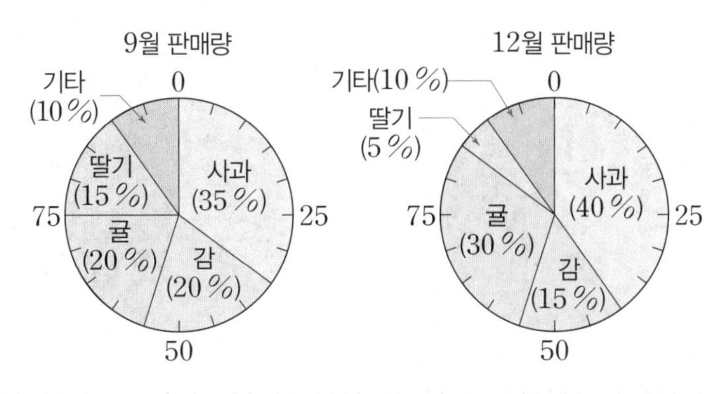

Tip
과일 판매량이 매달 20개씩 줄면
9월 판매량: 240개
10월 판매량: (240－20)개
11월 판매량
: (240－20－20)개
12월 판매량
: (240－20－20－20)개

풀이

답 ____________, ____________

대표 유형 06

08 오른쪽은 직사각형 모양의 색종이를 겹치지 않게 이어 붙여 큰 정사각형을 만든 것입니다. 색깔별 넓이의 비율을 길이가 40 cm인 띠그래프로 나타낼 때 노란색이 차지하는 길이는 몇 cm인지 구하세요.

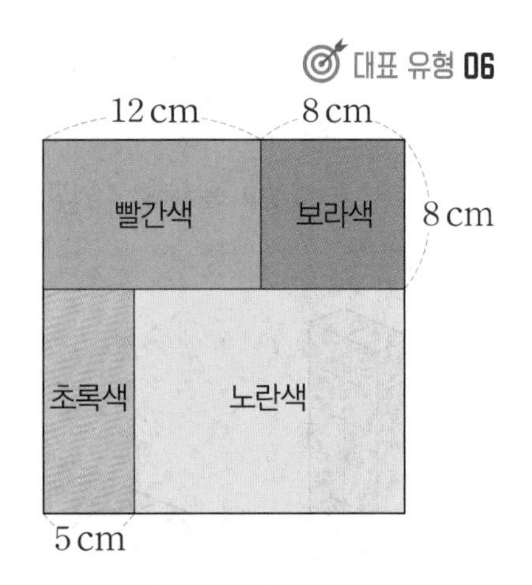

풀이

답 ____________

직육면체의 부피와 겉넓이

유형 변형 대표 유형

01 전개도에서 같은 길이의 선분을 찾아보자.
직육면체의 전개도

02 복잡한 입체도형의 부피는 직육면체로 나누어 생각해 보자.
직육면체의 부피 구하기

03 각 모서리를 모두 ▲배 하면 부피는 (▲×▲×▲)배가 된다.
모서리 길이를 늘인 입체도형의 부피 구하기

04 직육면체의 겉넓이를 알 때 부피를 구하려면 모르는 모서리의 길이를 먼저 구하자.
겉넓이를 이용하여 부피 구하기

05 상자의 개수가 같아도 쌓는 방법에 따라 겉넓이가 달라진다.
겉넓이를 가장 넓게 만들기

06 직육면체를 잘라서 가장 큰 정육면체를 만들 때 직육면체의 가장 짧은 모서리의 길이가 정육면체의 한 모서리의 길이가 된다.
직육면체를 잘라서 가장 큰 정육면체 만들기

07 밑면의 넓이를 겹겹이 높이만큼 쌓으면 부피가 된다.
입체도형의 부피

08 겉넓이는 둘러싸고 있는 모든 면의 넓이의 합이다.
복잡한 입체도형의 겉넓이

09 가로, 세로, 높이에 각각 몇 개씩 쌓을 수 있는지 구하자.
쌓을 수 있는 쌓기나무의 수 구하기

10 돌의 부피만큼 물의 부피가 늘어난다.
돌의 부피 구하기

직육면체의 부피 구하기

교과서 개념

직육면체의 부피 구하는 방법

- **1 cm³(1 세제곱센티미터)**: 한 모서리의 길이가 1 cm인 정육면체의 부피
- (직육면체의 부피)=(가로)×(세로)×(높이)
  =(밑면의 넓이)×(높이)

예 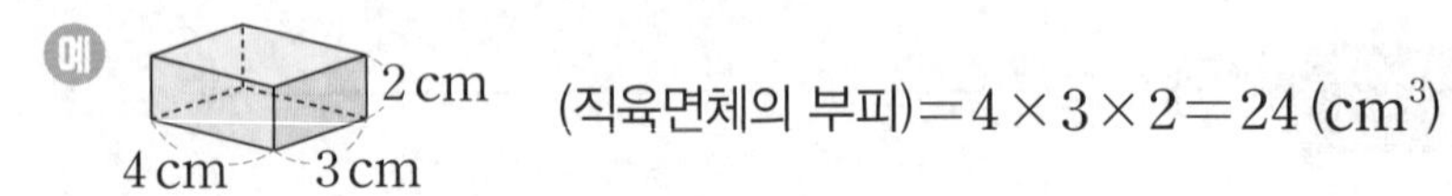

(직육면체의 부피)$=4\times3\times2=24$(cm³)

- (정육면체의 부피)=(한 모서리의 길이)×(한 모서리의 길이)×(한 모서리의 길이)

1 m³

- **1 m³(1 세제곱미터)**: 한 모서리의 길이가 1 m인 정육면체의 부피
- 1 m³와 1 cm³의 관계

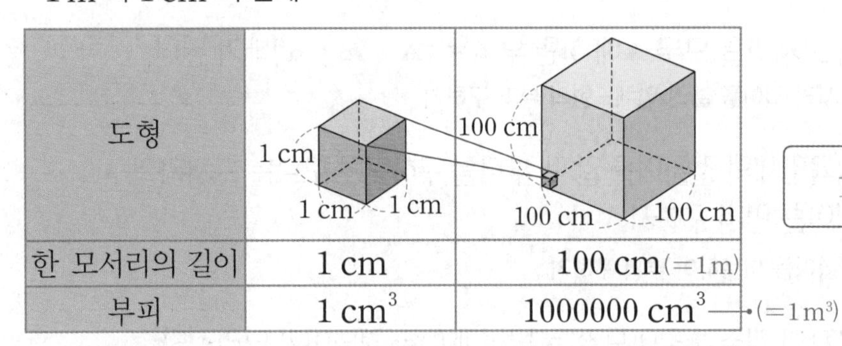

도형		
한 모서리의 길이	1 cm	100 cm(=1 m)
부피	1 cm³	1000000 cm³ — (=1 m³)

1 m³=1000000 cm³

01 오른쪽 직육면체의 부피는 몇 cm³일까요?

(　　　　　　　　　　)

02 한 모서리의 길이가 4 cm인 정육면체의 부피는 몇 cm³일까요?

(　　　　　　　　　　)

03 한 모서리의 길이가 300 cm인 정육면체의 부피는 몇 m³일까요?

(　　　　　　　　　　)

활용 개념 1 길이 단위가 섞여 있는 직육면체의 부피 구하기

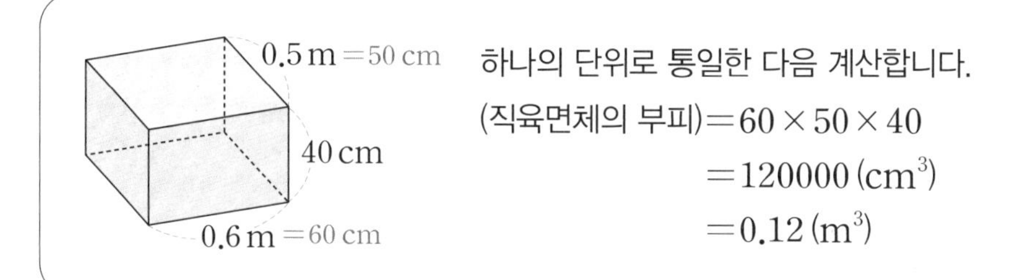

하나의 단위로 통일한 다음 계산합니다.

(직육면체의 부피) $= 60 \times 50 \times 40$

$= 120000\,(\text{cm}^3)$

$= 0.12\,(\text{m}^3)$

04 오른쪽 직육면체의 부피는 몇 m^3일까요?

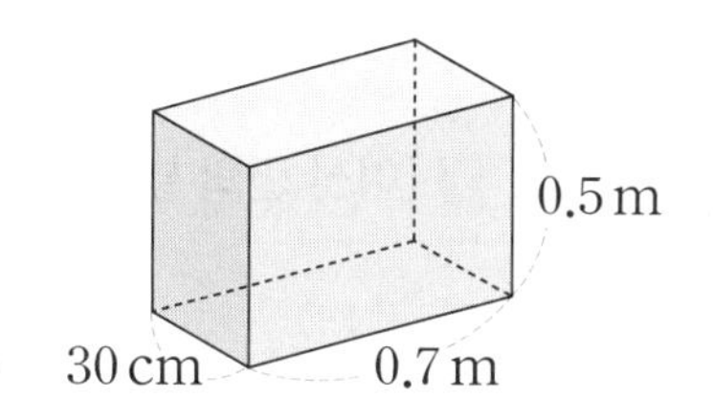

( )

활용 개념 2 직육면체의 부피가 주어진 경우 모서리의 길이 구하기

- 가로가 5 cm, 세로가 6 cm, 부피가 120 cm^3인 직육면체의 높이 구하기

(직육면체의 부피) = (가로) × (세로) × (높이)

$= 5 \times 6 \times \square$

$= 120\,(\text{cm}^3)$

$5 \times 6 \times \square = 120$, $30 \times \square = 120$, $\square = 4$이므로 직육면체의 높이는 4 cm입니다.

05 오른쪽 직육면체의 부피가 280 cm^3일 때 높이는 몇 cm일까요?

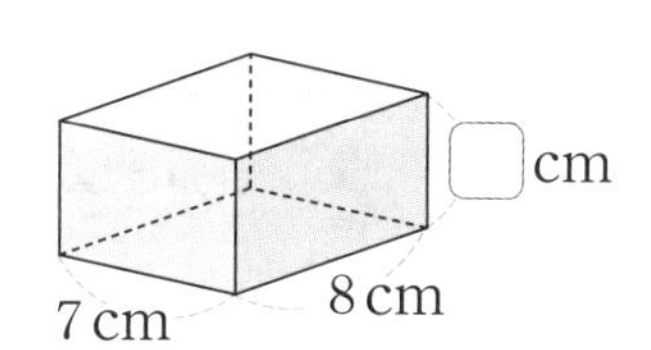

( )

06 오른쪽 직육면체의 부피가 120 cm^3일 때 세로는 몇 cm일까요?

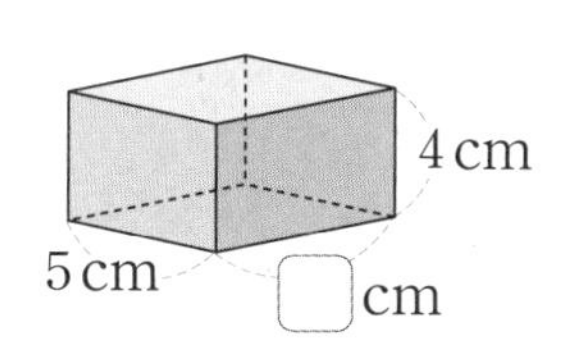

( )

6 직육면체의 부피와 겉넓이

직육면체의 겉넓이 구하기

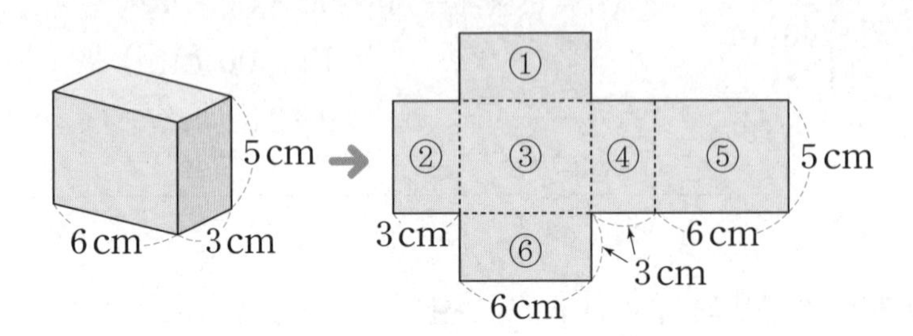

방법1 (여섯 면의 넓이의 합)$=$①$+$②$+$③$+$④$+$⑤$+$⑥

$=18+15+30+15+30+18$

$=126\,(\text{cm}^2)$

방법2 (세 면의 넓이의 합)$\times 2=$(①$+$②$+$③)$\times 2$

$=(18+15+30)\times 2=126\,(\text{cm}^2)$

방법3 (한 밑면의 넓이)$\times 2+$(옆면의 넓이)$=$①$\times 2+$(②$+$③$+$④$+$⑤)

$=18\times 2+90$ ← $(3+6+3+6)\times 5$ (②+③+④+⑤의 가로 길이)

$=126\,(\text{cm}^2)$

참고 서로 마주 보는 면은 합동이므로 넓이가 같습니다.

01 직육면체의 겉넓이는 몇 cm^2일까요?

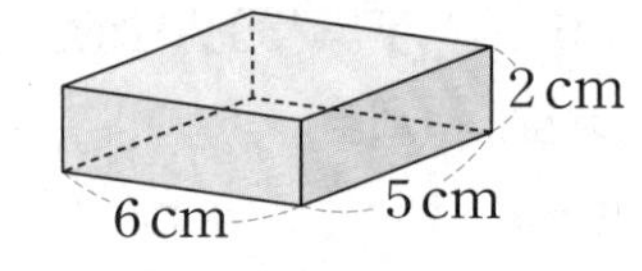

( )

02 전개도를 이용하여 만든 직육면체의 겉넓이는 몇 cm^2일까요?

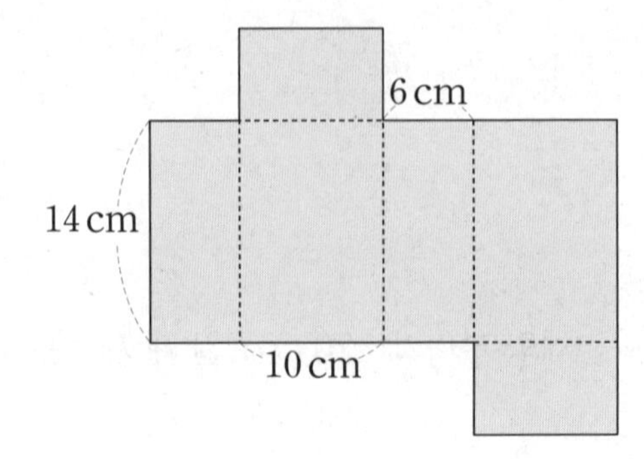

( )

활용 개념 1 정육면체의 겉넓이 구하기

(정육면체의 겉넓이)=(한 모서리의 길이)×(한 모서리의 길이)×6

→정육면체는 여섯 면의 넓이가 같습니다.
⇨ (한 면의 넓이)×6

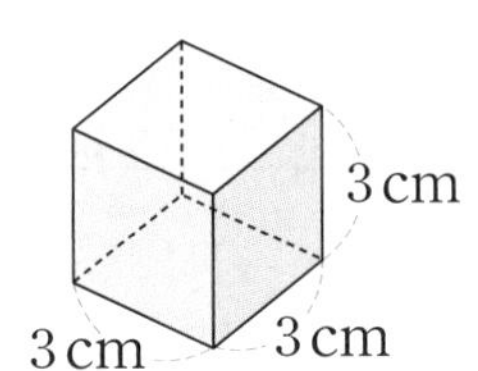

(정육면체의 겉넓이)$=3\times3\times6$
$=9\times6$
$=54\,(\text{cm}^2)$

03 한 모서리의 길이가 5 cm인 정육면체의 겉넓이는 몇 cm^2일까요?

( )

활용 개념 2 한 면의 넓이가 주어진 직육면체의 겉넓이 구하기

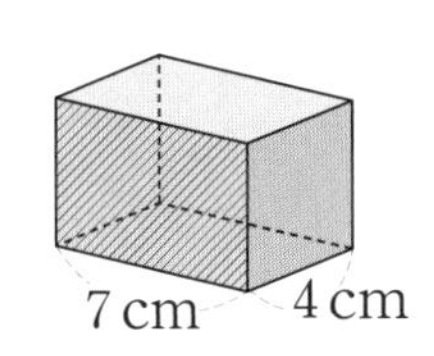

빗금 친 면의 넓이가 35 cm^2이고 빗금 친 면의 가로가 7 cm이면
세로는 $35\div7=5\,(\text{cm})$입니다.
(빗금 친 면의 세로)=(직육면체의 높이)
(직육면체의 겉넓이)$=(7\times4+7\times5+4\times5)\times2$
$=166\,(\text{cm}^2)$

04 빗금 친 면의 넓이가 27 cm^2일 때 이 직육면체의 겉넓이는 몇 cm^2일까요?

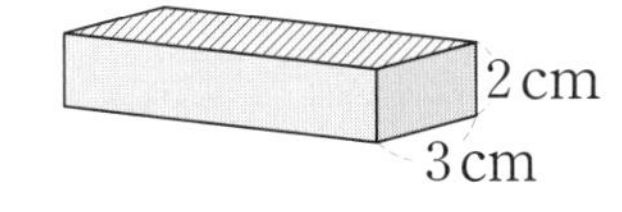

( )

05 빗금 친 면의 넓이가 30 cm^2일 때 이 직육면체의 겉넓이는 몇 cm^2일까요?

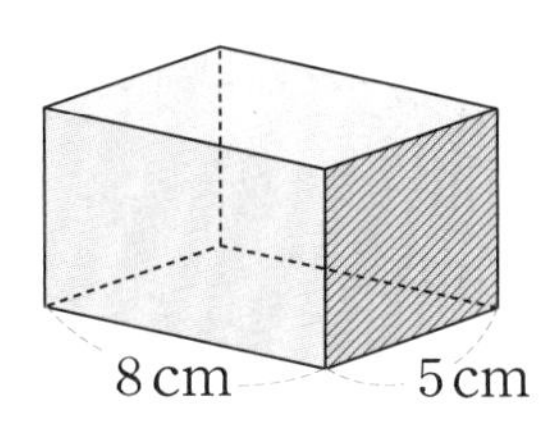

( )

전개도에서 같은 길이의 선분을 찾아보자.

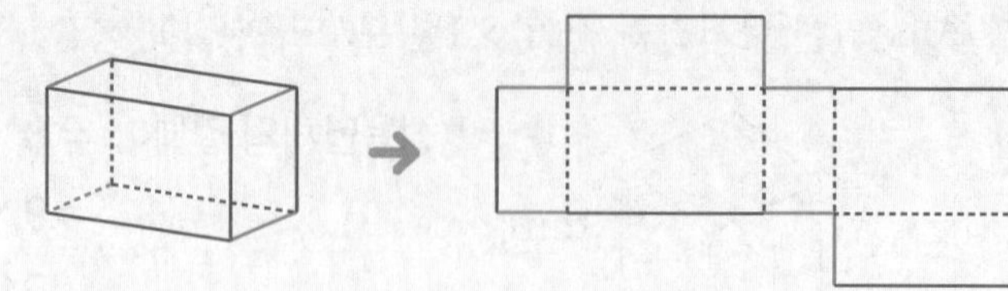

같은 색으로 표시한 선분의 길이는 같습니다.

대표 유형 01

전개도를 접어 만든 직육면체의 겉넓이는 몇 cm^2일까요?

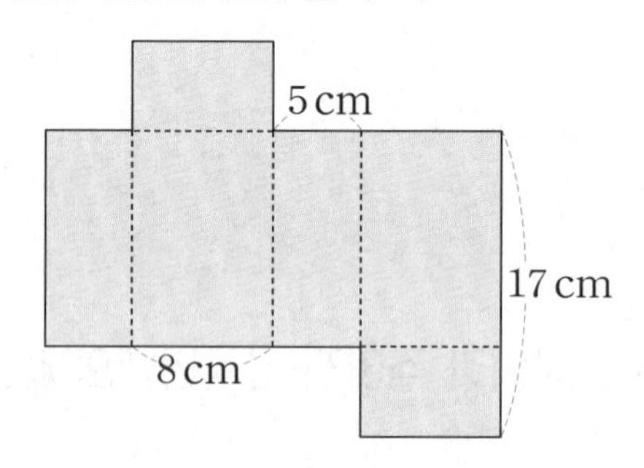

풀이

❶ 주어진 전개도를 접어 만든 직육면체의 세 모서리의 길이는 각각
5 cm, 8 cm, $17-5=\square$(cm)입니다.

❷ 직육면체의 겉넓이는 합동인 세 면의 넓이의 합의 2배이므로
$(8\times5+5\times12+8\times12)\times2$
$=(40+\square+\square)\times2=\square\times2=\square$($cm^2$)입니다.

답 ______________

예제 전개도를 접어 만든 직육면체의 겉넓이는 몇 cm^2일까요?

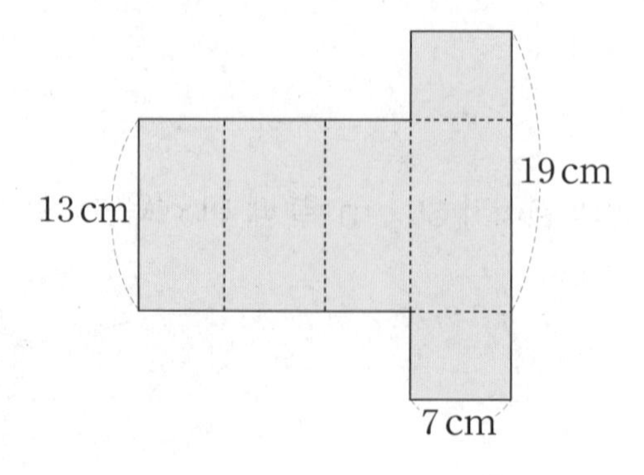

(　　　　　　　　)

>> 정답 및 풀이 48쪽

01-1 변형

전개도를 접어서 정육면체 모양의 상자를 만들었습니다. 이 상자의 겉넓이는 몇 cm^2인지 구하세요.

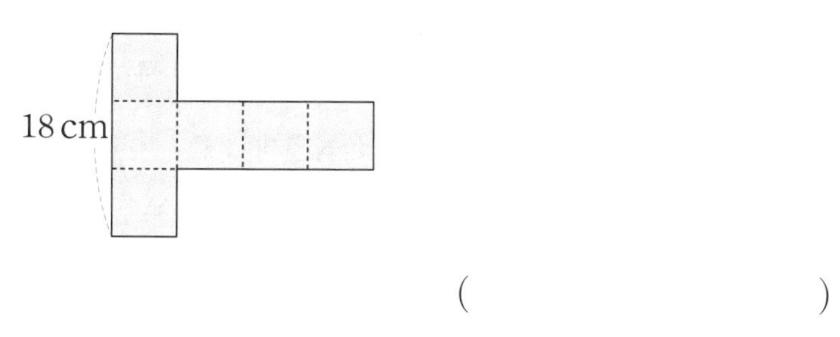

(　　　　　　　　)

01-2 변형

다음 직육면체의 전개도에서 빗금 친 부분의 넓이는 $156 cm^2$입니다. 이 전개도를 접어 만든 직육면체의 겉넓이는 몇 cm^2인지 구하세요.

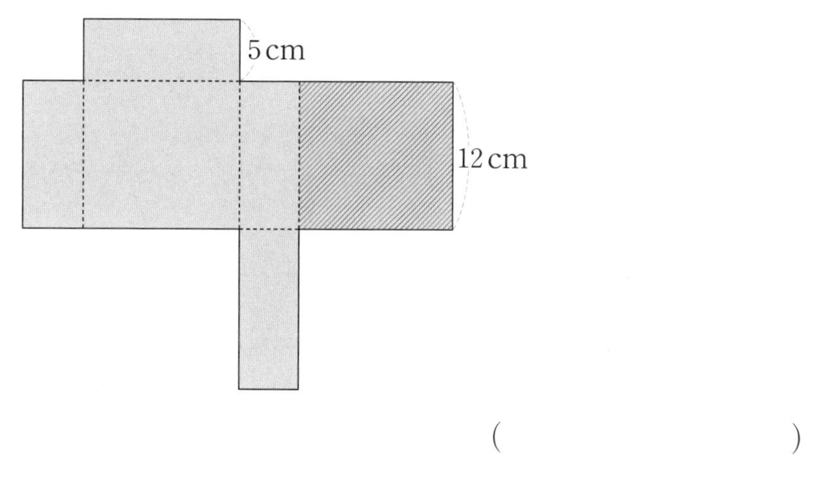

(　　　　　　　　)

01-3 변형

다음 직육면체의 전개도에서 빗금 친 부분의 넓이는 $91 cm^2$입니다. 이 전개도를 접어 만든 직육면체의 겉넓이는 몇 cm^2인지 구하세요.

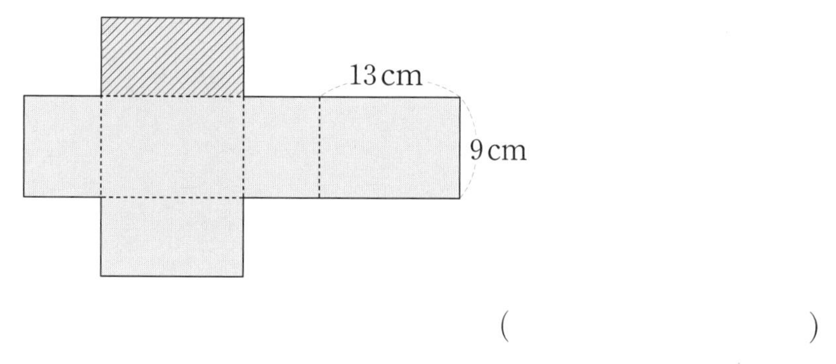

(　　　　　　　　)

유형 변형

복잡한 입체도형의 부피는 직육면체로 나누어 생각해 보자.

유형 솔루션 복잡한 입체도형의 부피 구하는 방법

방법1 직육면체 ㉠과 직육면체 ㉡으로 나누어 구하기

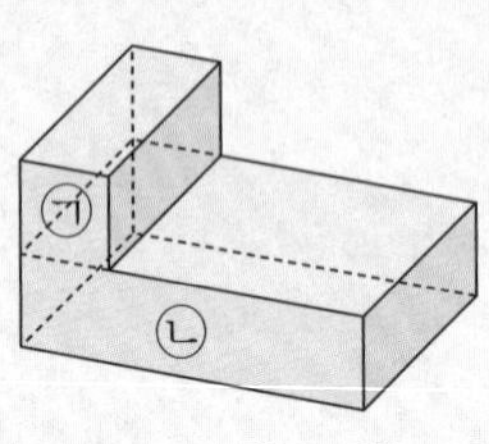

➡ 부피: ㉠+㉡

방법2 직육면체 ㉢과 직육면체 ㉣로 나누어 구하기

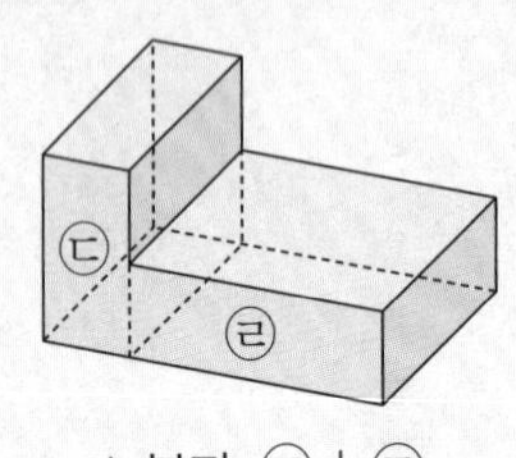

➡ 부피: ㉢+㉣

방법3 큰 직육면체 ㉤에서 작은 직육면체 ㉥을 빼서 구하기

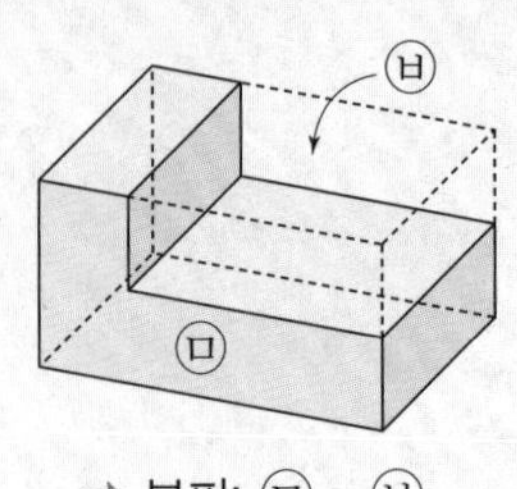

➡ 부피: ㉤−㉥

대표 유형 02

오른쪽 입체도형에서 만나는 모서리는 서로 수직입니다. 이 입체도형의 부피는 몇 cm^3일까요?

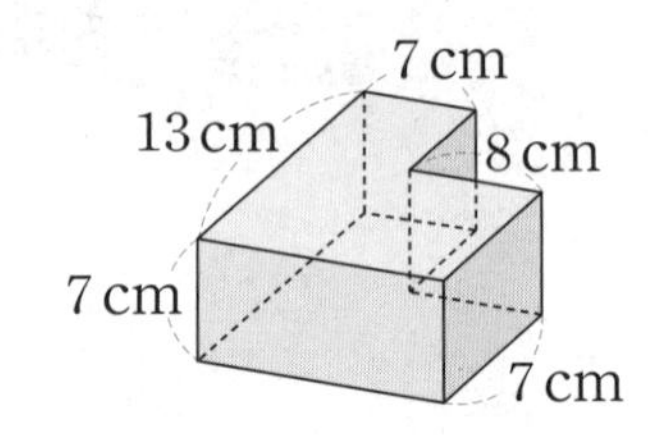

풀이

❶ 오른쪽과 같이 직육면체를 두 개로 나누어 생각해 봅니다.

(①의 부피) $=7\times(13-7)\times7=$ ☐ (cm^3),

(②의 부피) $=(7+8)\times7\times7=$ ☐ (cm^3)

❷ (입체도형의 부피) $=294+$ ☐ $=$ ☐ (cm^3)입니다.

답 

예제 오른쪽 입체도형에서 만나는 모서리는 서로 수직입니다. 이 입체도형의 부피는 몇 cm^3일까요?

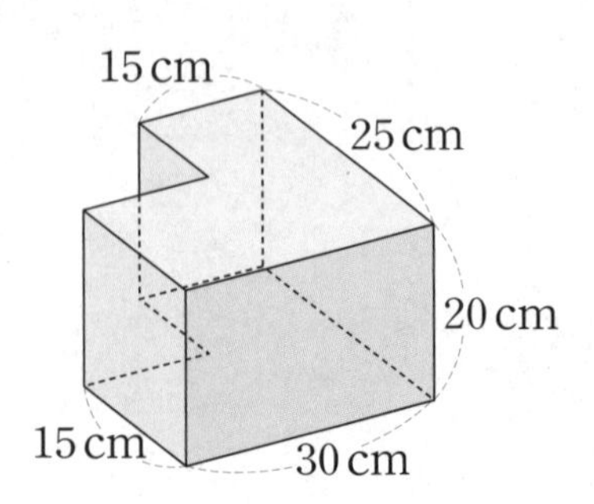

(　　　　　　　)

02-1 변형

큰 직육면체 안에 직육면체 모양으로 구멍이 뚫린 입체도형이 있습니다. 이 입체도형의 부피는 몇 cm^3일까요?

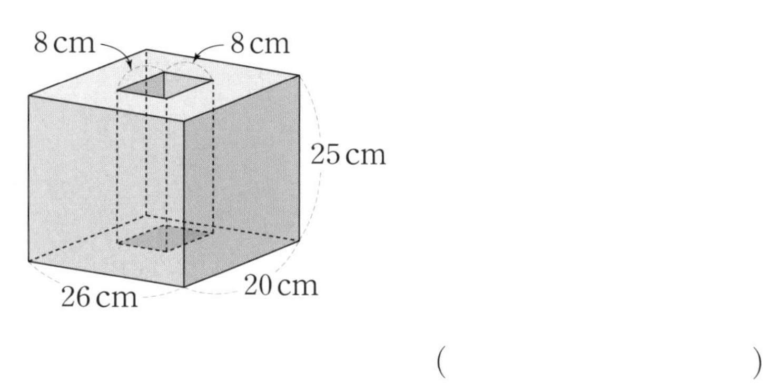

(　　　　　　　)

02-2 변형

다음 입체도형에서 만나는 모서리는 서로 수직입니다. 이 입체도형의 부피는 몇 cm^3일까요?

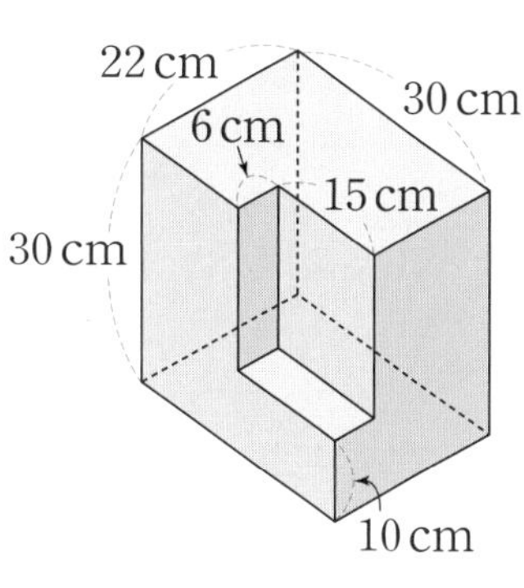

(　　　　　　　)

02-3 발전

다음 입체도형에서 만나는 모서리는 서로 수직입니다. 이 입체도형의 부피는 몇 cm^3일까요?

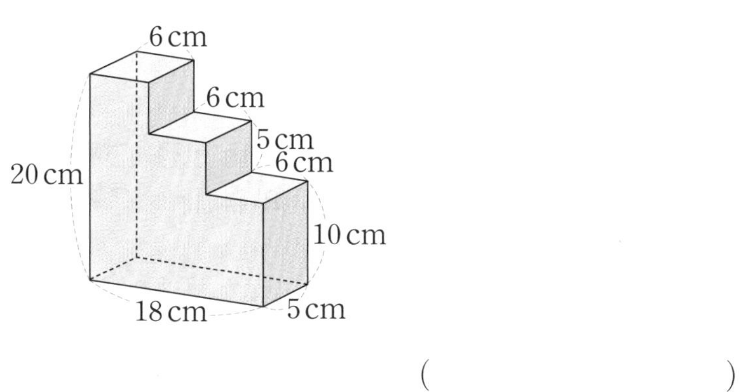

(　　　　　　　)

유형 변형

각 모서리를 모두 ▲배 하면 부피는 (▲×▲×▲)배가 된다.

정육면체 각 모서리의 길이를 2배씩 늘이면 부피는 $2\times2\times2=8$(배)가 됩니다.

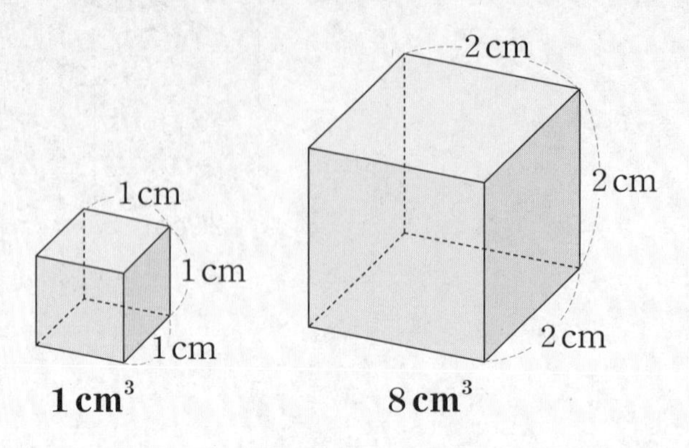

대표 유형 03

한 모서리의 길이가 8 cm인 정육면체가 있습니다. 이 정육면체의 각 모서리의 길이를 2배로 늘인다면 늘인 정육면체의 부피는 처음 정육면체의 부피의 몇 배가 될까요?

풀이

❶ (처음 정육면체의 부피)$=8\times8\times8=$☐(cm³)

❷ 각 모서리의 길이를 2배로 늘이면 한 모서리의 길이는 $8\times2=$☐(cm)이고

늘인 정육면체의 부피는 ☐×☐×☐=☐(cm³)입니다.

❸ 각 모서리의 길이를 2배 늘이면 늘인 정육면체의 부피는 처음 정육면체의 부피의

☐÷☐=☐(배)가 됩니다.

답 ____________

예제 한 모서리의 길이가 7 cm인 정육면체가 있습니다. 이 정육면체의 각 모서리의 길이를 3배로 늘인다면 늘인 정육면체의 부피는 처음 정육면체의 부피의 몇 배가 될까요?

(　　　　　　　)

>> 정답 및 풀이 50쪽

03-1 변형

그림과 같은 직육면체에서 가로와 세로의 길이를 각각 2배로 늘이면 늘인 직육면체의 부피는 처음 직육면체 부피의 몇 배가 될까요?

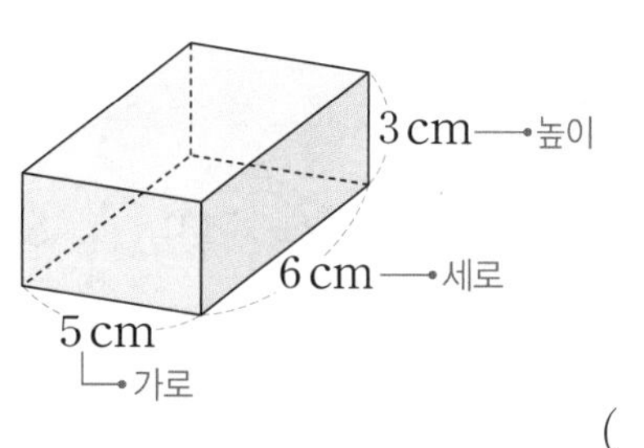

( )

03-2 변형

가로가 4 cm, 세로가 7 cm, 높이가 8 cm인 직육면체가 있습니다. 이 직육면체의 각 모서리의 길이를 3배로 늘이면 늘인 직육면체의 부피는 처음 직육면체의 부피의 몇 배가 될까요?

( )

03-3 발전

다음과 같은 직육면체의 가로를 $\frac{1}{3}$로 줄였습니다. 이 직육면체의 세로를 몇 cm로 늘여야 처음 직육면체의 부피와 같아질까요?

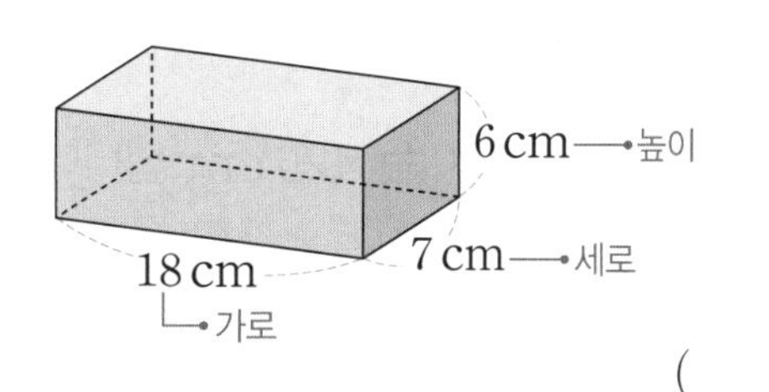

( )

유형 변형 직육면체의 겉넓이를 알 때 부피를 구하려면 모르는 모서리의 길이를 먼저 구하자.

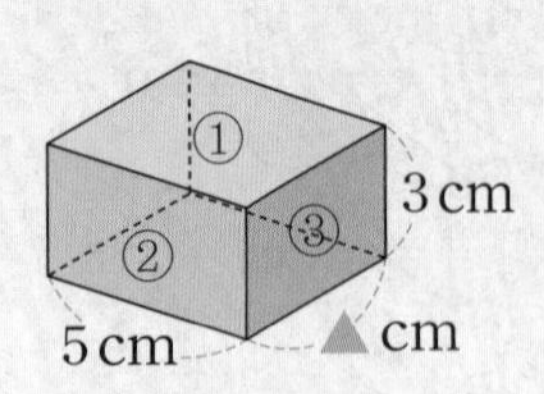

겉넓이: 94 cm²

$(\underset{①}{5\times▲}+\underset{②}{5\times3}+\underset{③}{▲\times3})\times2=94$,

$(8\times▲+15)\times2=94$,

$8\times▲+15=47$,

$8\times▲=32$,

$▲=4$ ⟶ 직육면체의 세로

➔ (부피)$=5\times4\times3=60$ (cm³)

대표 유형 04

세로가 6 cm, 높이가 11 cm인 직육면체의 겉넓이는 404 cm²입니다. 이 직육면체의 부피는 몇 cm³인지 구하세요.

풀이

❶ 직육면체의 가로를 ● cm라 하여 직육면체의 겉넓이 구하는 식을 씁니다.

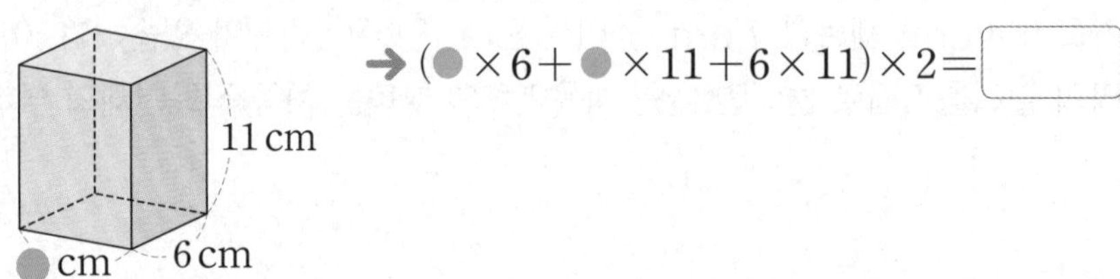

➔ $(●\times6+●\times11+6\times11)\times2=$ ☐

❷ $(●\times17+66)\times2=$ ☐, $●\times17+66=$ ☐

$●\times$ ☐ $=$ ☐, $●=$ ☐ 이므로 직육면체의 가로는 ☐ cm입니다.

❸ (직육면체의 부피)$=$ ☐ $\times6\times$ ☐ $=$ ☐ (cm³)

답 ____________

예제 다음 직육면체의 겉넓이는 426 cm²입니다. 이 직육면체의 부피는 몇 cm³인지 구하세요.

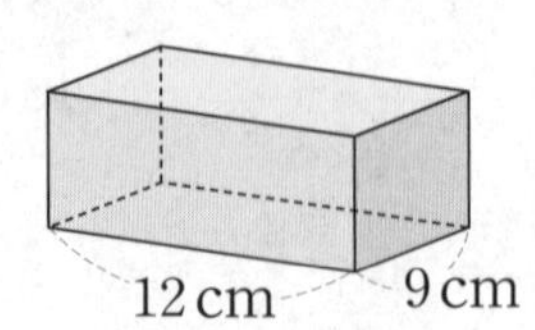

(   )

>> 정답 및 풀이 50~51쪽

04-1 변형

겉넓이가 294 cm^2인 정육면체의 부피는 몇 cm^3인지 구하세요.

(　　　　　　　　　)

04-2 변형

다음 직육면체의 밑면은 정사각형이고 겉넓이는 310 cm^2입니다. 이 직육면체의 부피는 몇 cm^3인지 구하세요.

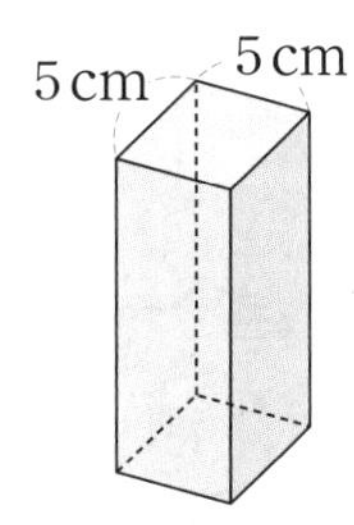

(　　　　　　　　　)

04-3 발전

다음 직육면체와 겉넓이가 같은 정육면체의 부피는 몇 cm^3인지 구하세요.

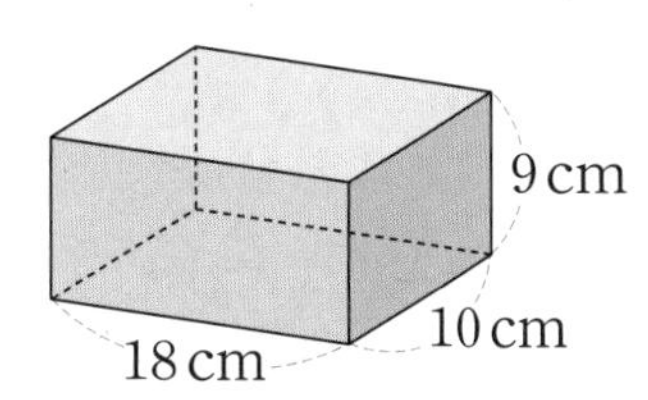

(　　　　　　　　　)

6 직육면체의 부피와 겉넓이

유형 변형

상자의 개수가 같아도 쌓는 방법에 따라 겉넓이가 달라진다.

유형 솔루션

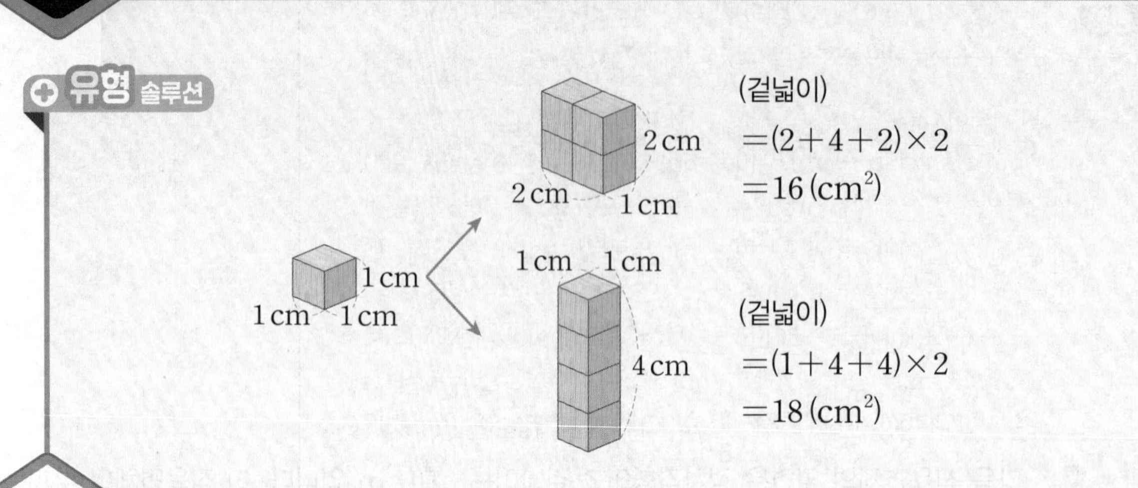

(겉넓이)
$=(2+4+2)\times 2$
$=16\,(\text{cm}^2)$

(겉넓이)
$=(1+4+4)\times 2$
$=18\,(\text{cm}^2)$

대표 유형 05

보기 의 정육면체 모양의 상자를 ㉮, ㉯와 같이 쌓았을 때 어느 것의 겉넓이가 몇 cm^2 더 넓은지 구하세요.

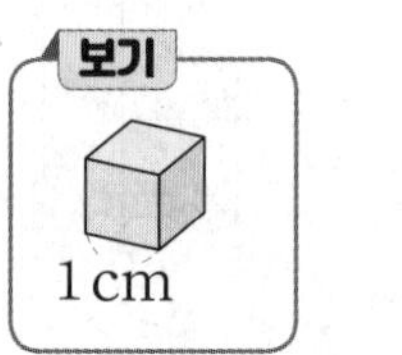

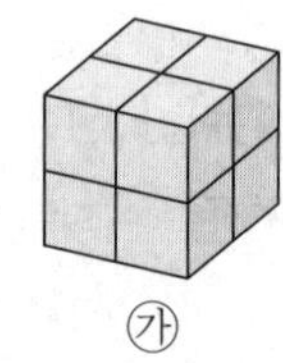
㉮

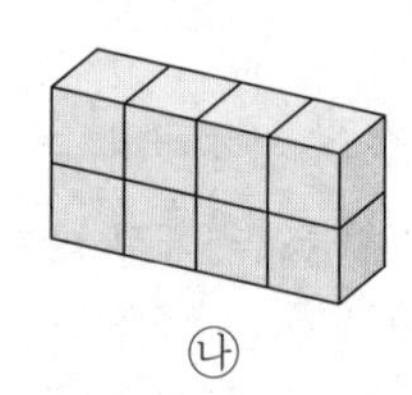
㉯

풀이

❶ ㉮의 가로는 2 cm, 세로는 ☐ cm, 높이는 ☐ cm입니다.

(㉮의 겉넓이)$=$☐$\times 6=$☐(cm^2)

❷ ㉯의 가로는 4 cm, 세로는 ☐ cm, 높이는 ☐ cm입니다.

(㉯의 겉넓이)$=(4+8+$☐$)\times 2=$☐(cm^2)

❸ 따라서 ☐의 겉넓이가 ☐$-$☐$=$☐(cm^2) 더 넓습니다.

답 ______________, ______________

예제 보기 의 정육면체 모양의 상자를 ㉮, ㉯와 같이 쌓았을 때 어느 것의 겉넓이가 몇 cm^2 더 넓은지 구하세요.

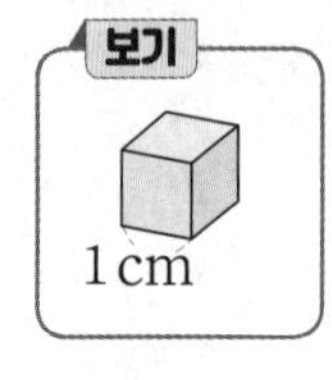

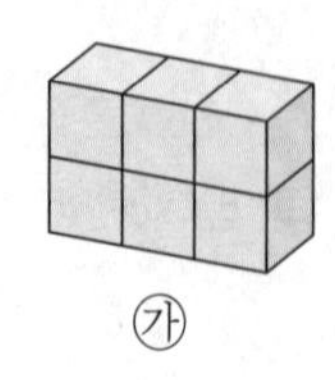
㉮

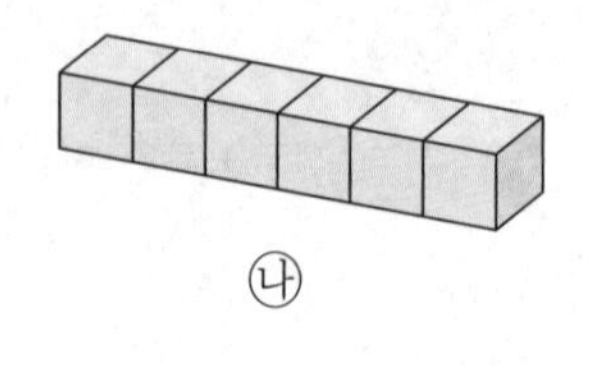
㉯

(　　　　　,　　　　　)

>> 정답 및 풀이 51~52쪽

05-1 변형

보기 의 직육면체 모양의 상자를 ㉮, ㉯와 같이 쌓았을 때 어느 것의 겉넓이가 몇 cm^2 더 넓은지 구하세요.

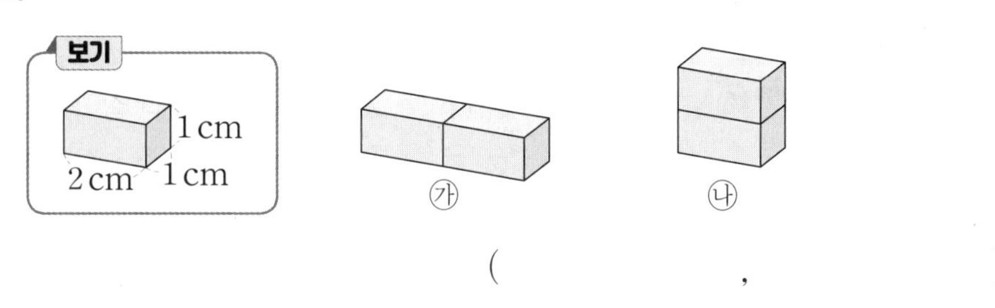

(,)

05-2 변형

한 모서리의 길이가 3 cm인 정육면체 모양의 상자를 ㉮, ㉯, ㉰와 같이 쌓았을 때 겉넓이가 넓은 것부터 차례대로 기호를 써 보세요.

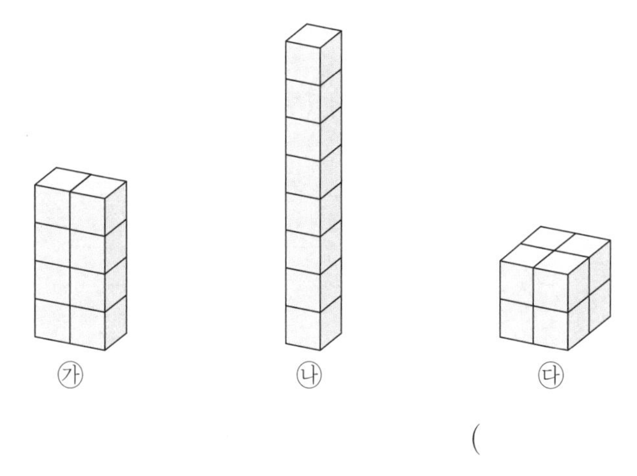

( )

05-3 발전

한 모서리의 길이가 2 cm인 정육면체 모양의 상자 16개를 쌓아 겉넓이가 가장 작은 직육면체를 만들었습니다. 만든 직육면체의 겉넓이는 몇 cm^2인지 구하세요.

( )

유형 변형

직육면체를 잘라서 가장 큰 정육면체를 만들 때 직육면체의 가장 짧은 모서리의 길이가 정육면체의 한 모서리의 길이가 된다.

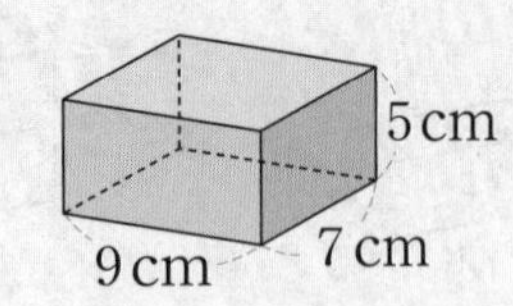

가장 짧은 모서리의 길이가 5 cm이므로
한 모서리의 길이가 5 cm인 정육면체를 만들 수 있습니다.

대표 유형 **06**

다음과 같은 직육면체를 잘라서 정육면체를 만들려고 합니다. 만들 수 있는 가장 큰 정육면체의 겉넓이는 몇 cm^2인지 구하세요.

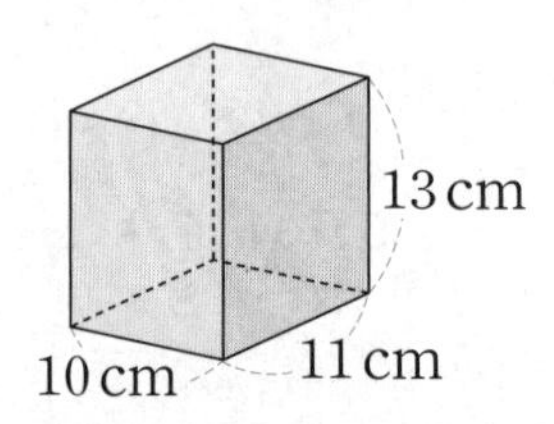

풀이

❶ 가장 짧은 모서리의 길이가 ☐ cm이므로
만들 수 있는 가장 큰 정육면체의 한 모서리의 길이는 ☐ cm입니다.

❷ (정육면체의 겉넓이)=☐×☐×☐=☐(cm^2)

답 ____________

예제 다음과 같은 직육면체를 잘라서 정육면체를 만들려고 합니다. 만들 수 있는 가장 큰 정육면체의 겉넓이는 몇 cm^2인지 구하세요.

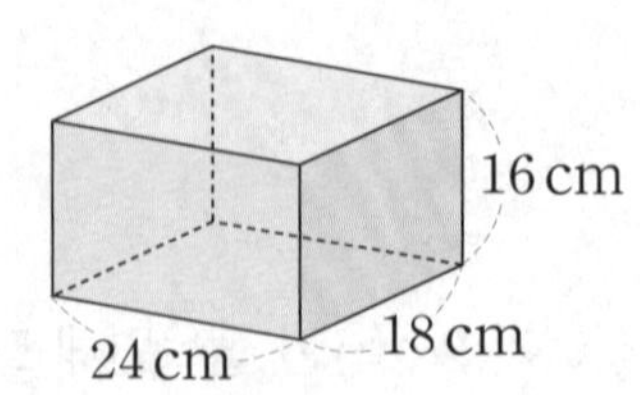

(   )

≫ 정답 및 풀이 52쪽

06-1 변형

다음 직육면체를 잘라서 만들 수 있는 가장 큰 정육면체의 부피는 몇 cm^3인지 구하세요.

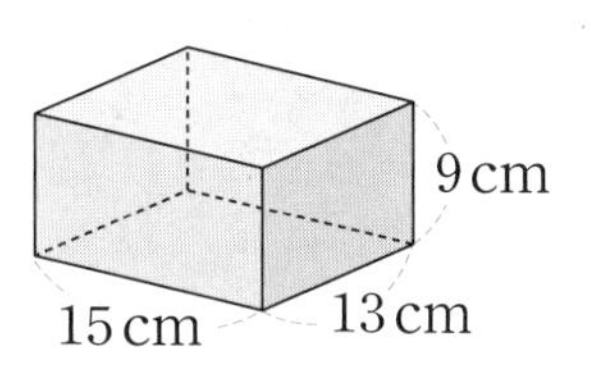

( )

06-2 변형

빗금 친 면의 넓이가 $104\ cm^2$인 직육면체를 잘라서 만들 수 있는 가장 큰 정육면체의 겉넓이는 몇 cm^2인지 구하세요.

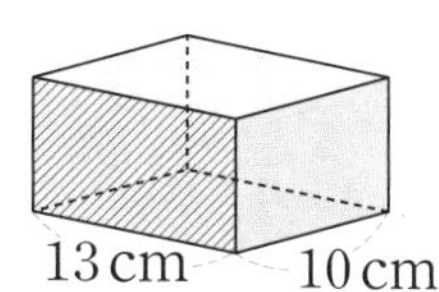

( )

06-3 발전

빗금 친 면의 둘레가 30 cm인 직육면체를 잘라서 만들 수 있는 가장 큰 정육면체의 겉넓이는 몇 cm^2인지 구하세요.

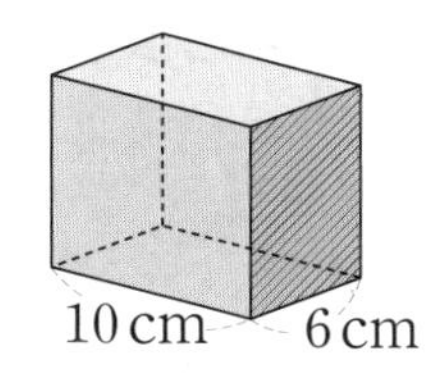

( )

유형 변형

밑면의 넓이를 겹겹이 높이만큼 쌓으면 부피가 된다.

유형 솔루션

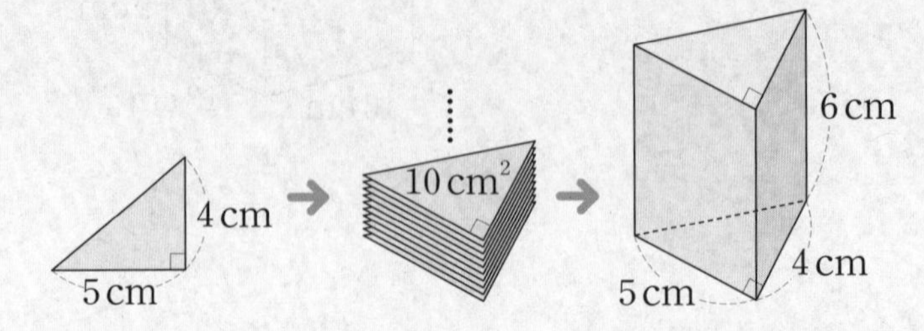

넓이가 $10\ \text{cm}^2$인 삼각형을 6 cm 높이만큼 겹겹이 쌓았을 때
부피는 $\underline{10} \times \underline{6} = 60\ (\text{cm}^3)$입니다.
한 밑면의 넓이 / 높이

대표 유형 07

다음 색칠한 입체도형의 부피는 몇 cm^3일까요?

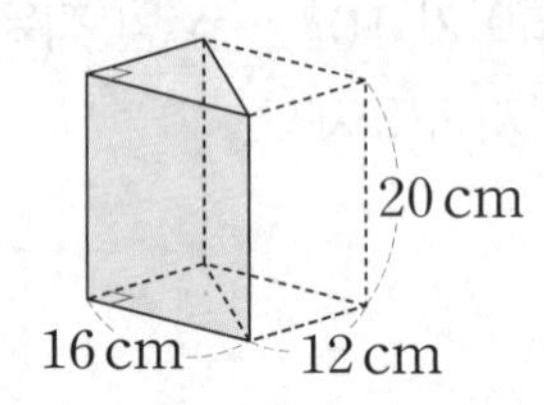

풀이

❶ 주어진 입체도형은 밑면이 직각삼각형입니다.

(한 밑면의 넓이)$=16 \times 12 \div \square = \square\ (\text{cm}^2)$

❷ (입체도형의 부피)$= \square \times 20 = \square\ (\text{cm}^3)$

답 ____________

예제 다음 색칠한 입체도형의 부피는 몇 cm^3일까요?

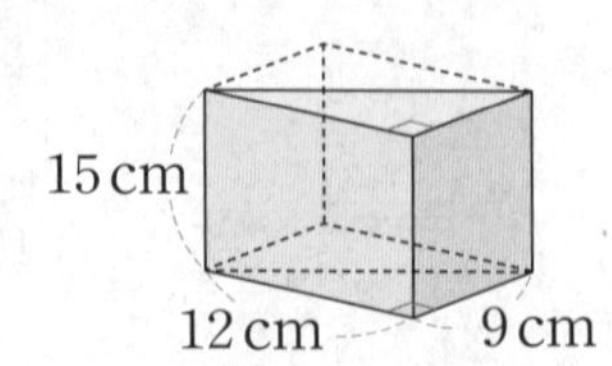

(   )

>> 정답 및 풀이 53쪽

07-1 변형

다음 직육면체 안에 있는 색칠한 입체도형의 부피는 몇 cm^3일까요?

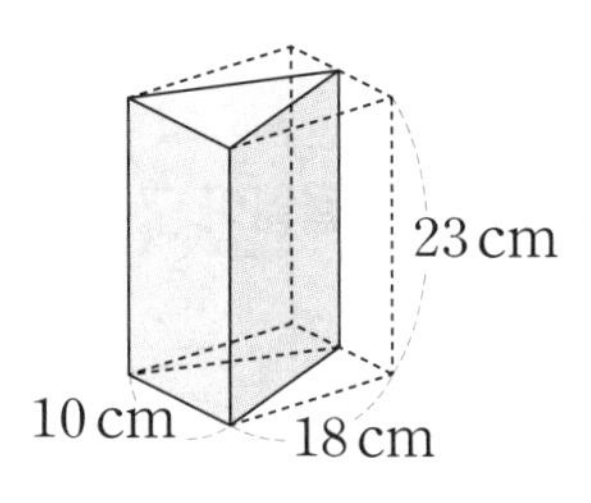

( )

07-2 변형

다음 직육면체 안에 있는 색칠한 입체도형의 부피는 몇 cm^3일까요?

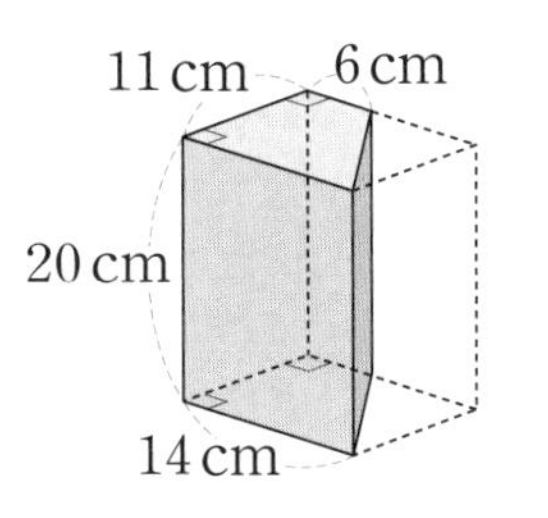

( )

07-3 발전

다음 직육면체 안에 있는 색칠한 입체도형의 부피가 792 cm^3입니다. ㉠, ㉡에 알맞은 자연수를 구하세요. (단, ㉠ > ㉡이고 ㉠, ㉡은 10보다 작습니다.)

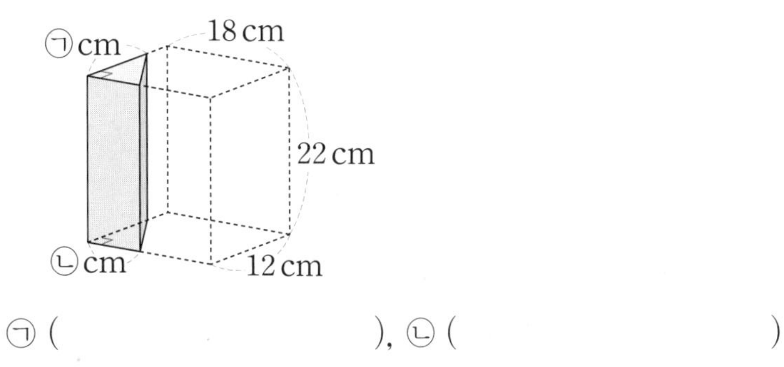

㉠ ( ), ㉡ ( )

6 직육면체의 부피와 겉넓이

겉넓이는 둘러싸고 있는 모든 면의 넓이의 합이다.

유형 솔루션 복잡한 입체도형의 겉넓이 구하는 방법

4 cm 12 cm 7 cm 4 cm 8 cm

12 cm 4 cm 8 cm × 2 + 4 cm 4 cm 7 cm 4 cm 8 cm 4 cm 8 cm 12 cm

옆면의 가로는 한 밑면의 둘레와 같습니다.

한 밑면의 넓이

옆면의 넓이의 합

대표 유형 08

오른쪽 입체도형에서 만나는 모서리는 서로 수직입니다. 이 입체도형의 겉넓이는 몇 cm^2인지 구하세요.

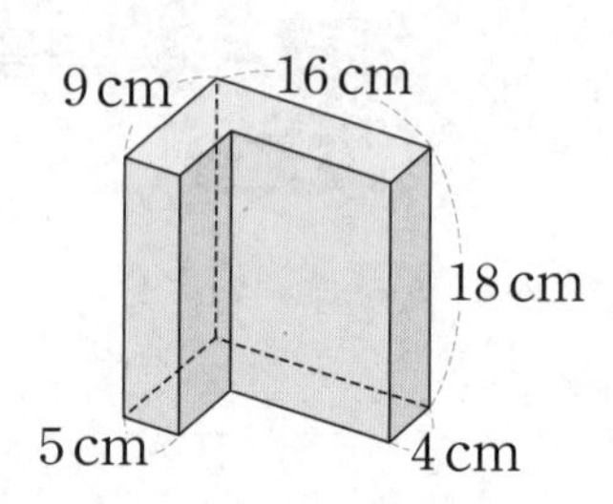

풀이

❶ 한 밑면의 넓이는 ㉠−㉡으로 구합니다.

(한 밑면의 넓이) $=16\times9-11\times5=$ □ (cm^2)

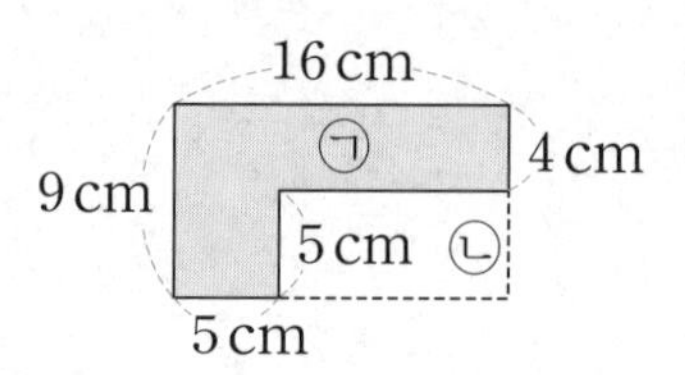

❷ (한 밑면의 둘레) $=(16+9)\times2=$ □ (cm)이므로

(옆면의 넓이) $=$ □ $\times18=$ □ (cm^2)

❸ (입체도형의 겉넓이) $=$ (한 밑면의 넓이) $\times2+$ (옆면의 넓이)

$=$ □ $\times2+$ □ $=$ □ (cm^2)

답 ____________________

예제 오른쪽 입체도형에서 만나는 모서리는 서로 수직입니다. 이 입체도형의 겉넓이는 몇 cm^2인지 구하세요.

8 cm 10 cm 4 cm 6 cm 3 cm 3 cm

(   )

08-1 변형

다음 입체도형에서 만나는 모서리는 서로 수직입니다. 이 입체도형의 겉넓이는 몇 cm^2인지 구하세요.

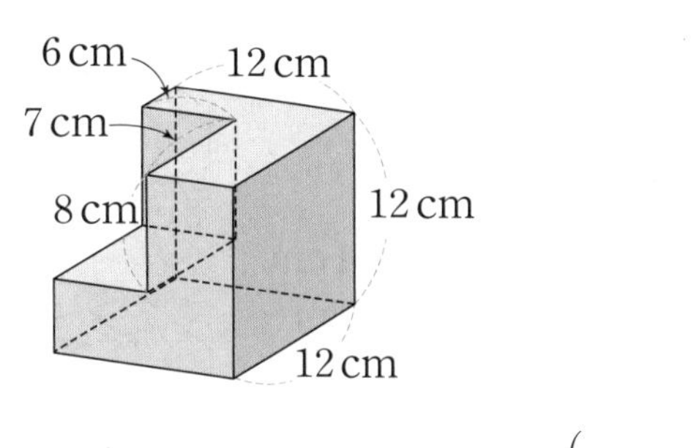

( )

08-2 변형

다음 입체도형에서 만나는 모서리는 서로 수직입니다. 빗금 친 부분의 넓이가 180 cm^2이고 둘레가 74 cm일 때 이 입체도형의 겉넓이는 몇 cm^2인지 구하세요.

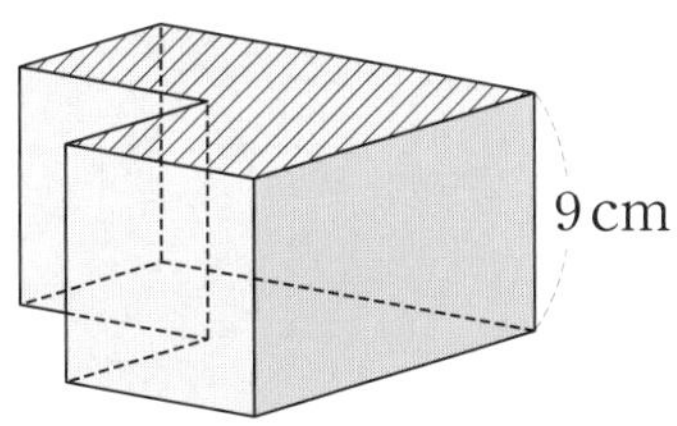

( )

유형 변형

가로, 세로, 높이에 각각 몇 개씩 쌓을 수 있는지 구하자.

유형 솔루션

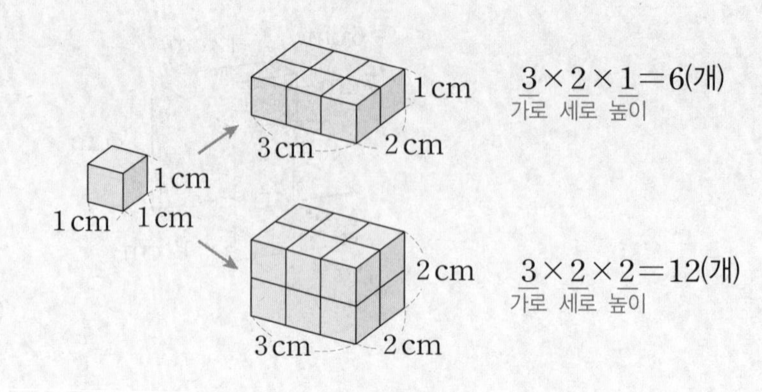

대표 유형 09

오른쪽과 같은 직육면체 모양의 상자에 한 모서리의 길이가 8 cm인 정육면체 모양의 쌓기나무를 빈틈없이 가득 쌓으려고 합니다. 쌓기나무는 모두 몇 개 쌓을 수 있을까요? (단, 상자의 두께는 생각하지 않습니다.)

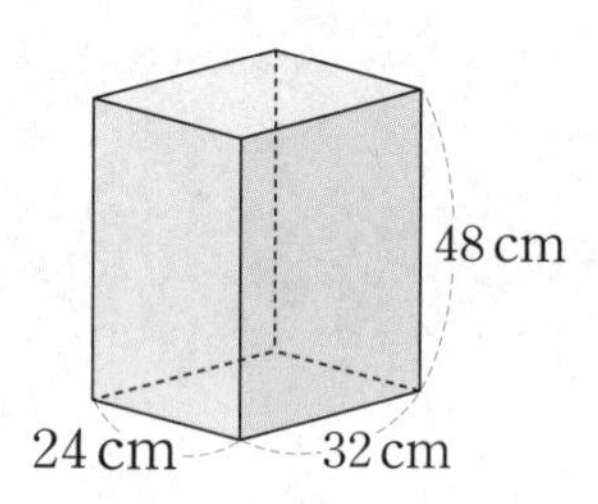

풀이

❶ 상자의 가로에 놓을 수 있는 쌓기나무는 $24\div8=$ □(개),

세로에 놓을 수 있는 쌓기나무는 $32\div8=$ □(개)입니다.

상자의 높이로 쌓을 수 있는 쌓기나무는 $48\div8=$ □(개)입니다.

❷ 쌓기나무는 모두 □ × □ × □ = □(개) 쌓을 수 있습니다.

가로 세로 높이

답 ______________

예제 오른쪽과 같은 직육면체 모양의 상자에 한 모서리의 길이가 6 cm인 정육면체 모양의 쌓기나무를 빈틈없이 가득 쌓으려고 합니다. 쌓기나무는 모두 몇 개 쌓을 수 있을까요? (단, 상자의 두께는 생각하지 않습니다.)

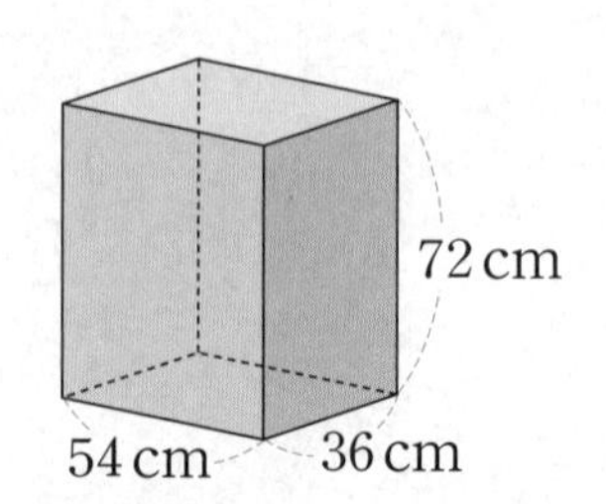

(   )

>> 정답 및 풀이 54쪽

09-1 변형

가로가 0.81 m, 세로가 1.26 m, 높이가 0.36 m인 직육면체 모양의 상자에 한 모서리의 길이가 9 cm인 정육면체 모양의 상자를 빈틈없이 가득 넣으려고 합니다. 정육면체 모양의 상자를 몇 개까지 넣을 수 있는지 구하세요. (단, 상자의 두께는 생각하지 않습니다.)

(　　　　　　　　)

09-2 변형

직육면체 모양의 ㉮ 상자에 직육면체 모양의 ㉯ 상자를 빈틈없이 가득 넣으려고 합니다. ㉮ 상자 안에 ㉯ 상자를 몇 개까지 넣을 수 있는지 구하세요. (단, 상자의 두께는 생각하지 않습니다.)

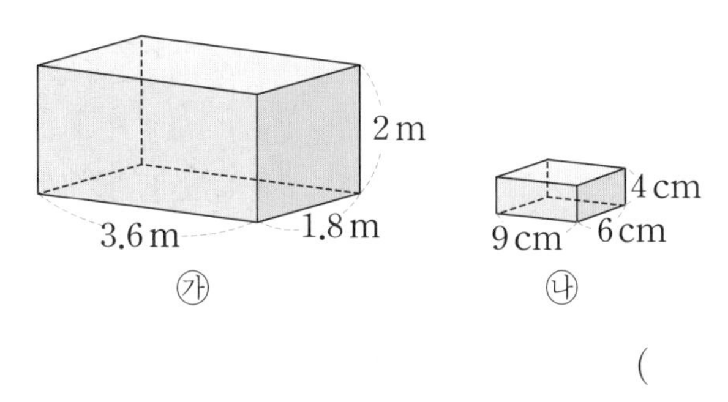

(　　　　　　　　)

09-3 발전

다음과 같은 직육면체 모양의 상자를 쌓아 가장 작은 정육면체 모양을 만들려고 합니다. 필요한 상자는 모두 몇 개일까요?

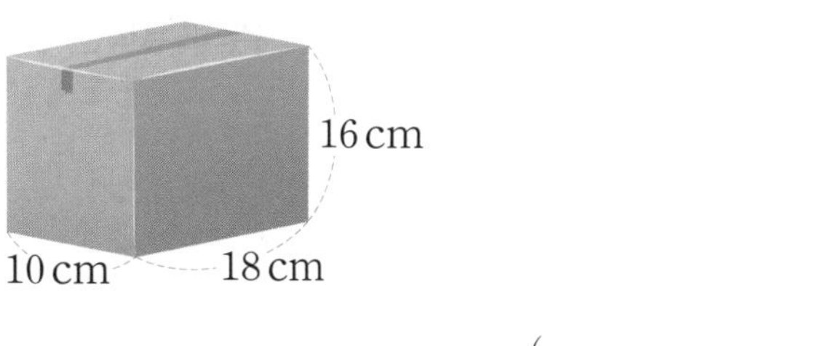

(　　　　　　　　)

유형 변형

돌의 부피만큼 물의 부피가 늘어난다.

유형 솔루션

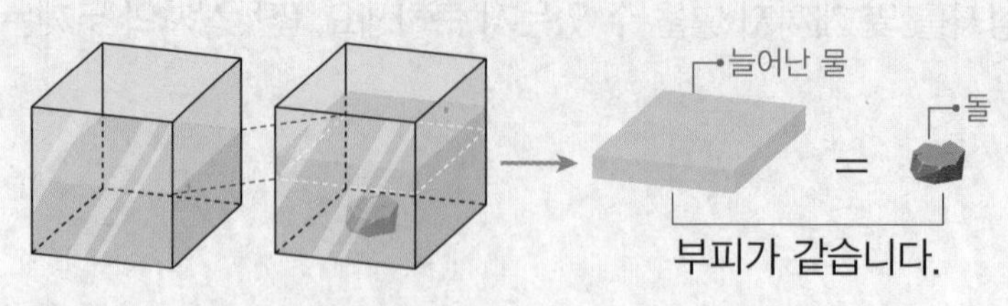

물이 들어 있는 통에 돌을 넣으면 물의 높이가 높아집니다.

(늘어난 물의 부피)=(돌의 부피)

대표 유형 10

그림과 같이 직육면체 모양의 통에 물이 들어 있습니다. 이 통에 돌을 넣었더니 물의 높이가 9 cm가 되었습니다. 통에 넣은 돌의 부피는 몇 cm^3일까요? (단, 통의 두께는 생각하지 않습니다.)

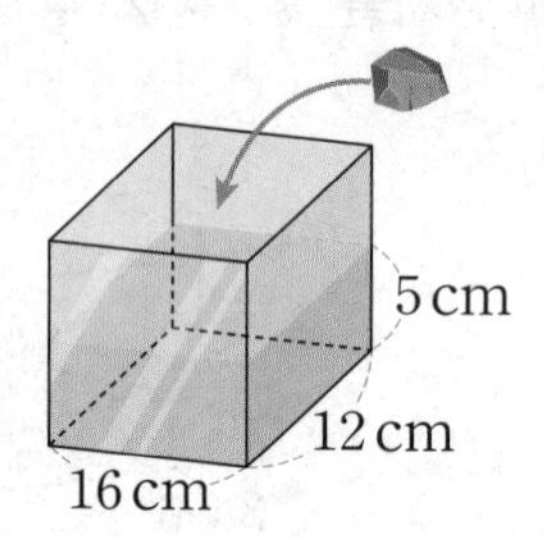

풀이

❶ 넣은 돌의 부피만큼 물의 부피가 늘어납니다.

(늘어난 물의 높이)=(돌을 넣은 후 물의 높이)−(처음 물의 높이)

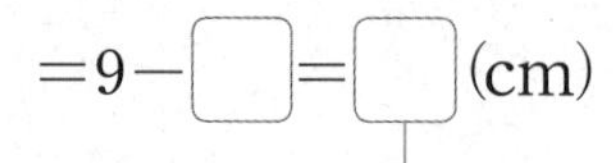

$=9-\square=\square$ (cm)

❷ (돌의 부피)=(늘어난 물의 부피)$=16\times\square\times\square=\square$ (cm^3)

답 ____________

예제 그림과 같이 직육면체 모양의 통에 물이 들어 있습니다. 이 통에 돌을 넣었더니 물의 높이가 21 cm가 되었습니다. 통에 넣은 돌의 부피는 몇 cm^3일까요? (단, 통의 두께는 생각하지 않습니다.)

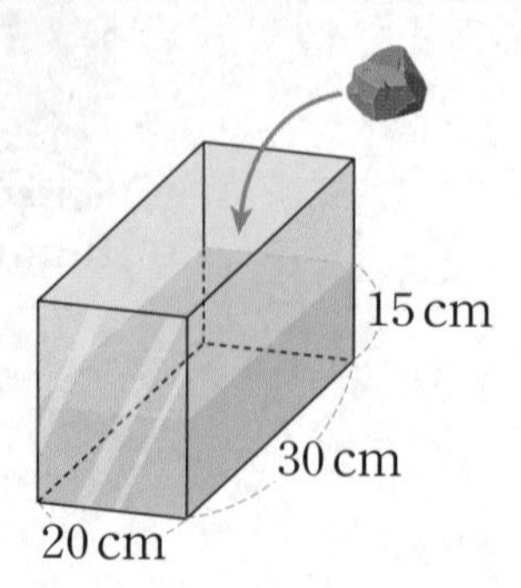

(   )

10-1 변형

그림과 같이 물이 담긴 직육면체 모양의 통에 돌이 들어 있습니다. 통에 있는 돌을 꺼냈더니 물의 높이가 5 cm가 되었습니다. 돌의 부피는 몇 cm^3일까요? (단, 통의 두께는 생각하지 않습니다.)

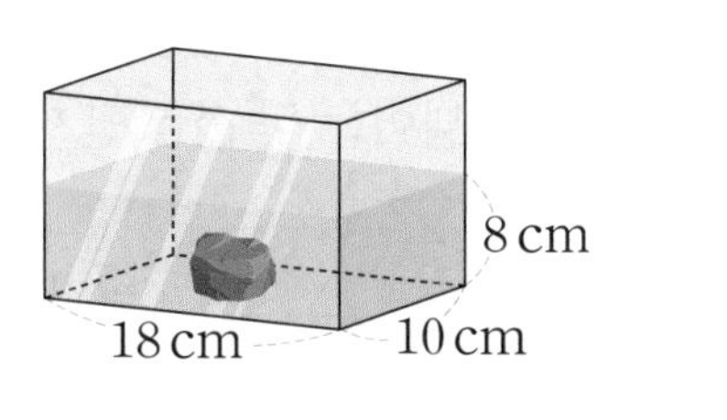

( )

10-2 변형

그림과 같이 물이 담긴 직육면체 모양의 통에 모양과 크기가 같은 쇠구슬 2개를 넣었더니 물의 높이가 20 cm가 되었습니다. 쇠구슬 1개의 부피는 몇 cm^3일까요? (단, 통의 두께는 생각하지 않습니다.)

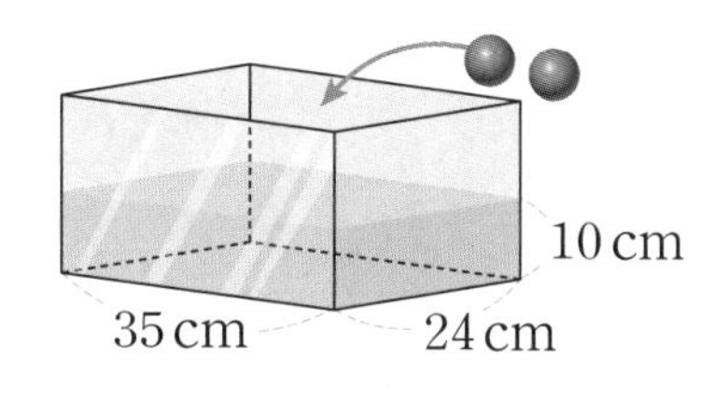

( )

10-3 발전

다음과 같은 직육면체 모양의 통에 물이 12 cm 높이만큼 들어 있습니다. 이 물통에 부피가 1872 cm^3인 돌을 완전히 잠기도록 넣으면 물의 높이는 몇 cm가 될까요? (단, 통의 두께는 생각하지 않습니다.)

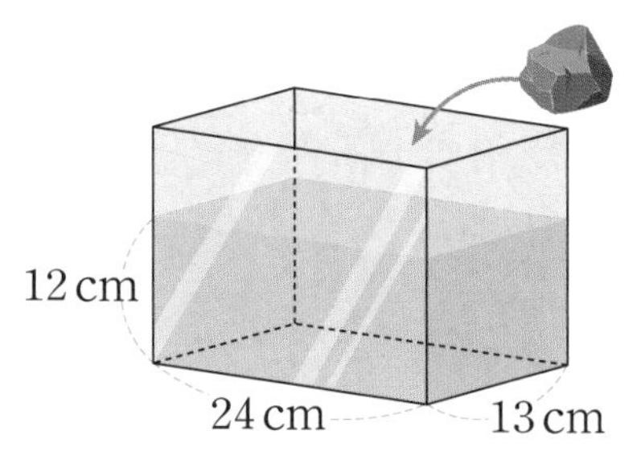

( )

대표 유형 01

01 다음 전개도에서 색칠한 직사각형의 넓이는 $180\,cm^2$입니다. 이 전개도로 만들 수 있는 직육면체의 겉넓이는 몇 cm^2인지 구하세요.

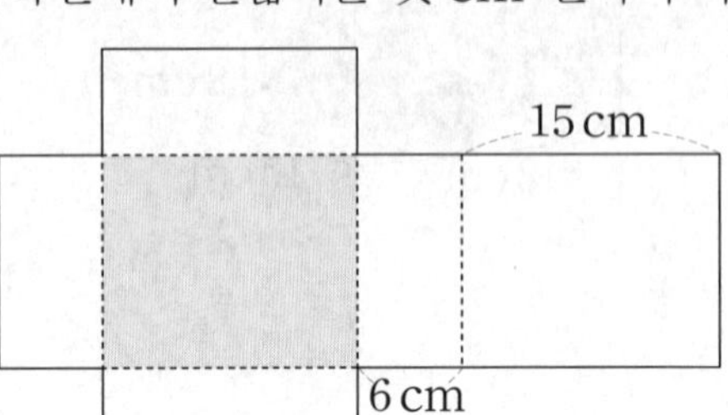

풀이

답

Tip
색칠한 직사각형의 가로와 세로를 알아봅니다.

대표 유형 02

02 다음 입체도형에서 만나는 모서리는 서로 수직입니다. 이 입체도형의 부피는 몇 cm^3일까요?

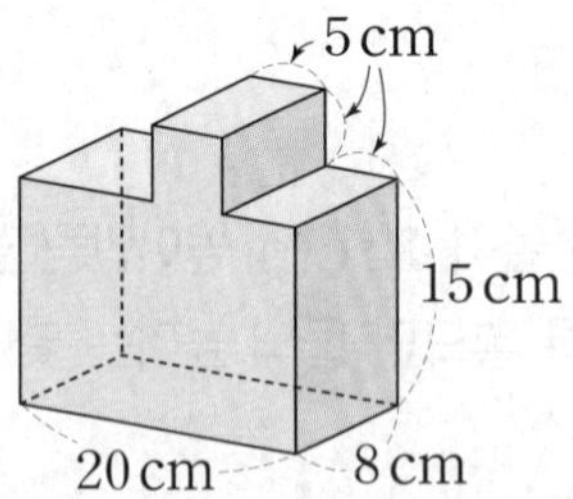

풀이

답

>> 정답 및 풀이 55~56쪽

대표 유형 03

03 다음과 같은 직육면체의 가로를 $\frac{1}{4}$로 줄였습니다. 이 직육면체의 세로를 몇 cm로 늘여야 처음 직육면체의 부피와 같아질까요?

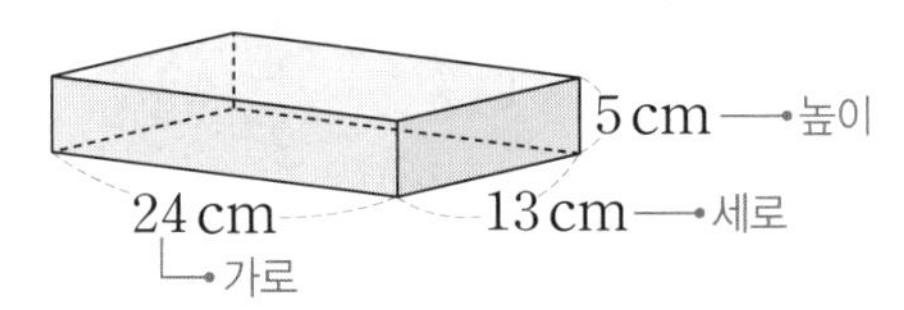

Tip
가로가 $\frac{1}{■}$이 되면 세로는 ■배가 되어야 부피가 같아집니다.

풀이

답 ______________

대표 유형 04

04 가로가 7 cm, 세로가 8 cm인 직육면체의 겉넓이는 262 cm^2입니다. 이 직육면체의 부피는 몇 cm^3인지 구하세요.

Tip
직육면체의 겉넓이를 알고 있으므로 직육면체의 높이를 구할 수 있습니다.

풀이

답 ______________

대표 유형 05

05 왼쪽 정육면체 모양의 상자를 ㉮, ㉯, ㉰와 같이 쌓았을 때 겉넓이가 작은 것부터 차례대로 기호를 써 보세요.

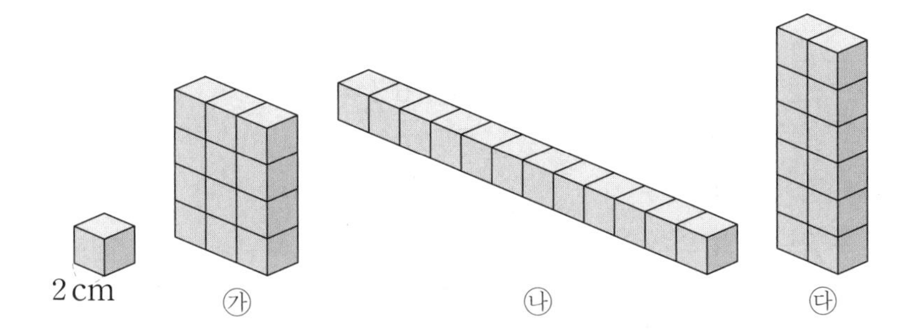

풀이

답 ______________

실전 적용

대표 유형 06

06 빗금 친 면의 넓이가 $180\ cm^2$인 직육면체를 잘라서 만들 수 있는 가장 큰 정육면체의 겉넓이는 몇 cm^2인지 구하세요.

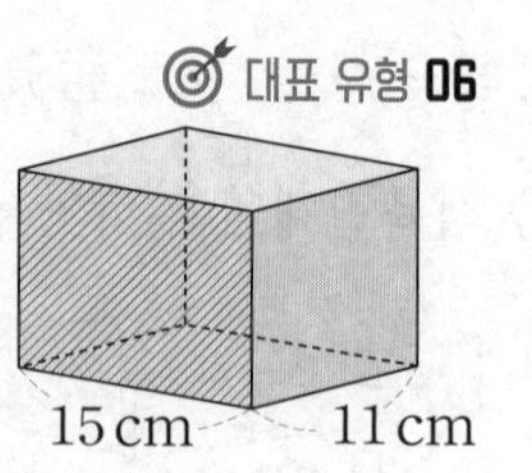

Tip 직육면체를 잘라서 정육면체를 만들 때 모서리의 길이가 가장 짧은 모서리로 정육면체를 만들 수 있습니다.

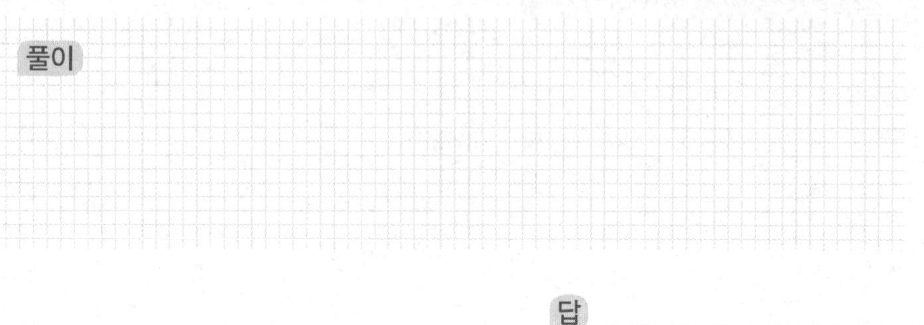

답 ______________

대표 유형 07

07 오른쪽 직육면체 안에 있는 색칠한 입체도형의 부피는 몇 cm^3일까요?

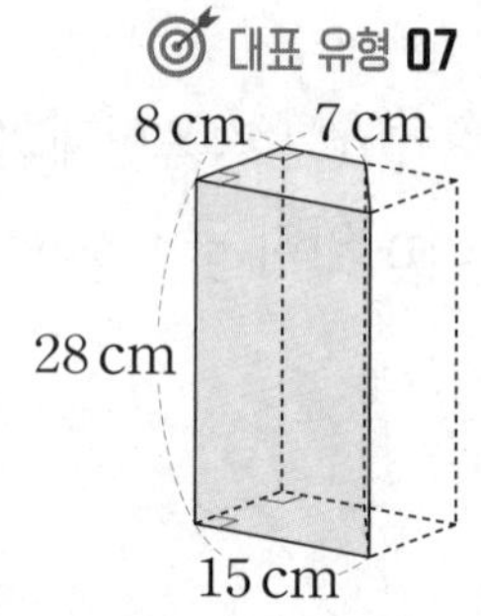

Tip (사다리꼴의 넓이) $=$((윗변$+$아랫변)$\times$(높이)) $\div 2$

답 ______________

대표 유형 08

08 오른쪽 입체도형에서 만나는 모서리는 서로 수직입니다. 빗금 친 부분의 넓이가 $266\ cm^2$이고 둘레가 $66\ cm$일 때 오른쪽 입체도형의 겉넓이는 몇 cm^2인지 구하세요.

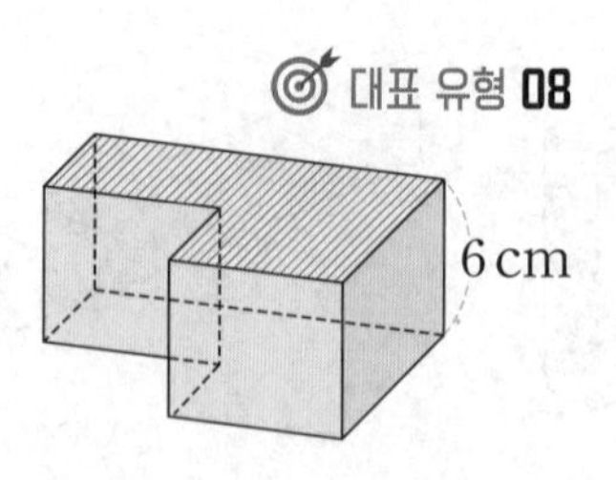

풀이

답 ______________

대표 유형 08

09 오른쪽 입체도형은 직육면체 안쪽에 직육면체 모양을 뚫은 것입니다. 이 입체도형의 겉넓이는 몇 cm^2인지 구하세요.

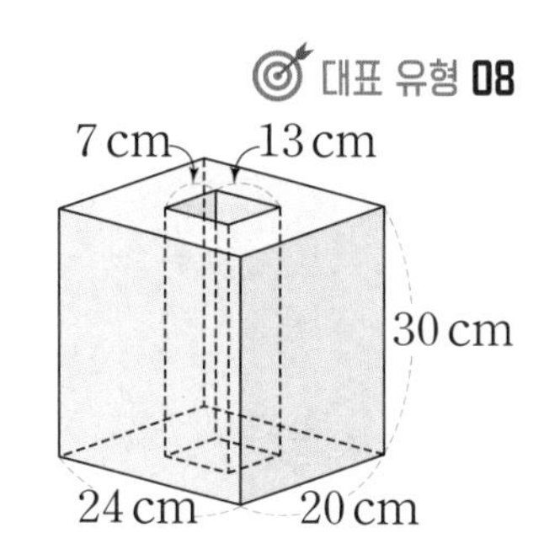

Tip
한 밑면의 넓이는 가운데가 직사각형 모양으로 뚫린 모양입니다.

풀이

답 ____________

대표 유형 09

10 오른쪽과 같은 직육면체 모양의 상자에 한 모서리의 길이가 4 cm인 정육면체 모양의 쌓기나무를 빈틈없이 가득 쌓으려고 합니다. 쌓기나무는 모두 몇 개 쌓을 수 있을까요? (단, 상자의 두께는 생각하지 않습니다.)

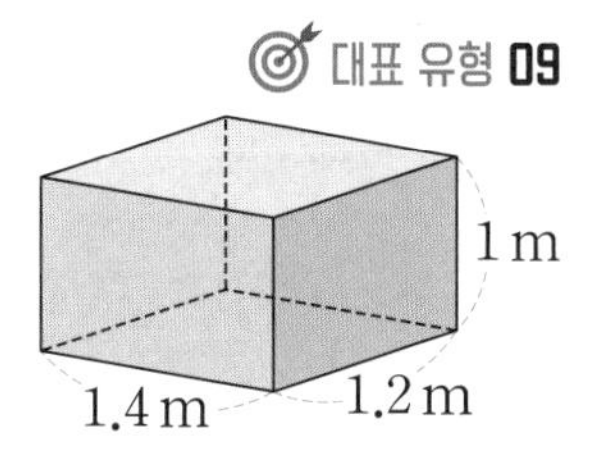

Tip
길이 단위를 통일합니다.

풀이

답 ____________

대표 유형 10

11 오른쪽과 같이 물이 담긴 직육면체 모양의 통에 돌이 들어 있습니다. 통에 있는 돌을 꺼냈더니 물의 높이가 9 cm가 되었습니다. 돌의 부피는 몇 cm^3일까요? (단, 통의 두께는 생각하지 않습니다.)

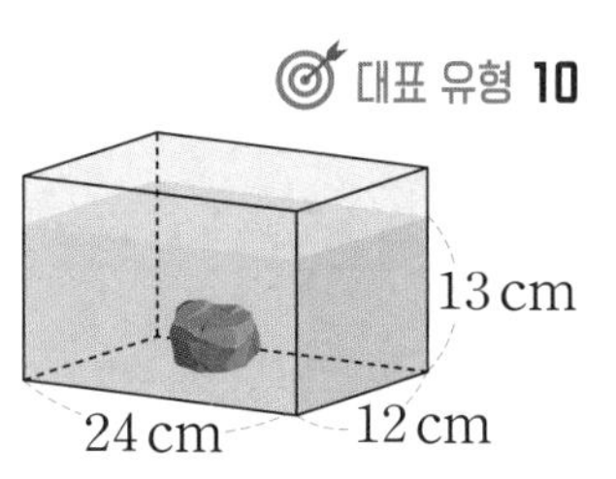

풀이

답 ____________

MEMO

피곤한 눈을 맑고 개운하게!
눈 스트레칭

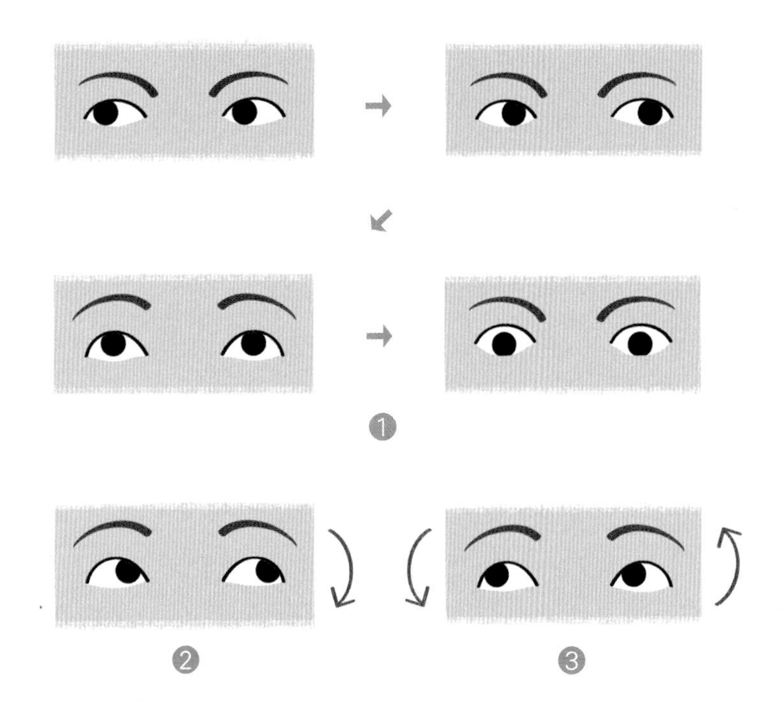

눈이 피곤하면 집중력도 떨어지고, 심한 경우 두통이 생기기도 합니다.
꾸준한 눈 스트레칭으로 눈의 피로를 꼭 풀어 주세요. 눈 스트레칭을 할 때 목은 고정하고 눈동자만 움직여야 효과가 좋아진다는 것! 잊지 마세요.

❶ 눈동자를 다음과 같은 순서로 움직여 보세요. 한 방향당 10초간 머물러야 합니다.
왼쪽 ➜ 오른쪽 ➜ 위쪽 ➜ 아래쪽

❷ 눈동자를 시계 방향으로 한 바퀴 돌려 주세요.

❸ 눈동자를 시계 반대 방향으로 한 바퀴 돌려 주세요.

※ 스트레칭 후에도 눈에 피곤함이 남아 있다면, 2~3회 반복해 주세요.

천재교육

초등 6-1

BOOK 2

상위권 진입 비결
최고수준
S

6-1

1. 분수의 나눗셈

본문 '유형 변형'의 반복학습입니다.

대표 유형 01

1 계산 결과가 자연수일 때 □ 안에 들어갈 수 있는 모두 몇 개일까요?

$$1\frac{\square}{9}\div 2\times 27$$

(　　　　　　　　)

대표 유형 02

2 어떤 수를 8로 나누어야 할 것을 잘못하여 곱했더니 $4\frac{4}{7}$가 되었습니다. 바르게 계산한 값을 기약분수로 나타내 보세요.

(　　　　　　　　)

대표 유형 03

3 □ 안에 들어갈 수 있는 자연수는 모두 몇 개일까요?

$$\frac{\square}{9}<5\frac{1}{3}\div 12$$

(　　　　　　　　)

대표 유형 04

4 오른쪽 그림은 정사각형 ㄱㄴㄷㄹ을 합동인 정사각형 9개로 나눈 것입니다. 정사각형 ㄱㄴㄷㄹ의 넓이가 $5\frac{23}{26}$ cm²일 때 색칠한 부분의 넓이는 몇 cm²인지 기약분수로 나타내 보세요.

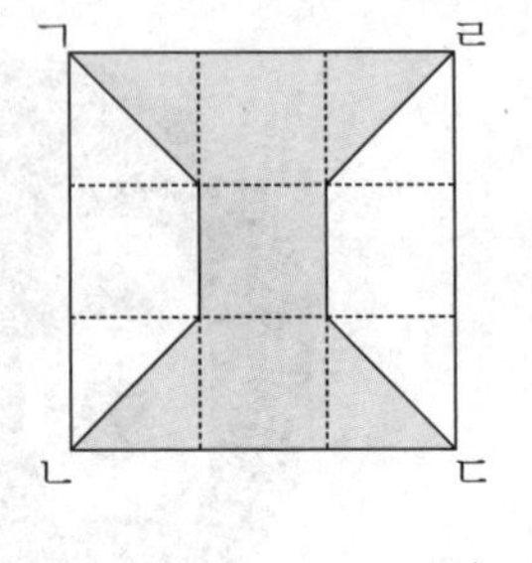

(　　　　　　　　)

대표 유형 05

5 다음과 같이 똑같은 색 테이프 9장을 $\frac{5}{12}$ m씩 겹치도록 이어 붙였을 때 전체 길이가 $10\frac{8}{21}$ m였습니다. 색 테이프 한 장의 길이는 몇 m인지 기약분수로 나타내 보세요.

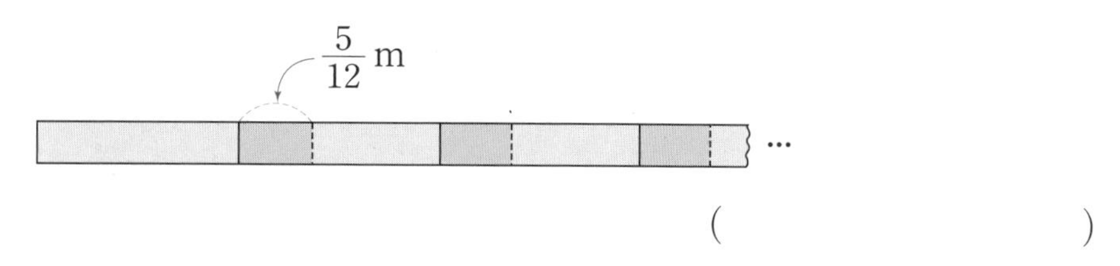

(　　　　　　　　　)

대표 유형 06

6 5일 동안 17분씩 빨리 가는 시계를 월요일 오후 6시에 정확히 맞추어 놓았습니다. 이 시계는 그 주의 목요일 오전 6시에 오전 몇 시 몇 분 몇 초를 가리킬까요?

(　　　　　　　　　)

대표 유형 07

7 소미와 영재는 같은 장소에서 출발하여 서로 같은 방향으로 걷고 있습니다. 소미는 10분 동안 $\frac{2}{3}$ km를 가는 빠르기로 걸어가고, 영재는 12분 동안 $\frac{3}{4}$ km를 가는 빠르기로 걸어간다면 출발한 지 24분 후에 두 사람 사이의 거리는 몇 km인지 기약분수로 나타내 보세요.

(　　　　　　　　　)

대표 유형 08

8 같은 일을 희도와 언니가 함께 하면 전체의 $\frac{9}{14}$를 하는 데 3일이 걸리고, 언니가 혼자 하면 전체의 $\frac{5}{6}$를 하는 데 5일이 걸립니다. 희도가 혼자 이 일을 끝내려면 며칠이 걸릴까요?

(단, 한 사람이 하루에 하는 일의 양은 일정합니다.)

(　　　　　　　　　)

실전 적용하기

1. 분수의 나눗셈

본문 '실전 적용'의 반복학습입니다.

1 ㉠에 알맞은 기약분수를 구하세요.

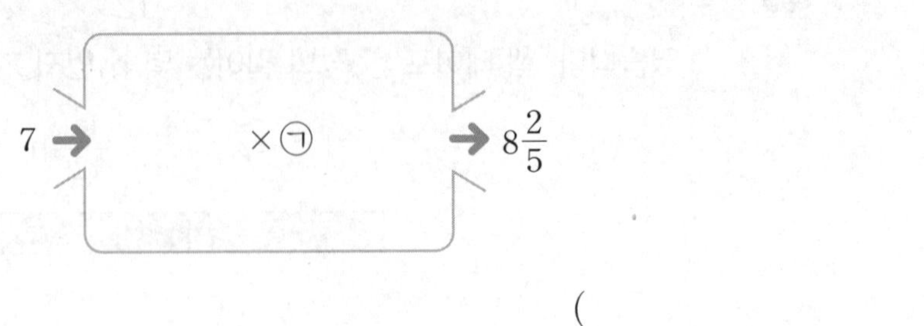

(　　　　　　　　)

2 □ 안에 들어갈 수 있는 자연수를 모두 구하세요.

$$2\frac{2}{3} \div 4 < \square < 7\frac{1}{2} \div 3$$

(　　　　　　　　)

3 계산 결과의 분모가 9일 때 □ 안에 들어갈 수 있는 자연수는 모두 몇 개일까요?

$$5\frac{1}{9} \div \square$$

(　　　　　　　　)

>> 정답 및 풀이 58쪽

4 계산 결과가 자연수일 때 □ 안에 들어갈 수 있는 수를 모두 구하세요.

$$4\frac{\square}{13} \div 6 \times 65$$

(   )

5 □ 안에 들어갈 수 있는 자연수 중 가장 작은 수를 구하세요.

$$11 \times \frac{\square}{10} > 7\frac{7}{10}$$

(   )

6 오른쪽 그림은 정사각형 ㄱㄴㄷㄹ을 합동인 정사각형 16개로 나눈 것입니다. 정사각형 ㄱㄴㄷㄹ의 넓이가 $5\frac{1}{12}$ cm^2일 때 색칠한 부분의 넓이는 몇 cm^2인지 기약분수로 나타내 보세요.

(   )

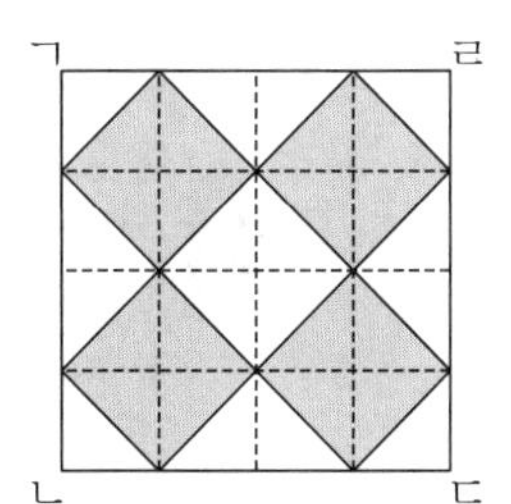

실전 적용하기

7 다음과 같이 똑같은 색 테이프 19장을 $\frac{4}{15}$ m씩 겹치도록 이어 붙였을 때 전체 길이가 $25\frac{3}{5}$ m였습니다. 색 테이프 한 장의 길이는 몇 m인지 기약분수로 나타내 보세요.

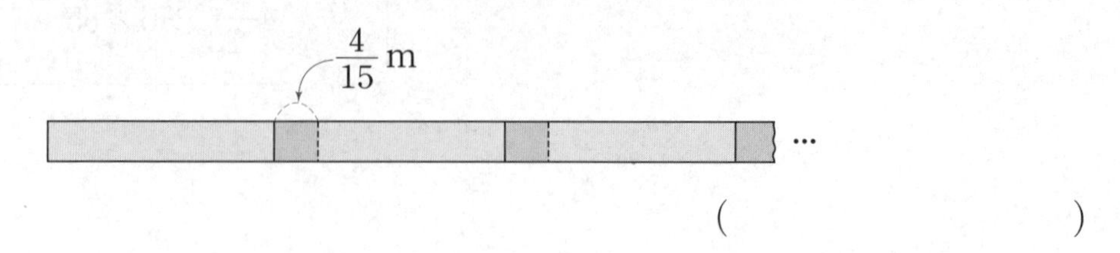

( )

8 오른쪽 그림은 겹친 부분이 정사각형이 되도록 정사각형 3개를 겹쳐서 만든 모양입니다. 겹친 부분은 전체를 똑같이 10으로 나눈 것 중의 2이고, 만든 모양의 전체 넓이가 $14\frac{2}{7}$ cm^2일 때 색칠한 부분의 넓이는 몇 cm^2인지 기약분수로 나타내 보세요.

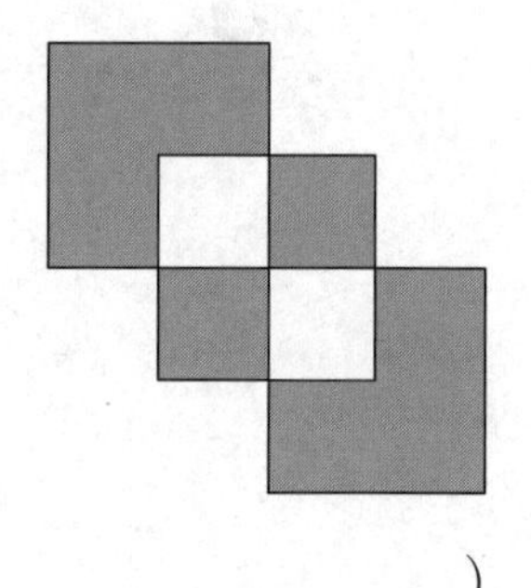

( )

9 어떤 수를 3으로 나누어야 할 것을 잘못하여 곱했더니 $6\frac{3}{7}$이 되었습니다. 바르게 계산한 값을 기약분수로 나타내 보세요.

( )

10 준희와 유아는 같은 장소에서 출발하여 서로 반대 방향으로 자전거를 타고 있습니다. 준희는 6분 동안 $\frac{4}{5}$ km를 가는 빠르기로 가고, 유아는 8분 동안 $\frac{14}{15}$ km를 가는 빠르기로 간다면 출발한 지 18분 후에 두 사람 사이의 거리는 몇 km인지 기약분수로 나타내 보세요.

( )

11 일주일 동안 $9\frac{4}{5}$분씩 늦게 가는 시계를 7월 12일 오후 1시 30분에 정확히 맞추어 놓았습니다. 7월 20일 오후 1시 30분에 이 시계는 오후 몇 시 몇 분 몇 초를 가리킬까요?

( )

12 같은 일을 유진이가 혼자 하면 전체의 $\frac{7}{12}$을 하는 데 21일이 걸리고, 인호가 혼자 하면 전체의 $\frac{8}{9}$을 하는 데 16일이 걸립니다. 이 일을 두 사람이 함께 끝내려면 며칠이 걸릴까요?

(단, 한 사람이 하루에 하는 일의 양은 일정합니다.)

( )

2. 각기둥과 각뿔

본문 '유형 변형'의 반복학습입니다.

대표 유형 01

1 각기둥과 각뿔이 있습니다. 두 도형의 면의 수의 차가 4이고 꼭짓점의 수의 합이 22일 때 두 도형의 모서리의 수의 합은 몇 개일까요?

( )

대표 유형 02

2 모서리의 길이가 모두 같은 오각기둥의 전개도의 둘레는 몇 cm일까요?

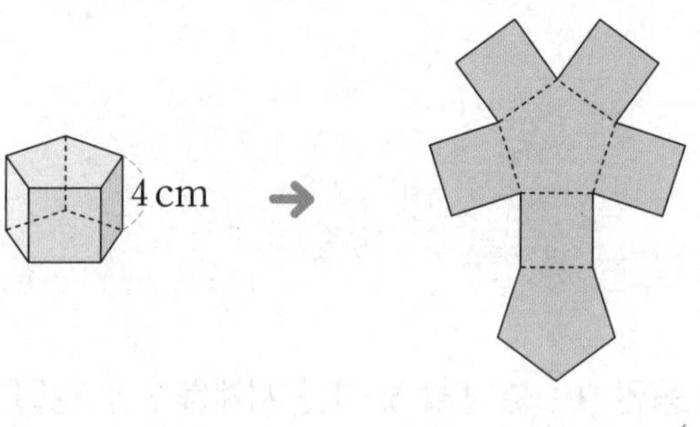

( )

대표 유형 03

3 오른쪽 사각기둥의 전개도에서 직사각형 ㄱㄴㄷㄹ의 둘레는 26 cm입니다. 이 사각기둥의 옆면의 넓이의 합은 몇 cm^2일까요?

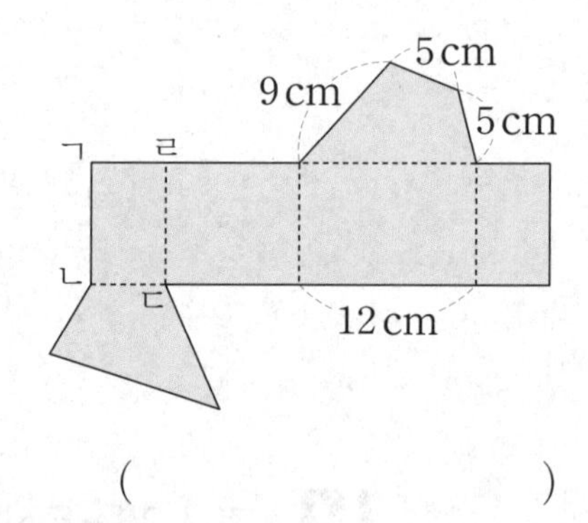

( )

대표 유형 04

4 오른쪽은 모든 선분의 길이가 같고 둘레가 168 cm인 사각기둥의 전개도입니다. 전개도를 접었을 때 만들어지는 각기둥의 모든 모서리의 길이의 합은 몇 cm일까요?

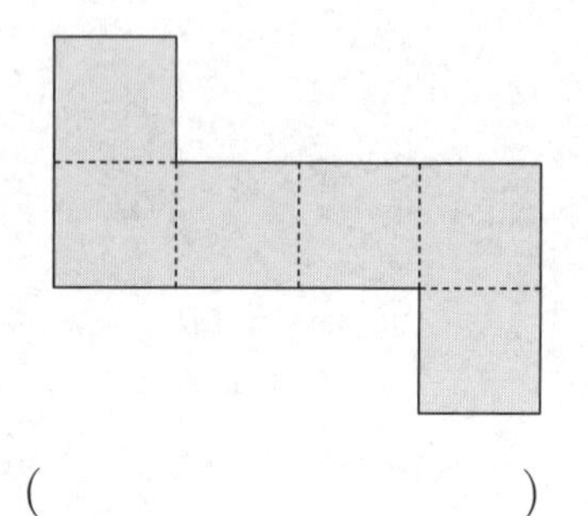

( )

대표 유형 05

5 밑면이 정육각형인 육각기둥의 전개도에서 빗금 친 부분의 둘레가 100 cm일 때 이 육각기둥의 옆면의 넓이의 합은 몇 cm^2일까요?

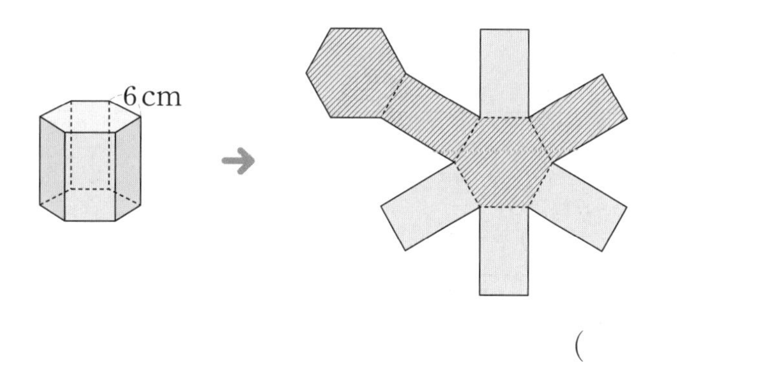

( )

대표 유형 06

6 오른쪽 각뿔은 밑면이 직사각형이고 옆면이 이등변삼각형입니다. 이 각뿔의 모든 모서리의 길이의 합이 40 cm일 때 옆면의 모서리의 길이는 몇 cm일까요?

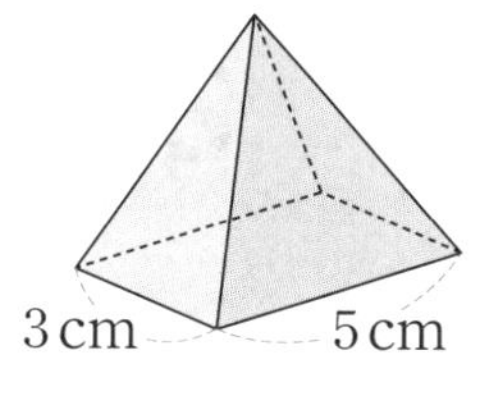

( )

대표 유형 07

7 오른쪽과 같이 육각기둥 모양의 블록 옆면을 초록색 실로 겹치지 않게 4번 둘러싸려고 합니다. 필요한 실의 길이가 216 cm일 때 이 블록의 모든 모서리의 길이의 합은 몇 cm일까요?

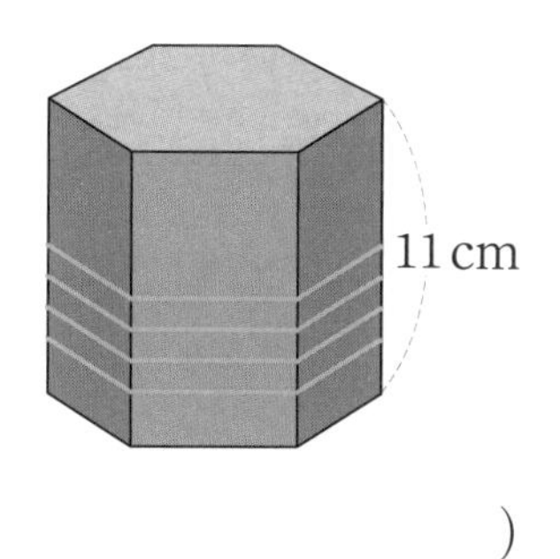

( )

대표 유형 08

8 왼쪽 삼각기둥에 그은 선을 오른쪽 삼각기둥의 전개도에 나타내 보세요.

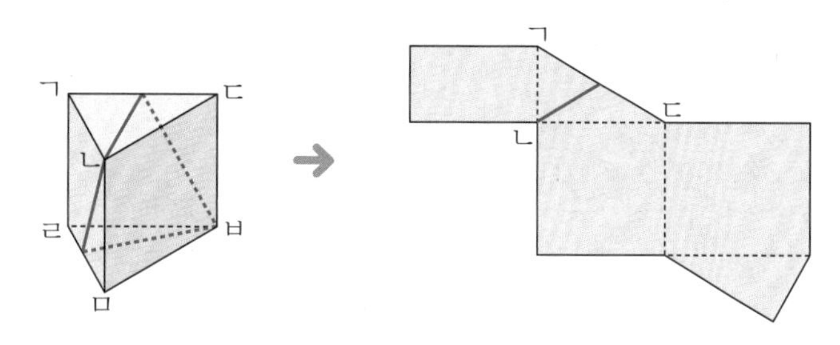

2. 각기둥과 각뿔

본문 '실전 적용'의 반복학습입니다.

1 밑면이 정팔각형인 각기둥의 전개도의 둘레는 몇 cm일까요?

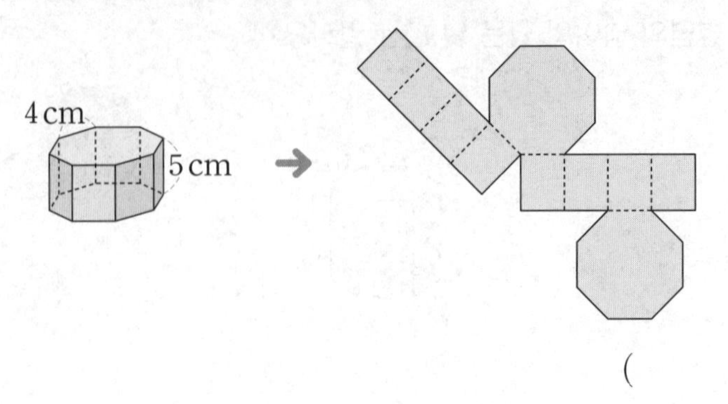

( )

2 사각기둥의 전개도에서 빗금 친 부분의 둘레는 몇 cm일까요?

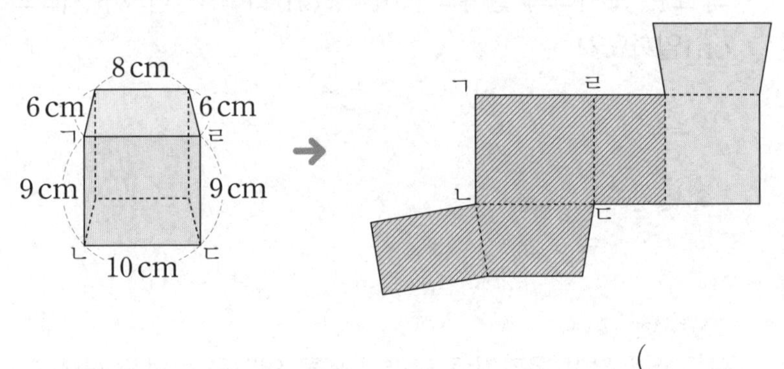

( )

3 밑면이 정사각형이고 옆면의 모양이 오른쪽과 같은 이등변삼각형으로 이루어진 각뿔이 있습니다. 이 각뿔의 모든 모서리의 길이의 합은 몇 cm일까요?

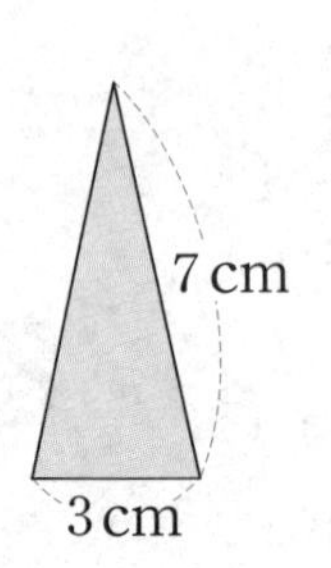

( )

4 밑면의 모양이 오른쪽과 같은 삼각기둥의 전개도에서 옆면을 모아 직사각형 모양 한 개로 그렸을 때 옆면의 넓이의 합이 240 cm^2였습니다. 이 삼각기둥의 높이는 몇 cm일까요?

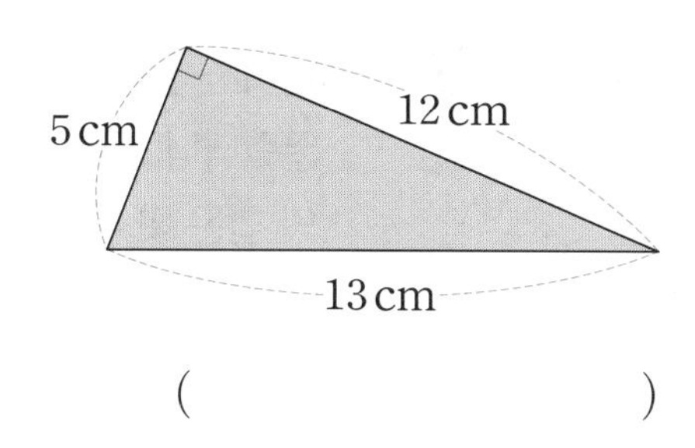

( )

5 밑면의 가로가 8 cm, 세로가 6 cm인 직사각형 모양의 사각기둥이 있습니다. 이 사각기둥의 모든 모서리의 길이의 합이 92 cm일 때 이 사각기둥의 높이는 몇 cm일까요?

( )

6 다음 각뿔의 이름을 써 보세요.

(면의 수)+(모서리의 수)+(꼭짓점의 수)=30

( )

7 높이가 15 cm인 육각기둥의 옆면에 모두 물감을 칠한 후 종이 위에 놓고 한 방향으로 한 바퀴 굴렸더니 종이에 색칠된 부분의 넓이가 630 cm^2였습니다. 이 육각기둥의 모든 모서리의 길이의 합은 몇 cm일까요?

(　　　　　　　　)

8 오른쪽 전개도의 둘레는 82 cm입니다. 이 전개도를 접었을 때 만들어지는 사각기둥의 모든 모서리의 길이의 합은 몇 cm일까요?

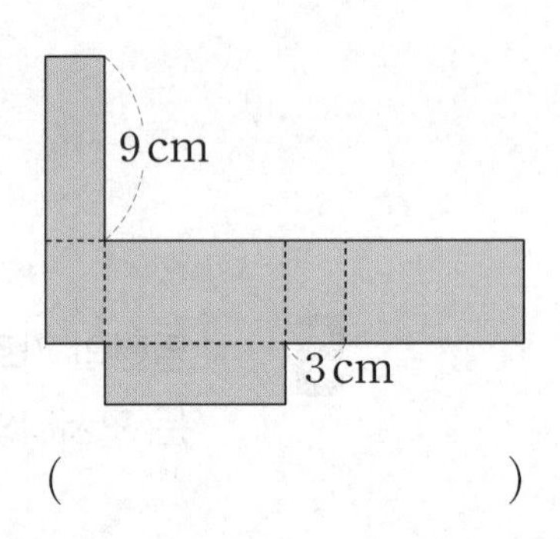

(　　　　　　　　)

9 사각기둥의 전개도에서 면 ㉮의 넓이가 45 cm^2, 면 ㉯의 넓이가 25 cm^2일 때 선분 ㅁㅇ의 길이는 몇 cm일까요?

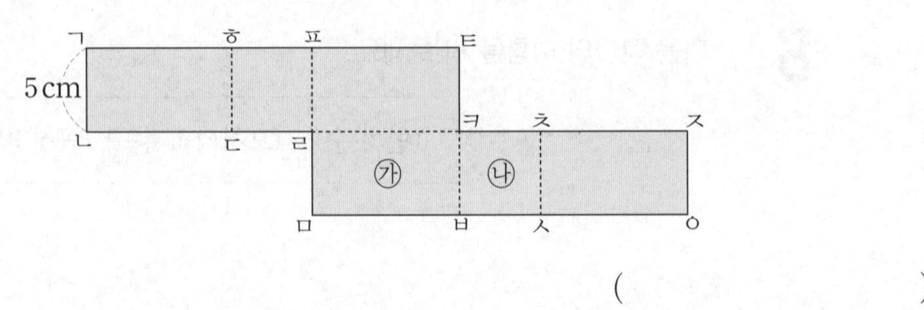

(　　　　　　　　)

10 꼭짓점이 10개이고 모든 모서리의 길이가 같은 각뿔이 있습니다. 이 각뿔의 한 모서리의 길이가 4 cm라면 모든 모서리의 길이의 합은 몇 cm일까요?

( )

11 사각기둥 모양의 상자를 오른쪽과 같이 끈으로 둘러싸려고 합니다. 필요한 끈의 길이는 몇 cm일까요? (단, 매듭의 길이는 생각하지 않습니다.)

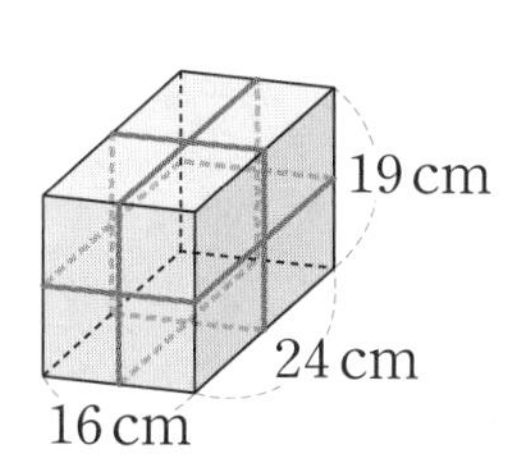

( )

12 오른쪽 사각기둥의 꼭짓점 ㅁ에 실을 고정하고 모서리 ㅁㅂ과 45°를 이루도록 옆면을 따라 실을 팽팽하게 당겨 감았더니 꼭짓점 ㄱ과 만났습니다. 이 사각기둥의 높이는 몇 cm일까요?

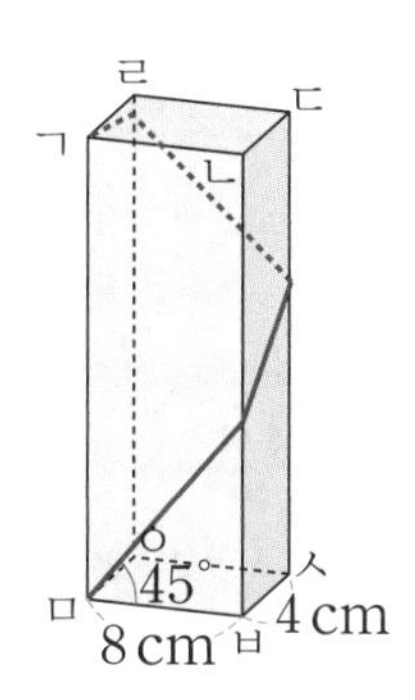

( )

3. 소수의 나눗셈

본문 '유형 변형'의 반복학습입니다.

대표 유형 01

1 □ 안에 들어갈 수 있는 자연수 중에서 가장 작은 수와 가장 큰 수의 합을 구하세요.

$$49 \div 14 < \square \div 7 < 42 \div 8$$

(　　　　　　　　)

대표 유형 02

2 5장의 수 카드 중에서 3장을 골라 한 번씩만 사용하여 다음과 같은 나눗셈을 만들려고 합니다. 몫이 가장 클 때와 가장 작을 때의 몫의 차를 구하세요.

6　2　8　5　4

$\square.\square \div \square$

(　　　　　　　　)

대표 유형 03

3 일정한 빠르기로 한 시간 동안 64 km를 가는 버스가 있습니다. 이 버스가 같은 빠르기로 24분 동안 간 거리를 자전거로 가면 2시간이 걸립니다. 자전거의 빠르기가 일정하다면 한 시간 동안 몇 km를 간 것일까요?

(　　　　　　　　)

대표 유형 04

4 다음 수직선은 13.4와 29 사이를 똑같이 5칸으로 나눈 다음 ㉠과 ㉡ 사이를 다시 똑같이 6칸으로 나눈 것입니다. □ 안에 알맞은 수를 구하세요.

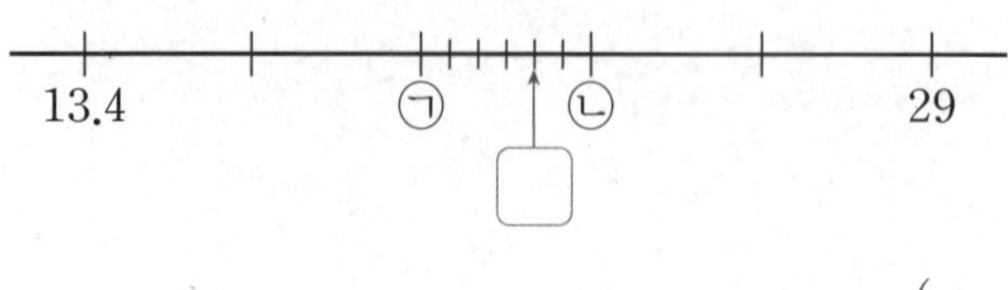

(　　　　　　　　)

대표 유형 05

5 한 변의 길이가 94.2 m인 정삼각형 모양의 땅의 둘레에 일정한 간격으로 말뚝 36개를 박으려고 합니다. 땅의 세 꼭짓점에 반드시 말뚝을 한 개씩 박는다면 말뚝 사이의 간격은 몇 m로 해야 할까요? (단, 말뚝의 두께는 생각하지 않습니다.)

( )

대표 유형 06

6 어떤 수를 7로 나눈 후 12를 곱해야 할 것을 잘못하여 7을 더한 후 12를 곱했더니 108.36이 되었습니다. 바르게 계산한 값을 구하세요.

( )

대표 유형 07

7 오른쪽 그림에서 사다리꼴 ㄱㄴㄷㄹ의 넓이는 평행사변형 ㄹㄷㅂㅁ의 넓이의 3배입니다. 사다리꼴 ㄱㄴㄷㄹ의 넓이가 157.5 cm^2일 때 선분 ㄷㅂ의 길이는 몇 cm일까요?

6.4 cm
ㄱ ㄹ ㅁ
ㄴ ㄷ ㅂ
14.6 cm

( )

대표 유형 08

8 사과 9개가 들어 있는 상자의 무게를 재어 보니 3.46 kg이고, 이 상자에 사과 7개를 더 넣은 후 무게를 재어 보니 5.07 kg이었습니다. 비어 있는 같은 상자에 무게가 같은 포도 6송이를 넣어 무게를 재어 보니 5.29 kg일 때 포도 한 송이의 무게는 몇 kg일까요? (단, 사과의 무게는 모두 같습니다.)

( )

3. 소수의 나눗셈

본문 '실전 적용'의 반복학습입니다.

1 지윤이는 유람선을 타고 1시간 15분 동안 21 km를 갔습니다. 유람선의 빠르기가 일정하다면 지윤이가 유람선을 타고 1분 동안 간 거리는 몇 km일까요?

(　　　　　　　　)

2 5장의 수 카드 3, 8, 6, 9, 1 을 한 번씩 모두 사용하여 다음과 같은 나눗셈을 만들려고 합니다. 몫이 가장 작을 때의 몫을 구하세요.

$\square\square.\square\square \div \square$

(　　　　　　　　)

3 □ 안에 들어갈 수 있는 자연수는 모두 몇 개일까요?

$27.76 \div 8 < \square \div 3 < 96.8 \div 16$

(　　　　　　　　)

4 수직선에서 8.9와 38.3 사이를 똑같이 7칸으로 나누었을 때 □ 안에 알맞은 수를 구하세요.

8.9 38.3

□

( )

5 책 8권이 들어 있는 가방의 무게를 재어 보니 7.28 kg이고, 똑같은 빈 가방에 책 7권을 넣고 무게를 재어 보니 6.52 kg이었습니다. 빈 가방의 무게는 몇 kg일까요? (단, 책의 무게는 모두 같습니다.)

( )

6 어떤 수를 15로 나누어야 할 것을 잘못하여 16으로 나누었더니 몫이 6.6이 되었습니다. 바르게 계산한 몫과 잘못 계산한 몫의 차를 구하세요.

( )

7 길이가 3.64 km인 도로의 양쪽에 일정한 간격으로 가로수 58그루를 심으려고 합니다. 도로의 시작과 끝에도 가로수를 심는다면 가로수 사이의 간격은 몇 km로 해야 할까요? (단, 가로수의 두께는 생각하지 않습니다.)

( )

8 다음 수직선은 7.7과 60.9 사이를 똑같이 14칸으로 나눈 다음 ㉠과 ㉡ 사이를 다시 똑같이 4칸으로 나눈 것입니다. □ 안에 알맞은 수를 구하세요.

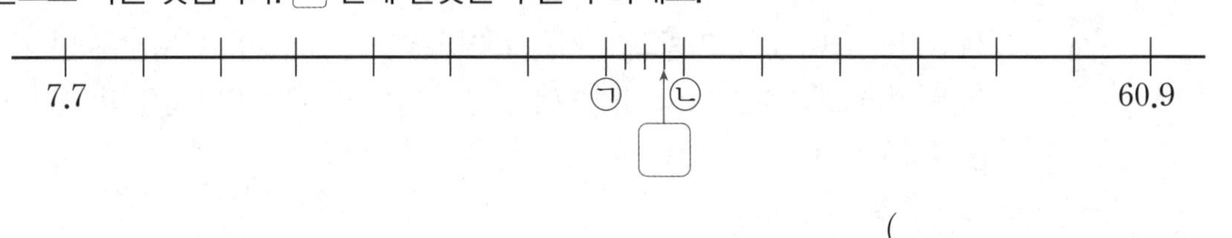

( )

9 오른쪽 그림에서 평행사변형 ㄱㄴㄷㄹ의 넓이는 삼각형 ㅁㄷㄹ의 넓이의 7배입니다. 선분 ㅁㄹ의 길이는 몇 cm일까요?

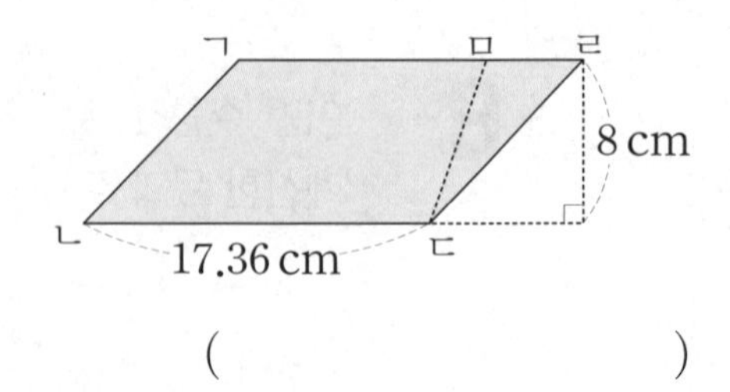

( )

10 가로가 26.2 m, 세로가 15.72 m인 직사각형 모양의 연못의 둘레에 일정한 간격으로 조명 16개를 설치하려고 합니다. 연못의 네 꼭짓점에 반드시 조명을 한 개씩 설치한다면 조명 사이의 간격은 몇 m로 해야 할까요? (단, 조명의 두께는 생각하지 않습니다.)

( )

11 농구공 11개가 들어 있는 자루의 무게를 재어 보니 5.25 kg이고, 이 자루에서 농구공 5개를 뺀 후 무게를 재어 보니 3.25 kg이었습니다. 비어 있는 같은 자루에 무게가 같은 배구공 13개를 넣어 무게를 재어 보니 4.36 kg일 때 배구공 한 개의 무게는 몇 kg일까요? (단, 농구공의 무게는 모두 같습니다.)

( )

12 인호네 집에서 할아버지 댁까지 가는 데 한 시간에 250 km를 가는 기차로 1시간 18분 동안 갔더니 할아버지 댁까지 남은 거리가 9.4 km였습니다. 인호네 집에서 할아버지 댁까지 자동차로 일정한 빠르기로 가는 데 4시간이 걸렸다면 한 시간 동안 몇 km를 간 것일까요? (단, 기차는 일정한 빠르기로 쉬지 않고 갑니다.)

( )

4. 비와 비율

본문 '유형 변형'의 반복학습입니다.

대표 유형 01

1 윤정이의 책장에는 4종류의 책이 있고 동화책은 시집보다 6권 적습니다. 과학책 8권, 시집 18권, 소설 22권이 있을 때, 책장에서 책을 한 권 꺼냈다면 꺼낸 책이 동화책일 비율은 몇 %인지 구하세요.

( )

대표 유형 02

2 그림과 같이 세로에 대한 둘레의 비율이 $4\frac{1}{4}$인 직사각형 모양의 도화지가 있습니다. 이 도화지의 넓이는 몇 cm^2인지 구하세요.

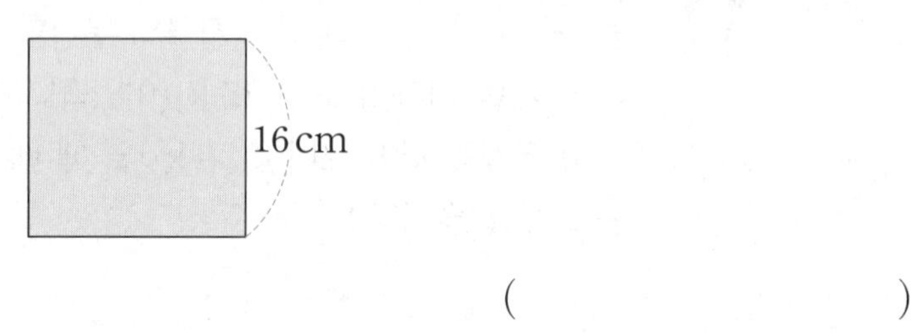

( )

대표 유형 03

3 모든 모서리의 길이가 같은 삼각뿔 가의 모든 모서리의 길이의 합은 78 cm이고, 모든 모서리의 길이가 같은 사각기둥 나의 모든 모서리의 길이의 합은 168 cm입니다. 나의 한 모서리의 길이에 대한 가의 한 모서리의 길이의 비를 써 보세요.

가

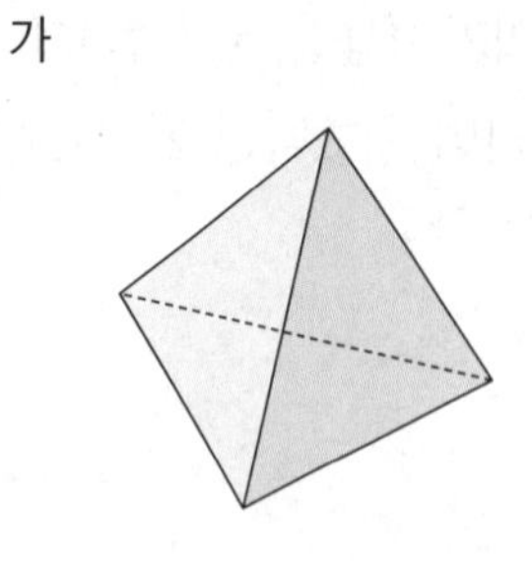

나

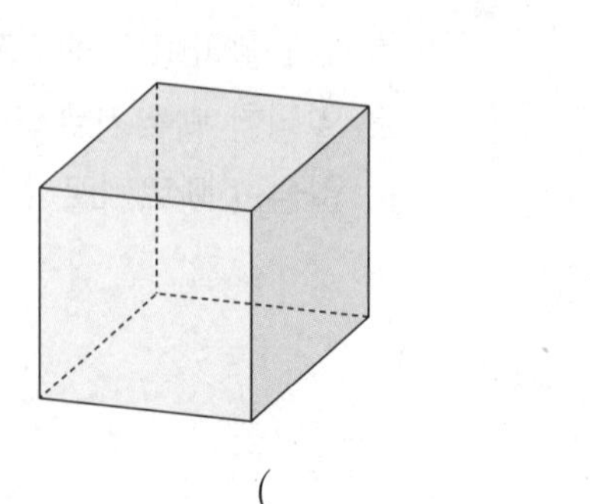

( )

대표 유형 04

4 상희네 동네 전체 주민은 800명입니다. 전체 주민 수에 대한 중학생 수의 비율은 $\frac{9}{40}$이고 전체 주민 수에 대한 초등학생 수의 비율은 0.05입니다. 상희네 동네 중학생과 초등학생 중에서 $\frac{3}{5}$이 여학생일 때 남자 중학생과 남자 초등학생은 모두 몇 명인지 구하세요.

( )

대표 유형 05

5 직사각형 ㄱㄴㄷㄹ의 넓이는 650 cm^2입니다. 이 직사각형을 선분 ㄷㅁ으로 나누면 ㉯의 넓이에 대한 ㉮의 넓이의 비가 21 : 5가 됩니다. 선분 ㄴㅁ의 길이는 몇 cm인지 구하세요.

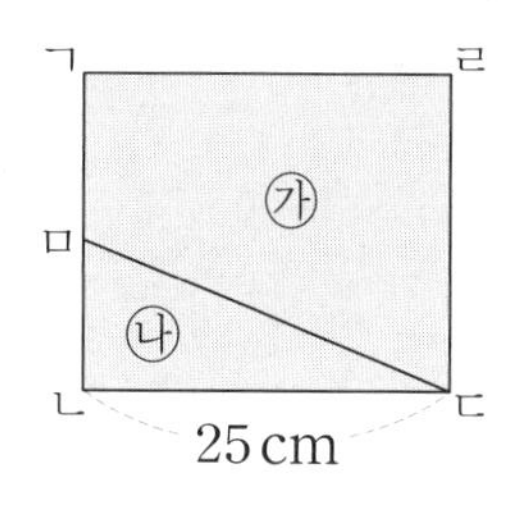

( )

대표 유형 06

6 상수가 가지고 있는 빨간 색종이 수와 파란 색종이 수의 합은 63장입니다. 빨간 색종이 수에 대한 파란 색종이 수의 비율이 40 %일 때 상수가 가진 파란 색종이는 몇 장인지 구하세요.

( )

유형 변형하기

대표 유형 07

7 어느 정사각형의 각 변의 길이를 각각 20 %씩 늘여서 새로운 정사각형을 만들었습니다. 처음 정사각형의 넓이에 대한 새로 만든 정사각형 넓이의 비율을 소수로 나타내 보세요.

( )

대표 유형 08

8 정가가 24000원인 책가방이 있습니다. 이 책가방을 A 가게에서는 30 % 할인해 판매하고, B 가게에서는 7000원을 할인해 판매합니다. 두 가게 중 책가방을 더 싸게 구매할 수 있는 곳은 어느 가게인지 써 보세요.

( )

대표 유형 09

9 진하기가 10 %인 설탕물 300 g과 진하기가 25 %인 설탕물 600 g을 섞었습니다. 새로 만든 설탕물의 진하기는 몇 %인지 구하세요.

( )

4. 비와 비율

>> 정답 및 풀이 63쪽

본문 '실전 적용'의 반복학습입니다.

1 순영이는 빨간 구슬 9개, 노란 구슬 10개, 파란 구슬 6개를 가지고 있습니다. 순영이가 구슬 한 개를 꺼냈을 때 꺼낸 구슬이 파란색일 비율을 기약분수로 나타내 보세요.

( )

2 밑변의 길이와 높이의 비가 18 : 4인 삼각형이 있습니다. 이 삼각형의 높이가 6 cm일 때 삼각형의 넓이는 몇 cm^2인지 구하세요.

( )

3 전국 체육 대회에 참가한 학교별 학생 수는 다음과 같습니다. 전체 500명의 학생 중 대표를 한 명 뽑았을 때 뽑힌 대표가 나 학교 학생일 비율은 몇 %인지 구하세요.

학교	가	나	다	라
학생 수(명)	140		110	135

( )

4 정육각형과 정팔각형이 있습니다. 정육각형의 둘레는 114 cm이고, 정팔각형의 둘레는 160 cm입니다. 정팔각형의 한 변의 길이에 대한 정육각형의 한 변의 길이의 비율을 소수로 나타내 보세요.

(　　　　　　　　)

5 가로가 56 cm, 세로가 20 cm인 직사각형의 가로를 25 %만큼 줄이고 세로를 30 %만큼 늘여서 새로운 직사각형을 만들었습니다. 새로 만든 직사각형에서 가로에 대한 세로의 비율을 기약분수로 나타내 보세요.

(　　　　　　　　)

6 조건을 모두 만족하는 비를 구하세요.

- (비율)$=0.8$
- (기준량)$+$(비교하는 양)$=90$

(　　　　　　　　)

7 마트에서 오늘 하루만 3개에 6000원 하는 음료수를 사면 한 병을 더 주는 행사를 한다고 합니다. 오늘 음료수 한 병의 할인율은 몇 %인지 구하세요.

( )

8 어느 열차는 전체 좌석이 600석이고 그중 특실 좌석이 전체 좌석의 0.25입니다. 특실 좌석의 $\frac{5}{6}$와 일반 좌석의 60 %가 찼을 때 남은 좌석은 몇 석인지 구하세요.

( )

9 선물 가게에서 은비는 인형, 장난감, 로봇 중 할인율이 가장 높은 물건을 샀습니다. 은비가 산 물건은 어느 것인지 구하세요.

	인형	장난감	로봇
정가(원)	32000	27000	36000
판매가(원)	27200	23760	30240

( )

10 도형에서 전체 넓이에 대한 색칠한 부분의 넓이의 비율이 50 %일 때 색칠한 부분의 넓이는 몇 cm^2인지 구하세요.

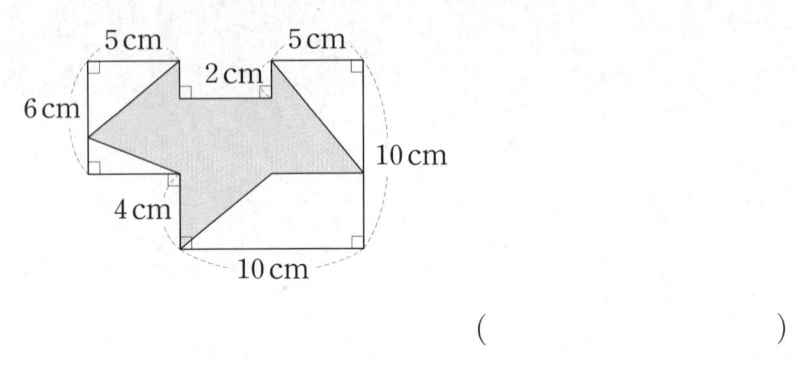

( )

11 진하기가 6 %인 설탕물 150 g과 진하기가 8 %인 설탕물 250 g을 섞은 후 물 180 g을 더 넣어 새로운 설탕물을 만들었습니다. 새로 만든 설탕물의 진하기는 몇 %인지 구하세요.

( )

5. 자료와 여러 가지 그래프

>> 정답 및 풀이 65쪽

본문 '유형 변형'의 반복학습입니다.

대표 유형 01

1 마을별 오이 생산량을 조사하여 나타낸 그림그래프입니다. 나 마을의 오이 생산량이 다 마을의 오이 생산량의 2배일 때 각 마을에서 생산한 오이를 모두 모아 한 상자에 6 kg씩 담아 5000원에 판매한다면 오이를 판매한 금액은 모두 얼마일까요?

마을별 오이 생산량

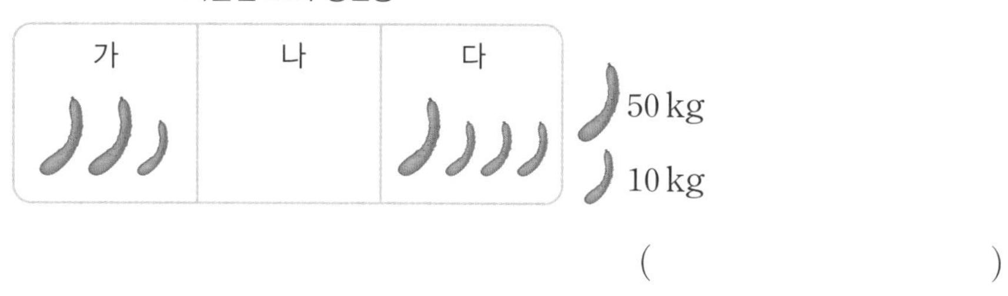

(　　　　　　　　　)

대표 유형 02

2 마을별 보리 생산량을 조사하여 나타낸 그림그래프입니다. 네 마을의 보리 생산량의 평균이 2800 kg이고 가 마을의 보리 생산량이 라 마을의 보리 생산량보다 500 kg 더 적습니다. 라 마을의 보리 생산량은 몇 kg일까요?

마을별 보리 생산량

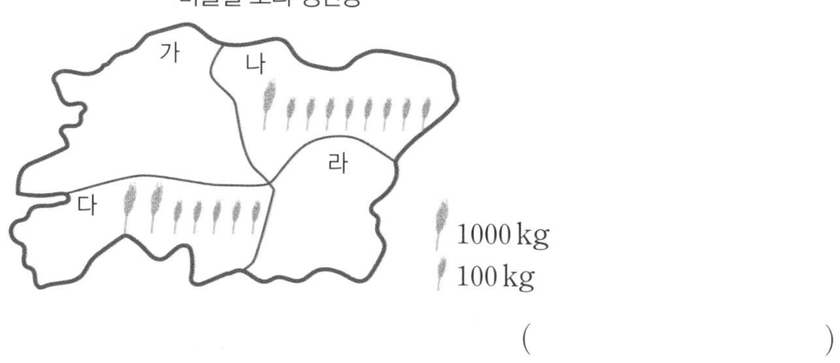

(　　　　　　　　　)

대표 유형 03

3 민희네 학교 학생 300명이 신청한 방과 후 수업을 조사하여 나타낸 띠그래프입니다. 논술을 신청한 학생 수와 컴퓨터를 신청한 학생 수의 비가 3 : 4일 때 논술을 신청한 학생은 몇 명인지 구하세요.

방과 후 수업별 학생 수

컴퓨터	수학 (20 %)	논술	기타 (10 %)

(　　　　　　　　)

대표 유형 04

4 주미네 반과 신우네 반 학생들이 가고 싶은 체험 학습 장소를 조사하여 나타낸 띠그래프입니다. 주미네 반 학생 수는 20명이고 바다에 가고 싶은 학생 수는 주미네 반이 신우네 반보다 2명 더 많습니다. 신우네 반 학생 중 놀이공원에 가고 싶은 학생은 몇 명일까요?

가고 싶은 체험 학습 장소별 학생 수

반				
주미네 반	놀이공원 (40 %)	바다 (25 %)	민속촌 (20 %)	산 (15 %)
신우네 반	놀이공원 (60 %)	바다 (15 %)	민속촌 (20 %)	산 (5 %)

(　　　　　　　　)

대표 유형 05

5 그림그래프를 보고 원그래프로 나타내 보세요.

마을별 기르는 소의 수

가	큰 그림 1, 작은 그림 3
나	작은 그림 4
다	큰 그림 1, 작은 그림 1
라	작은 그림 3

(큰 그림) 500마리 (작은 그림) 100마리

마을별 기르는 소의 수

0, 25, 50, 75

대표 유형 06

6 승인이네 반 학생들이 좋아하는 음식을 조사하여 나타낸 표입니다. 학생 수의 비율을 길이가 40 cm인 띠그래프로 나타낼 때 떡갈비가 차지하는 길이는 몇 cm인지 구하세요.

좋아하는 음식별 학생 수

음식	잡채	떡갈비	초밥	짜장면	볶음밥
학생 수(명)	11	5	4	3	2

(   )

대표 유형 07

7 어느 문구점에서 판매된 종이 수를 색깔별로 조사하여 나타낸 띠그래프입니다. 띠그래프 전체 길이가 50 cm이고 파란색 종이가 20장 팔렸다면 판매된 종이는 모두 몇 장일까요?

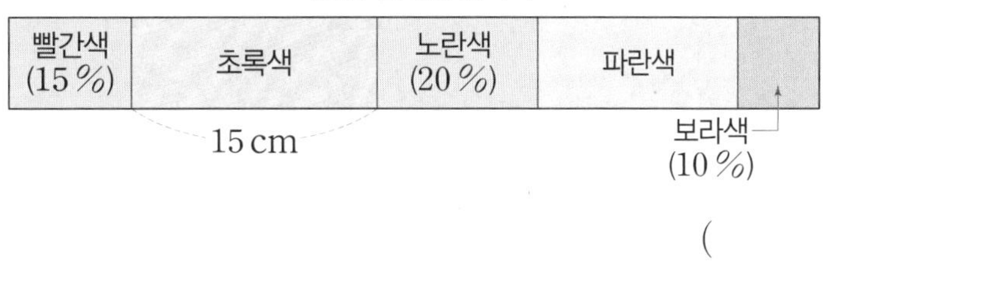

(   )

대표 유형 08

8 예서네 학교 학생들의 남녀 학생 수와 여학생들의 취미를 조사하여 나타낸 그래프입니다. 남학생이 270명일 때 취미가 게임인 여학생은 몇 명일까요?

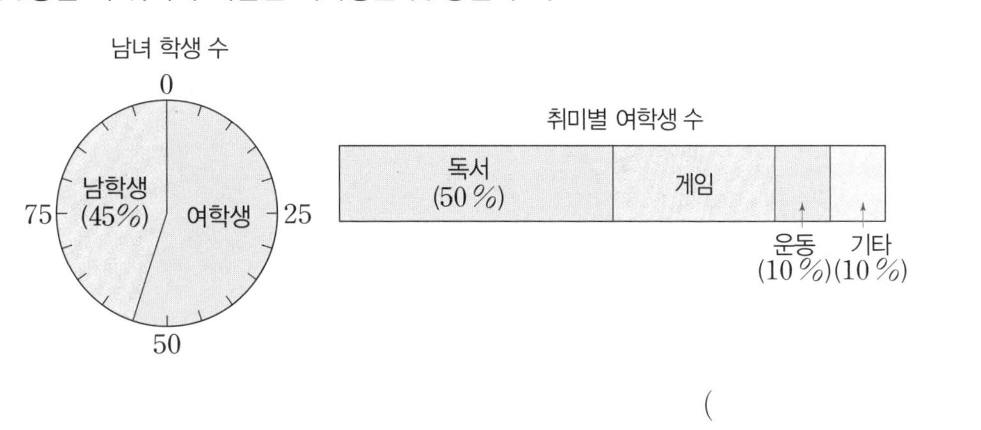

(   )

5. 자료와 여러 가지 그래프

본문 '실전 적용'의 반복학습입니다.

1 도훈이네 마을의 하루 동안 쓰레기 배출량을 조사하여 나타낸 표입니다. 표를 보고 원그래프로 나타내 보세요.

종류별 쓰레기 배출량

종류	배출량(kg)
음식물	72
종이	32
유리병	40
플라스틱	16

➜

종류별 쓰레기 배출량

0

75 25

50

2 학생 50명이 좋아하는 과일을 조사하여 나타낸 띠그래프입니다. 망고를 좋아하는 학생 수와 파인애플을 좋아하는 학생 수의 비가 4 : 5일 때 파인애플을 좋아하는 학생 수는 몇 명일까요?

좋아하는 과일별 학생 수

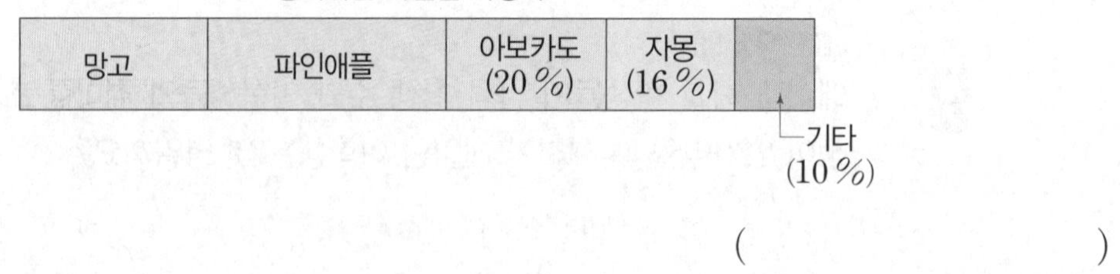

(   )

>> 정답 및 풀이 66쪽

3 1년간 각 회사별 텔레비전 판매량을 조사하여 나타낸 그림그래프입니다. 네 회사의 전체 텔레비전 판매량은 14800대이고 라 회사의 판매량은 가 회사의 판매량의 2배입니다. 가 회사의 텔레비전 판매량은 몇 대일까요?

회사별 텔레비전 판매량

가	
나	[큰 그림 3개, 작은 그림 2개]
다	[큰 그림 4개, 작은 그림 1개]
라	

[큰 그림] 1000대, [작은 그림] 100대

(　　　　　　　　)

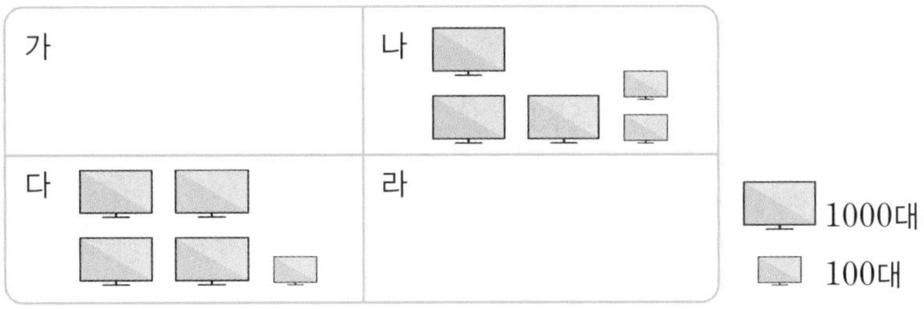

4 각 공장별 축구공 생산량을 조사하여 나타낸 그림그래프입니다. 네 공장의 전체 생산량이 930개일 때 나 공장에서 축구공을 한 상자에 6개씩 담아 6000원씩 판매한다면 축구공을 판매한 금액은 얼마일까요?

공장별 축구공 생산량

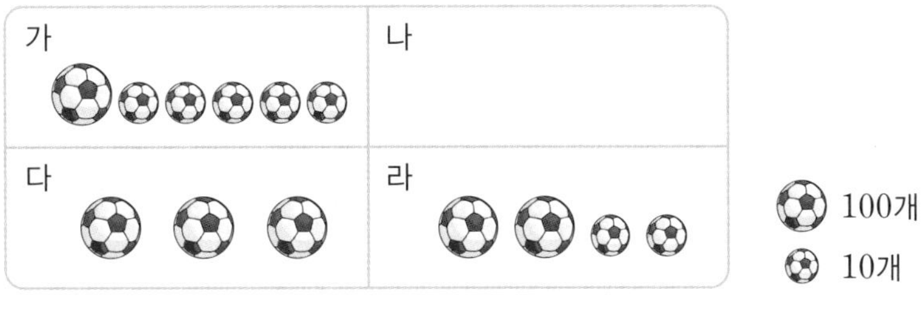

가	[큰 그림 1개, 작은 그림 5개]
나	
다	[큰 그림 3개]
라	[큰 그림 2개, 작은 그림 2개]

[큰 그림] 100개, [작은 그림] 10개

(　　　　　　　　)

5 찬이네 할머니 댁에는 넓이의 합이 $500\,m^2$인 논과 밭이 있습니다. 이 논과 밭의 넓이의 비율과 논의 이용률을 조사하여 나타낸 원그래프입니다. 콩을 심은 논의 넓이는 몇 m^2일까요?

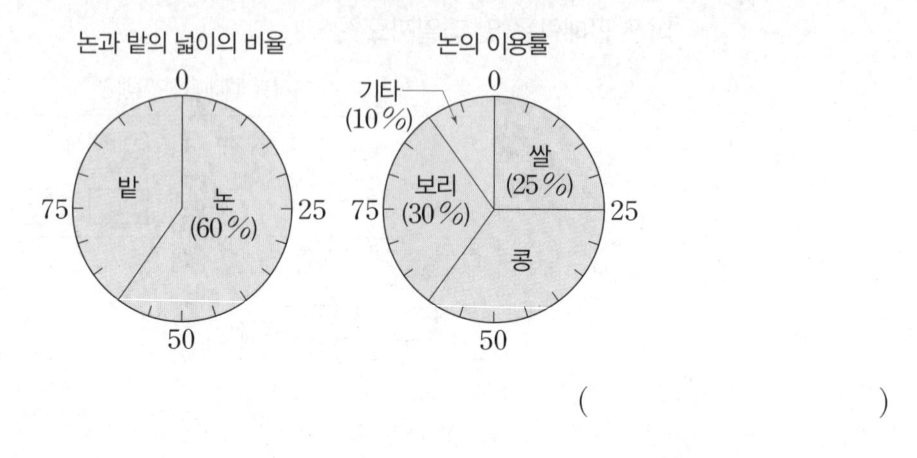

( )

6 네 지역의 공원 수를 조사하여 전체 길이가 50 cm인 띠그래프로 나타낸 것입니다. 가 지역이 나 지역보다 3 cm 더 길고, 나 지역이 다 지역보다 3 cm 더 깁니다. 다 지역의 공원 수가 30개일 때 라 지역의 공원은 몇 개일까요?

지역별 공원 수

가 지역	나 지역	다 지역	라 지역

10 cm

( )

7 아몬드와 호두의 영양 성분을 조사하여 나타낸 띠그래프입니다. 수연이는 일주일 동안 아몬드 240 g과 호두 300 g을 먹었습니다. 수연이가 일주일 동안 섭취한 단백질은 아몬드와 호두 중 어느 것이 더 많을까요?

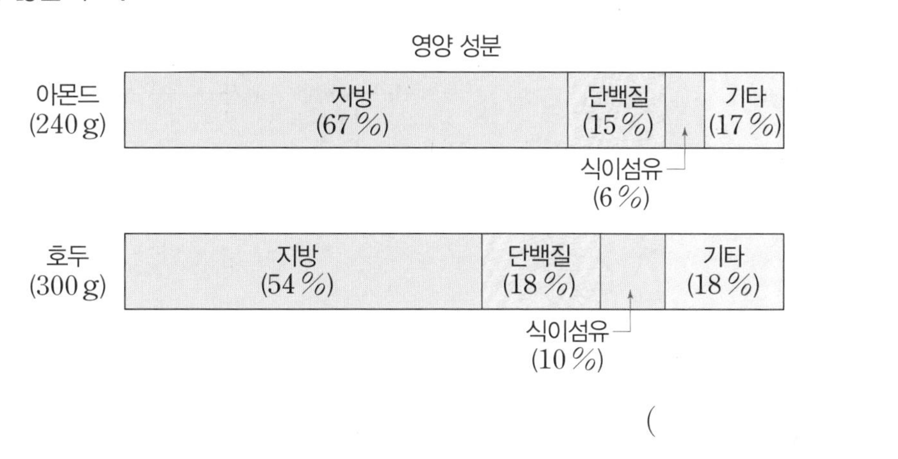

(　　　　　　　　　)

8 직사각형 모양의 색종이를 겹치지 않게 이어 붙여 큰 정사각형을 만든 것입니다. 색깔별 넓이의 비율을 길이가 60 cm인 띠그래프로 나타낼 때 보라색이 차지하는 길이는 몇 cm인지 구하세요.

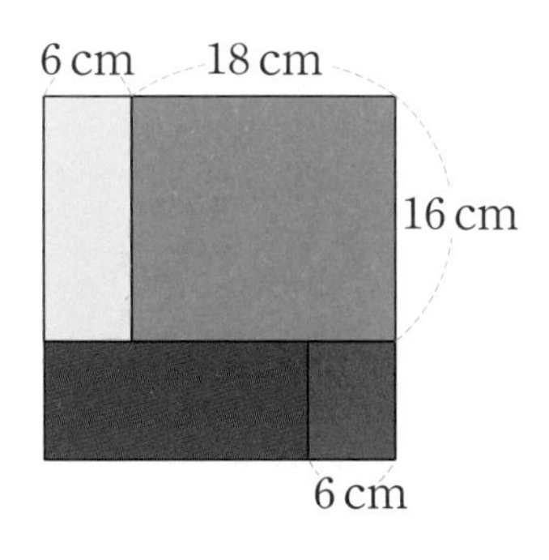

(　　　　　　　　　)

6. 직육면체의 부피와 겉넓이

본문 '유형 변형'의 반복학습입니다.

대표 유형 01

1 다음 직육면체의 전개도에서 빗금 친 부분의 넓이는 $84\,cm^2$입니다. 이 전개도를 이용하여 만든 직육면체의 겉넓이는 몇 cm^2인지 구하세요.

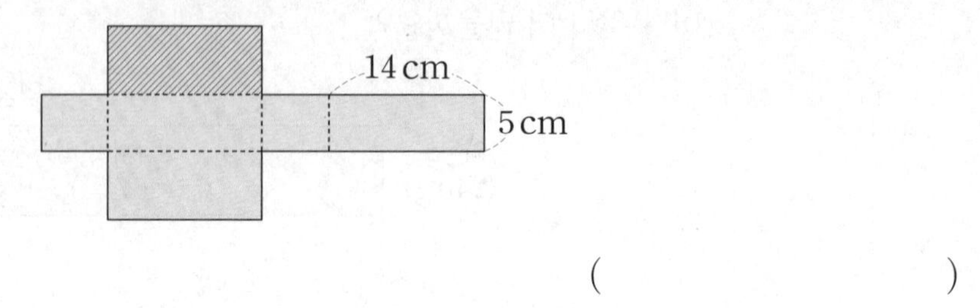

( )

대표 유형 02

2 다음 입체도형에서 만나는 모서리는 서로 수직입니다. 이 입체도형의 부피는 몇 cm^3일까요?

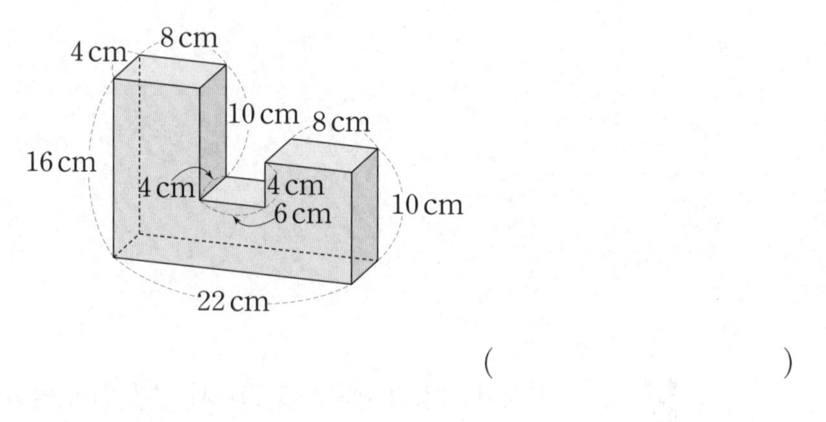

( )

대표 유형 03

3 다음과 같은 직육면체의 세로를 $\frac{1}{4}$로 줄였습니다. 이 직육면체의 가로를 몇 cm로 늘려야 처음 직육면체의 부피와 같아질까요?

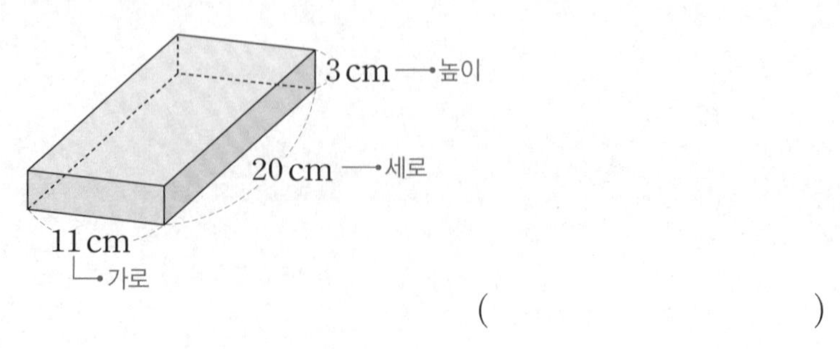

( )

>> 정답 및 풀이 67쪽

대표 유형 04

4 다음 직육면체와 겉넓이가 같은 정육면체의 부피는 몇 cm^3인지 구하세요.

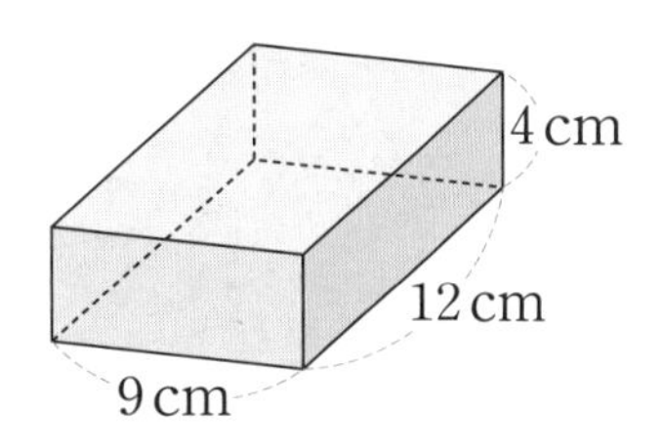

( )

대표 유형 05

5 한 모서리의 길이가 3 cm인 정육면체 모양의 쌓기나무 24개를 쌓아 겉넓이가 가장 작은 직육면체를 만들려고 합니다. 만든 직육면체의 겉넓이는 몇 cm^2인지 구하세요.

( )

대표 유형 06

6 빗금 친 면의 둘레가 36 cm인 직육면체를 잘라서 만들 수 있는 가장 큰 정육면체의 겉넓이는 몇 cm^2인지 구하세요.

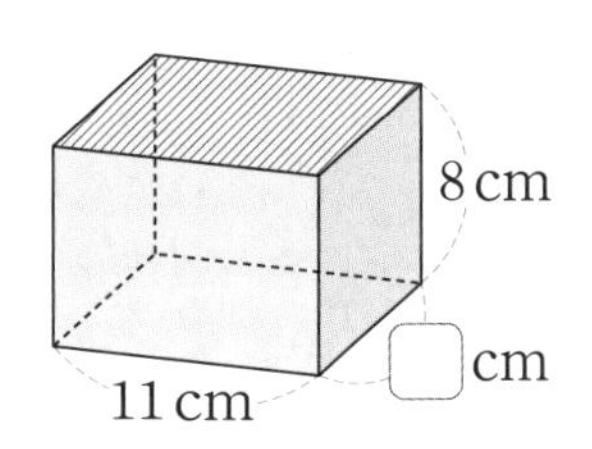

( )

대표 유형 07

7 다음 직육면체 안에 있는 입체도형의 부피가 4320 cm^3입니다. ㉠+㉡은 얼마인지 구하세요.

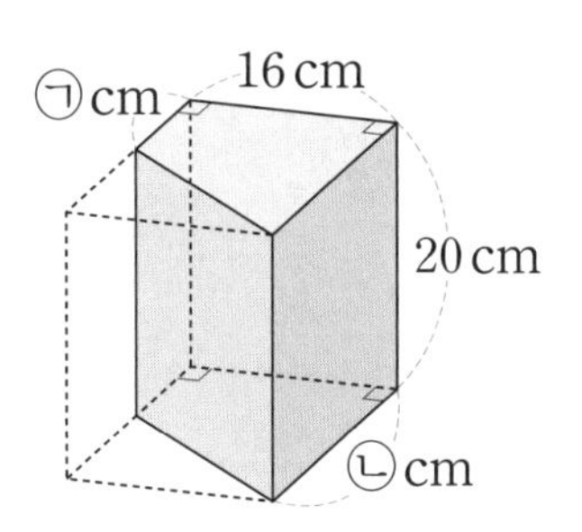

( )

대표 유형 08

8 다음 입체도형에서 만나는 모서리는 서로 수직입니다. 빗금 친 부분의 넓이가 398 cm^2이고 둘레가 88 cm일 때 이 입체도형의 겉넓이는 몇 cm^2인지 구하세요.

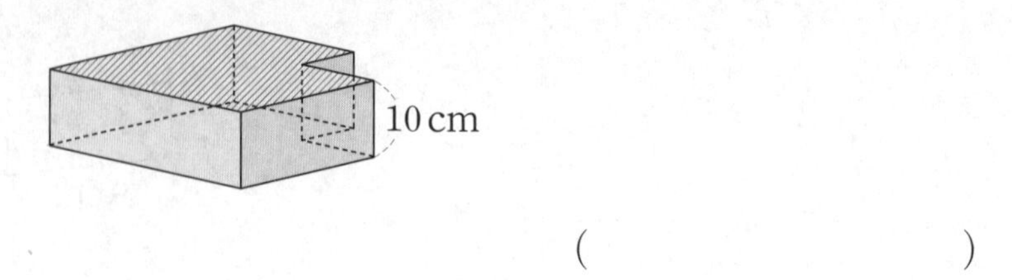

(　　　　　　　　　　)

대표 유형 09

9 다음과 같은 직육면체 모양의 상자를 쌓아 가장 작은 정육면체 모양을 만들려고 합니다. 필요한 상자는 모두 몇 개일까요?

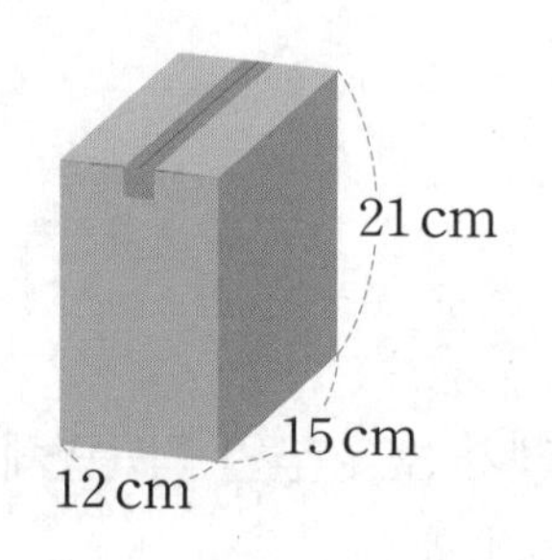

(　　　　　　　　　　)

대표 유형 10

10 다음과 같은 직육면체 모양의 물통에 물이 7 cm 높이만큼 들어 있습니다. 이 물통에 부피가 560 cm^3인 돌을 완전히 잠기도록 넣으면 물의 높이는 몇 cm가 될까요?

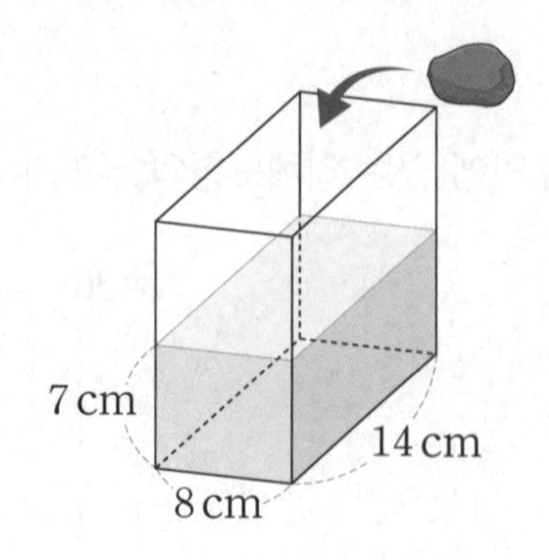

(　　　　　　　　　　)

실전 적용하기

6. 직육면체의 부피와 겉넓이

≫ 정답 및 풀이 68쪽

본문 '실전 적용'의 반복학습입니다.

1 다음 전개도에서 색칠한 직사각형의 넓이는 117 cm^2입니다. 이 전개도로 만들 수 있는 직육면체의 겉넓이는 몇 cm^2인지 구하세요.

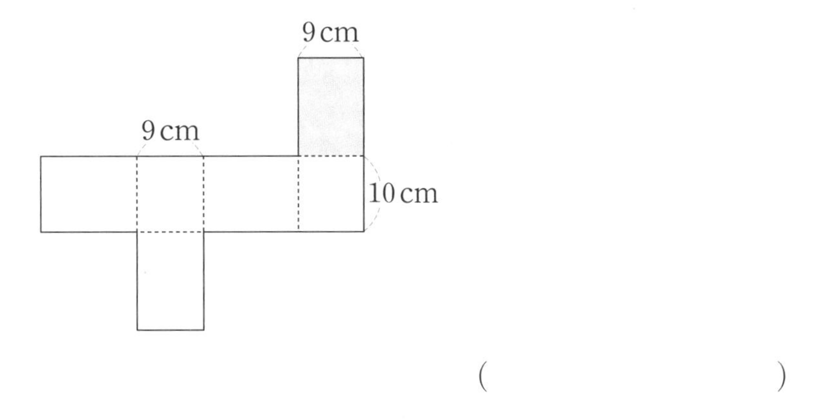

(　　　　　　　　)

2 큰 직육면체 안에 직육면체 모양으로 구멍이 뚫린 입체도형이 있습니다. 이 입체도형의 부피는 몇 cm^3일까요?

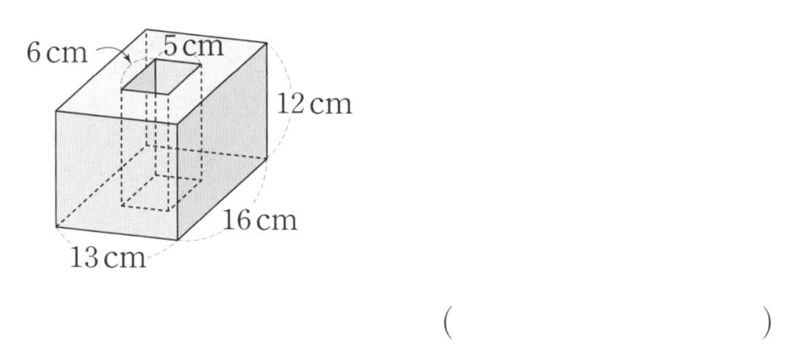

(　　　　　　　　)

3 다음과 같은 직육면체의 높이를 3배로 늘렸습니다. 이 직육면체의 세로를 몇 cm로 줄여야 처음 직육면체의 부피와 같아질까요?

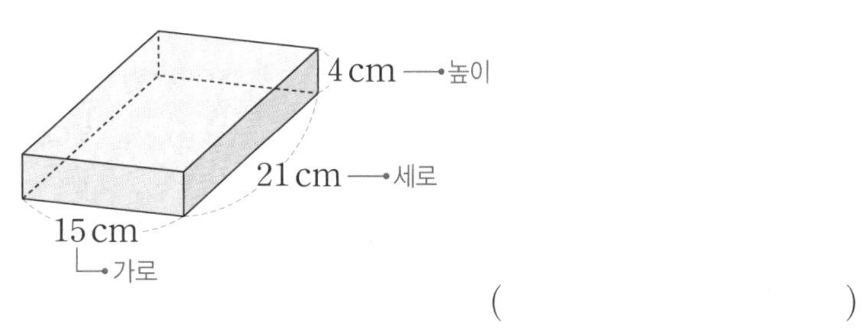

(　　　　　　　　)

4 가로가 $11\,cm$, 높이가 $6\,cm$인 직육면체의 겉넓이는 $472\,cm^2$입니다. 이 직육면체의 부피는 몇 cm^3인지 구하세요.

(　　　　　　　　)

5 주어진 정육면체 모양의 상자를 ㉮, ㉯, ㉰와 같이 쌓았을 때 겉넓이가 넓은 것부터 차례대로 기호를 써 보세요.

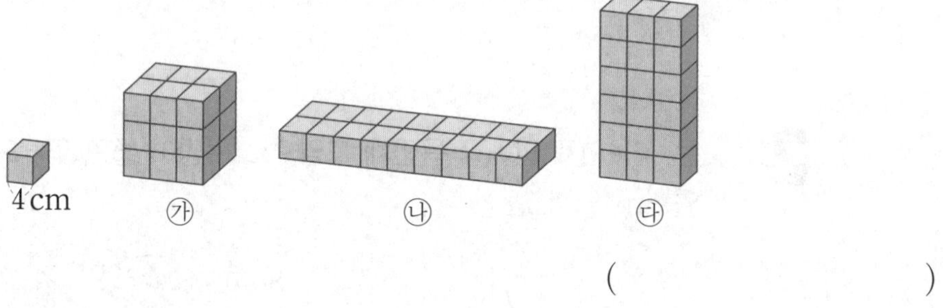

(　　　　　　　　)

6 빗금 친 면의 넓이가 $182\,cm^2$인 직육면체를 잘라서 만들 수 있는 가장 큰 정육면체의 겉넓이는 몇 cm^2인지 구하세요.

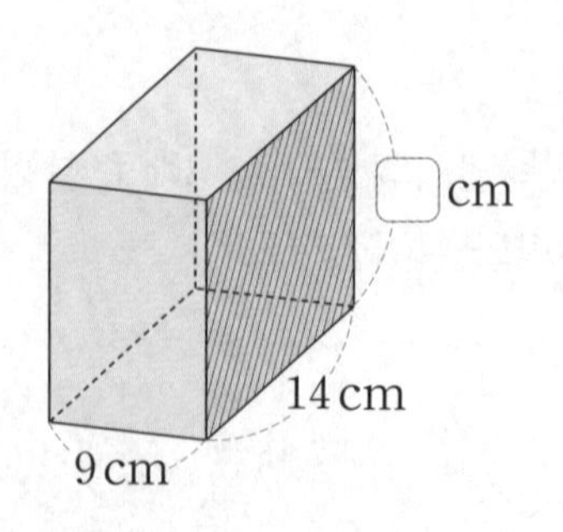

(　　　　　　　　)

7 다음 직육면체 안에 있는 색칠한 입체도형의 부피는 몇 cm^3일까요?

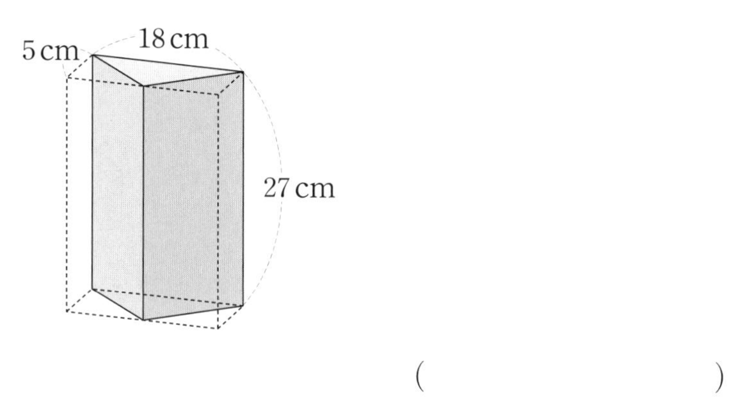

( )

8 다음 입체도형에서 만나는 모서리는 서로 수직입니다. 빗금 친 부분의 넓이가 168 cm^2이고 둘레가 58 cm일 때 다음 입체도형의 겉넓이는 몇 cm^2인지 구하세요.

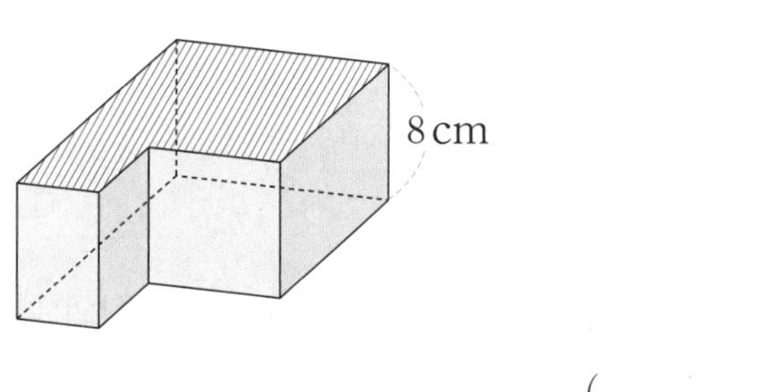

( )

실전 적용하기

9 다음 입체도형은 직육면체 안쪽에 정육면체 모양을 뚫은 것입니다. 이 입체도형의 겉넓이는 몇 cm^2인지 구하세요.

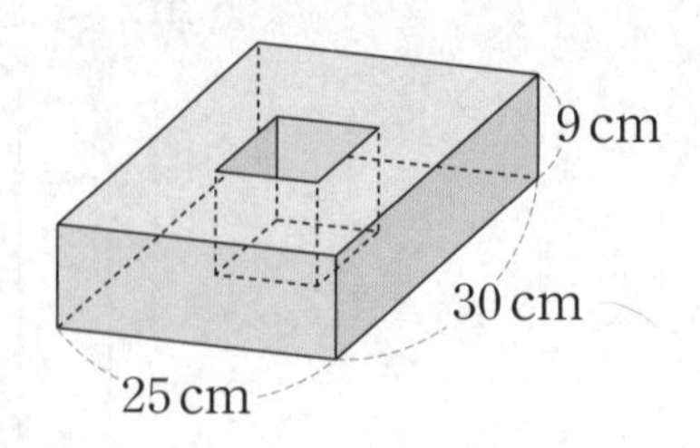

( )

10 그림과 같은 직육면체 모양의 상자에 한 모서리의 길이가 5 cm인 정육면체 모양의 쌓기나무를 빈틈없이 가득 쌓으려고 합니다. 쌓기나무는 모두 몇 개 쌓을 수 있을까요? (단, 상자의 두께는 생각하지 않습니다.)

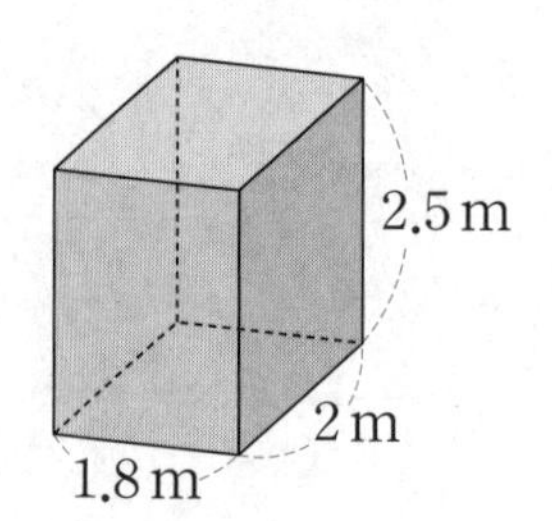

( )

11 그림과 같이 물이 담긴 직육면체 모양의 통에 돌이 들어 있습니다. 통에 있는 돌을 꺼냈더니 물의 높이가 7 cm가 되었습니다. 돌의 부피는 몇 cm^3일까요?

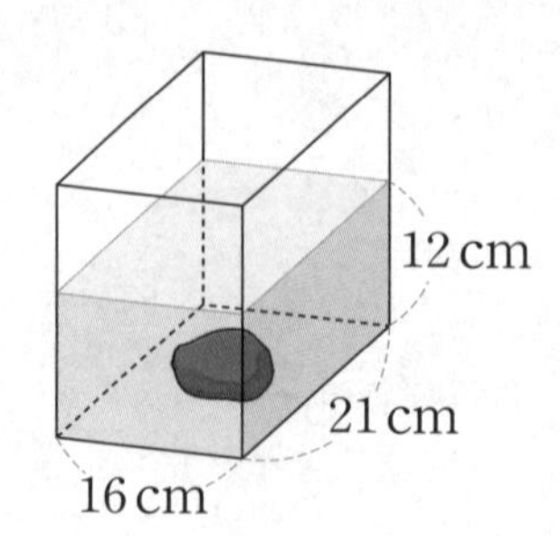

( )

복습은
이안에
있어!

모든 개념을
다 보는
해결의 법칙
수학
3·1

모든 유형을
다 담은
해결의 법칙
수학
3·1

모든 응용을
다 푸는
해결의 법칙
수학
3·1

천재교육

초등 6-1

BOOK 3

정답 및 풀이 포인트 3가지

- 혼자서도 이해할 수 있는 친절한 문제 풀이
- 참고, 주의 등 자세한 풀이 제시
- 다른 풀이를 제시하여 다양한 방법으로 문제 풀이 가능

본책 정답 및 풀이

1 분수의 나눗셈

활용 개념

6~9쪽

(자연수)÷(자연수), (분수)÷(자연수)

01 (1) $\dfrac{\boxed{3}}{\boxed{8}}$

(2) $\dfrac{\boxed{6}}{16}\div 2=\dfrac{\boxed{6}\div 2}{16}=\dfrac{\boxed{3}}{16}$

02 (1) $\dfrac{5}{9}$ (2) $\dfrac{3}{4}$

03 $2\dfrac{8}{9}\div 2=\dfrac{26}{9}\div 2=\dfrac{26\div 2}{9}=\dfrac{13}{9}=1\dfrac{4}{9}$

04 ⑤

05 $\dfrac{5}{21}$

06 $\dfrac{5}{18}$

01 (1) $3\div 8=\dfrac{3}{8}$

(2) $\dfrac{3}{8}\div 2=\dfrac{6}{16}\div 2=\dfrac{6\div 2}{16}=\dfrac{3}{16}$

02 (1) $\dfrac{10}{9}\div 2=\dfrac{10\div 2}{9}=\dfrac{5}{9}$

(2) $3\dfrac{3}{4}\div 5=\dfrac{15}{4}\div 5=\dfrac{15\div 5}{4}=\dfrac{3}{4}$

03 대분수를 가분수로 바꾼 후 계산해야 합니다.

04 (나누어지는 수)>(나누는 수)이면 몫이 1보다 큽니다.
① $3<5$, ② $1<2$, ③ $7<9$, ④ $4<7$, ⑤ $8>5$
⇨ 몫이 1보다 큰 것을 찾으면 ⑤입니다.

05 $3<5<7$이므로 가장 작은 수인 3을 나누는 수로 놓고 나머지 5, 7로 진분수를 만듭니다.
⇨ $\dfrac{5}{7}\div 3=\dfrac{5}{7}\times\dfrac{1}{3}=\dfrac{5}{21}$

06 $2<5<9$이므로 가장 작은 수인 2를 나누는 수로 놓고 나머지 5, 9로 진분수를 만듭니다.
⇨ $\dfrac{5}{9}\div 2=\dfrac{5}{9}\times\dfrac{1}{2}=\dfrac{5}{18}$

분수와 자연수의 혼합 계산

01 (1) $\dfrac{1}{15}$ (2) $\dfrac{2}{5}$ **02** $>$

03 5, 6, 7, 8 **04** $10\dfrac{1}{4}$ cm^2

05 $6\dfrac{1}{2}$ cm^2 **06** $7\dfrac{1}{5}$ cm

01 (1) $\dfrac{1}{6}\times 4\div 10=\dfrac{1}{\overset{}{\underset{3}{\cancel{6}}}}\times\overset{2}{\cancel{4}}\times\dfrac{1}{\underset{5}{\cancel{10}}}=\dfrac{1}{15}$

(2) $1\dfrac{2}{5}\div 7\times 2=\dfrac{\overset{1}{\cancel{7}}}{5}\times\dfrac{1}{\underset{1}{\cancel{7}}}\times 2=\dfrac{2}{5}$

02 $3\dfrac{1}{2}\times 6\div 4=\dfrac{7}{2}\times\overset{3}{\cancel{6}}\times\dfrac{1}{\underset{2}{\cancel{4}}}=\dfrac{21}{4}=5\dfrac{1}{4}>5$

03 • $3\dfrac{1}{2}\div 3\times 4=\dfrac{7}{\underset{1}{\cancel{2}}}\times\dfrac{1}{3}\times\overset{2}{\cancel{4}}=\dfrac{14}{3}=4\dfrac{2}{3}$

• $2\dfrac{2}{5}\times 14\div 4=\dfrac{\overset{3}{\cancel{12}}}{5}\times 14\times\dfrac{1}{\underset{1}{\cancel{4}}}=\dfrac{42}{5}=8\dfrac{2}{5}$

⇨ $4\dfrac{2}{3}$와 $8\dfrac{2}{5}$ 사이에 있는 자연수는 5, 6, 7, 8입니다.

04 $5\dfrac{1}{8}\times 4\div 2=\dfrac{41}{\underset{2}{\cancel{8}}}\times\overset{1}{\cancel{4}}\times\dfrac{1}{2}=\dfrac{41}{4}=10\dfrac{1}{4}$ (cm^2)

05 (마름모의 넓이)=(한 대각선의 길이)×(다른 대각선의 길이)÷2

$=4\dfrac{1}{3}\times 3\div 2=\dfrac{13}{\underset{1}{\cancel{3}}}\times\overset{1}{\cancel{3}}\times\dfrac{1}{2}=\dfrac{13}{2}$

$=6\dfrac{1}{2}$ (cm^2)

06 (삼각형의 넓이)=(밑변의 길이)×(높이)÷2에서
(밑변의 길이)=(삼각형의 넓이)×2÷(높이)입니다.

⇨ $10\dfrac{4}{5}\times 2\div 3=\dfrac{\overset{18}{\cancel{54}}}{5}\times 2\times\dfrac{1}{\underset{1}{\cancel{3}}}=\dfrac{36}{5}=7\dfrac{1}{5}$ (cm)

대표 유형 01 8

❶ $3\frac{3}{8}\div27\times★=\frac{\boxed{27}}{8}\div27\times★=\frac{\boxed{27}\div27}{8}\times★=\frac{★}{8}$

❷ $\frac{★}{8}$이 자연수가 되려면 ★은 $\boxed{8}$의 배수이어야 합니다.

따라서 ★에 알맞은 수 중 가장 작은 자연수는 $\boxed{8}$입니다.

예제 4

❶ $2\frac{1}{4}\div9\times■=\frac{9}{4}\div9\times■=\frac{9\div9}{4}\times■=\frac{■}{4}$

❷ $\frac{■}{4}$가 자연수가 되려면 ■는 4의 배수이어야 합니다.

따라서 ■에 알맞은 수 중 가장 작은 자연수는 4입니다.

01-1 3

❶ $\square\div6\times4=\frac{\square}{\overset{}{\underset{3}{\cancel{6}}}}\times\overset{2}{\cancel{4}}=\frac{\square\times2}{3}$

$\frac{\square\times2}{3}$가 자연수가 되려면 □는 3의 배수이어야 합니다.

❷ □ 안에 알맞은 수 중 가장 작은 자연수는 3입니다.

01-2 1

❶ $5\frac{2}{5}\div\square\times2\frac{7}{9}=\frac{\overset{3}{\cancel{27}}}{\underset{1}{\cancel{5}}}\times\frac{1}{\square}\times\frac{\overset{5}{\cancel{25}}}{\underset{1}{\cancel{9}}}=\frac{15}{\square}$

$\frac{15}{\square}$가 자연수가 되려면 □는 15의 약수이어야 합니다.

❷ 계산 결과가 가장 큰 자연수가 되려면 □ 안에 알맞은 자연수는 1입니다.

01-3 2개

❶ $1\frac{\square}{7}\div3\times28=\frac{7+\square}{7}\div3\times28=\frac{7+\square}{\underset{1}{\cancel{7}}}\times\frac{1}{3}\times\overset{4}{\cancel{28}}=\frac{(7+\square)\times4}{3}$

$\frac{(7+\square)\times4}{3}$가 자연수가 되려면 $(7+\square)$가 3의 배수이어야 하고 □는 $1\frac{\square}{7}$에서 분모인 7보다 클 수 없습니다.

❷ □ 안에 들어갈 수 있는 수는 2, 5로 모두 2개입니다.

대표 유형 02 $\frac{4}{25}$

❶ 곱셈과 나눗셈의 관계를 이용하면

$▲\times6=\frac{24}{25}$는 $▲=\frac{24}{25}\div\boxed{6}$와/과 같이 나타낼 수 있습니다.

❷ $▲=\frac{24}{25}\div\boxed{6}=\frac{24\div\boxed{6}}{25}=\frac{\boxed{4}}{25}$

예제 $\frac{4}{27}$

❶ $5\times♥=\frac{20}{27}$ ⇨ $♥=\frac{20}{27}\div5$

❷ $♥=\frac{20}{27}\div5=\frac{20\div5}{27}=\frac{4}{27}$

02-1 $\frac{7}{8}$

❶ $\square\times7=6\frac{1}{8}$ ⇨ $\square=6\frac{1}{8}\div7$

❷ $\square=6\frac{1}{8}\div7=\frac{49}{8}\div7=\frac{49\div7}{8}=\frac{7}{8}$

02-2 $\frac{1}{3}$

❶ $6\frac{2}{3}\div4=\frac{20}{3}\div4=\frac{20\div4}{3}=\frac{5}{3}=1\frac{2}{3}$

❷ $\square\times5=1\frac{2}{3}$ ⇨ $\square=1\frac{2}{3}\div5$

❸ $\square=1\frac{2}{3}\div5=\frac{5}{3}\div5=\frac{5\div5}{3}=\frac{1}{3}$

02-3 $\frac{3}{4}$

❶ 어떤 수를 □라 하여 식을 세우면 $\square\times9=6\frac{3}{4}$ ⇨ $\square=6\frac{3}{4}\div9$입니다.

❷ $\square=6\frac{3}{4}\div9=\frac{27}{4}\div9=\frac{27\div9}{4}=\frac{3}{4}$

02-4 $\frac{1}{15}$

❶ 어떤 수를 □라 하여 잘못 계산한 식을 세우면 $\square\times6=2\frac{2}{5}$ ⇨ $\square=2\frac{2}{5}\div6$입니다.

❷ $\square=2\frac{2}{5}\div6=\frac{12}{5}\div6=\frac{12\div6}{5}=\frac{2}{5}$

❸ 바르게 계산하면 $\frac{2}{5}\div6=\frac{\overset{1}{\cancel{2}}}{5}\times\frac{1}{\underset{3}{\cancel{6}}}=\frac{1}{15}$입니다.

대표 유형 03 1, 2, 3, 4

❶ $9\div2=\frac{9}{2}=\boxed{4}\frac{1}{2}$

❷ ●$<\boxed{4}\frac{1}{2}$이므로 ●에 들어갈 수 있는 자연수는 $\boxed{1}$, $\boxed{2}$, $\boxed{3}$, $\boxed{4}$입니다.

예제 1, 2, 3, 4, 5

❶ $17\div3=\frac{17}{3}=5\frac{2}{3}$

❷ ■$<5\frac{2}{3}$이므로 ■에 들어갈 수 있는 자연수는 1, 2, 3, 4, 5입니다.

03-1 5

❶ $5\frac{1}{7}\div6=\frac{36}{7}\div6=\frac{36\div6}{7}=\frac{6}{7}$

❷ $\frac{6}{7}>\frac{\square}{7}$에서 $6>\square$이므로 □ 안에 들어갈 수 있는 자연수는 1, 2, 3, 4, 5이고 이 중 가장 큰 수는 5입니다.

03-2 5

❶ $\square \div 9 \times 2 = \frac{\square}{9} \times 2 = \frac{8}{9} \Rightarrow \frac{\square}{9} = \frac{8}{9} \div 2 = \frac{8 \div 2}{9} = \frac{4}{9}$

❷ $\frac{\square}{9} > \frac{4}{9}$에서 $\square > 4$이므로 $\square$ 안에 들어갈 수 있는 자연수 중 가장 작은 수는 5입니다.

03-3 2개

❶ $8\frac{1}{4} \div 22 = \frac{33}{4} \div 22 = \frac{\overset{3}{\cancel{33}}}{4} \times \frac{1}{\underset{2}{\cancel{22}}} = \frac{3}{8}$

❷ $\frac{\square}{8} < \frac{3}{8}$에서 $\square < 3$이므로 $\square$ 안에 들어갈 수 있는 자연수는 1, 2로 모두 2개입니다.

대표 유형 04 4 cm²

❶ 오른쪽과 같이 점선을 그으면 크기가 같은 작은 사각형 7개로 나누어 집니다.

❷ (작은 사각형 한 개의 넓이)

$= (\text{전체 넓이}) \div 7 = 4\frac{2}{3} \div 7 = \frac{\boxed{14} \div 7}{3} = \frac{\boxed{2}}{3}\,(\text{cm}^2)$

❸ (색칠한 부분의 넓이)

$= (\text{색칠한 사각형 한 개의 넓이}) \times 6 = \frac{\boxed{2}}{3} \times \boxed{6} = \frac{\boxed{12}}{3} = \boxed{4}\,(\text{cm}^2)$

예제 8 cm²

❶ 다음과 같이 점선을 그으면 크기가 같은 정삼각형 7개로 나누어집니다.

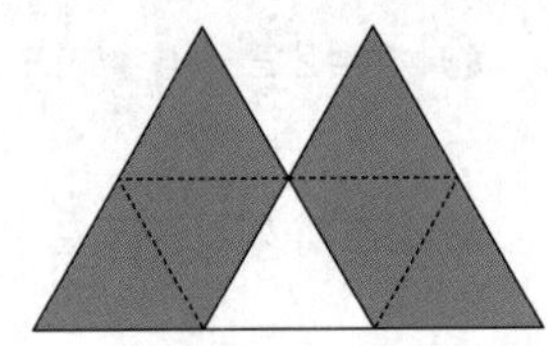

❷ (작은 삼각형 한 개의 넓이)

$= (\text{전체 넓이}) \div 7 = 9\frac{1}{3} \div 7 = \frac{28 \div 7}{3} = \frac{4}{3} = 1\frac{1}{3}\,(\text{cm}^2)$

❸ (색칠한 부분의 넓이) $= 1\frac{1}{3} \times 6 = \frac{4}{\underset{1}{\cancel{3}}} \times \overset{2}{\cancel{6}} = 8\,(\text{cm}^2)$

04-1 $1\frac{5}{7}$ cm²

❶ 다음과 같이 점선을 그으면 크기가 같은 삼각형 8개로 나누어집니다.

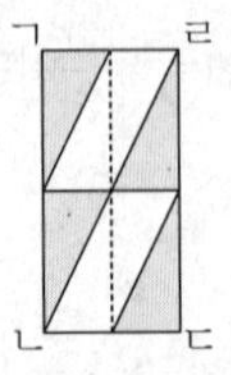

❷ (작은 삼각형 한 개의 넓이) $= 3\frac{3}{7} \div 8 = \frac{24 \div 8}{7} = \frac{3}{7}\,(\text{cm}^2)$

❸ (색칠한 부분의 넓이) $= \frac{3}{7} \times 4 = \frac{12}{7} = 1\frac{5}{7}\,(\text{cm}^2)$

04-2 $1\frac{7}{9}\,\mathrm{cm}^2$

❶ 다음과 같이 점선을 그으면 크기가 같은 사각형 16개로 나누어집니다.

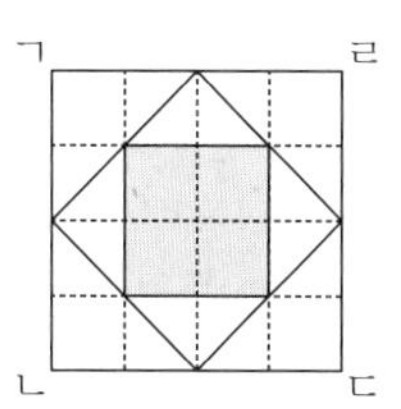

❷ (작은 사각형 한 개의 넓이)$=7\frac{1}{9}\div 16=\frac{64\div 16}{9}=\frac{4}{9}\,(\mathrm{cm}^2)$

❸ (색칠한 부분의 넓이)$=\frac{4}{9}\times 4=\frac{16}{9}=1\frac{7}{9}\,(\mathrm{cm}^2)$

04-3 $2\frac{14}{25}\,\mathrm{cm}^2$

❶ (작은 정사각형 한 개의 넓이)$=5\frac{19}{25}\div 9=\frac{144\div 9}{25}=\frac{16}{25}\,(\mathrm{cm}^2)$

❷ 색칠한 부분의 넓이는 작은 정사각형 4개의 넓이와 같으므로 $\frac{16}{25}\times 4=\frac{64}{25}=2\frac{14}{25}\,(\mathrm{cm}^2)$ 입니다.

대표 유형 05 $\frac{8}{25}\,\mathrm{m}$

❶ (이어 붙인 색 테이프의 전체 길이)$=\frac{12}{25}+\frac{12}{25}=\frac{\boxed{24}}{25}\,(\mathrm{m})$

❷ (나눈 색 테이프 한 도막의 길이)$=\frac{\boxed{24}}{25}\div 3=\frac{\boxed{24}\div 3}{25}=\frac{\boxed{8}}{25}\,(\mathrm{m})$

예제 $\frac{13}{72}\,\mathrm{m}$

❶ (이어 붙인 색 테이프의 전체 길이)$=\frac{13}{36}+\frac{13}{36}=\frac{26}{36}=\frac{13}{18}\,(\mathrm{m})$

❷ (나눈 색 테이프 한 도막의 길이)$=\frac{13}{18}\div 4=\frac{13}{18}\times\frac{1}{4}=\frac{13}{72}\,(\mathrm{m})$

05-1 $\frac{5}{54}\,\mathrm{m}$

❶ (이어 붙인 색 테이프의 전체 길이)$=\frac{5}{18}+\frac{7}{18}-\frac{1}{9}=\frac{10}{18}=\frac{5}{9}\,(\mathrm{m})$

❷ (나눈 색 테이프 한 도막의 길이)$=\frac{5}{9}\div 6=\frac{5}{9}\times\frac{1}{6}=\frac{5}{54}\,(\mathrm{m})$

05-2 $5\frac{1}{5}\,\mathrm{m}$

❶ (겹친 부분의 길이)$=\frac{3}{25}+\frac{3}{25}=\frac{6}{25}\,(\mathrm{m})$

❷ (색 테이프 3장의 길이의 합)$=15\frac{9}{25}+\frac{6}{25}=15\frac{15}{25}=15\frac{3}{5}\,(\mathrm{m})$

❸ (색 테이프 한 장의 길이)$=15\frac{3}{5}\div 3=\frac{78\div 3}{5}=\frac{26}{5}=5\frac{1}{5}\,(\mathrm{m})$

05-3 $3\frac{33}{40}\,\mathrm{m}$

❶ (겹친 부분의 길이)$=\frac{4}{\overset{}{\cancel{15}}_{5}}\times\overset{3}{\cancel{9}}=\frac{12}{5}=2\frac{2}{5}\,(\mathrm{m})$

❷ (색 테이프 10장의 길이의 합)$=35\frac{17}{20}+2\frac{2}{5}=35\frac{17}{20}+2\frac{8}{20}=38\frac{5}{20}=38\frac{1}{4}\,(\mathrm{m})$

❸ (색 테이프 한 장의 길이)$=38\frac{1}{4}\div 10=\frac{153}{4}\div 10=\frac{153}{4}\times\frac{1}{10}=\frac{153}{40}=3\frac{33}{40}\,(\mathrm{m})$

대표 유형 **06** 오후 5시 1분 24초

❶ (하루 동안 빨리 가는 시간)

$=4\frac{1}{5}\div 3=\frac{\boxed{21}}{5}\div 3=\frac{\boxed{21}\div 3}{5}=\frac{\boxed{7}}{5}=1\frac{\boxed{2}}{5}$(분)

❷ $1\frac{\boxed{2}}{5}$분$=1\frac{\boxed{24}}{60}$분$=1$분 $\boxed{24}$초이므로

(다음 날 오후 5시에 이 시계가 가리키는 시각)

=오후 5시+1분 $\boxed{24}$초=오후 5시 $\boxed{1}$분 $\boxed{24}$초입니다.

예제 오전 9시 2분 40초

❶ (하루 동안 빨리 가는 시간)$=10\frac{2}{3}\div 4=\frac{32}{3}\div 4=\frac{32\div 4}{3}=\frac{8}{3}=2\frac{2}{3}$(분)

❷ $2\frac{2}{3}$분$=2\frac{40}{60}$분=2분 40초이므로

(다음 날 오전 9시에 이 시계가 가리키는 시각)=오전 9시+2분 40초=오전 9시 2분 40초

06-1 오후 1시 1분 40초

❶ (하루 동안 빨리 가는 시간)$=10\div 6=\frac{10}{6}=\frac{5}{3}=1\frac{2}{3}$(분)

❷ $1\frac{2}{3}$분$=1\frac{40}{60}$분=1분 40초이므로

(다음 날 오후 1시에 이 시계가 가리키는 시각)=오후 1시+1분 40초=오후 1시 1분 40초

06-2 오후 5시 59분 28초

❶ (하루 동안 늦게 가는 시간)$=\frac{4}{5}\div 3=\frac{4}{5}\times\frac{1}{3}=\frac{4}{15}$(분)

❷ $\frac{4}{15}$분$=\frac{16}{60}$분=16초이므로

(이틀 뒤 오후 6시에 이 시계가 가리키는 시각)=오후 6시−16초−16초

=오후 5시 59분 28초

06-3 오후 11시 6분 15초

❶ (하루 동안 빨리 가는 시간)$=8\frac{1}{3}\div 2=\frac{25}{3}\div 2=\frac{25}{3}\times\frac{1}{2}=\frac{25}{6}=4\frac{1}{6}$(분)

❷ 8월 27일 오전 11시부터 8월 28일 오후 11시까지는 $1\frac{1}{2}$일이므로

(8월 28일 오후 11시까지 빨리 가는 시간)$=4\frac{1}{6}\times 1\frac{1}{2}=\frac{25}{\cancel{6}_{2}}\times\frac{\cancel{3}^{1}}{2}=\frac{25}{4}=6\frac{1}{4}$(분)

❸ $6\frac{1}{4}$분$=6\frac{15}{60}$분=6분 15초이므로

(8월 28일 오후 11시에 이 시계가 가리키는 시각)=오후 11시+6분 15초

=오후 11시 6분 15초

06-4 오전 6시 50분 30초

❶ (하루 동안 늦게 가는 시간)$=19\div 7=19\times\frac{1}{7}=\frac{19}{7}=2\frac{5}{7}$(분)

❷ 화요일 오후 7시부터 그 주 토요일 오전 7시까지는 $3\frac{1}{2}$일이므로

(토요일 오전 7시까지 늦게 가는 시간)$=2\frac{5}{7}\times 3\frac{1}{2}=\frac{19}{\cancel{7}_{1}}\times\frac{\cancel{7}^{1}}{2}=\frac{19}{2}=9\frac{1}{2}$(분)

❸ $9\frac{1}{2}$분$=9\frac{30}{60}$분=9분 30초이므로

(그 주의 토요일 오전 7시에 이 시계가 가리키는 시각)=오전 7시−9분30초

=오전 6시 50분 30초

대표 유형 07 $55\frac{1}{15}$ km

❶ 2시간 20분=2시간+$\frac{\boxed{20}}{60}$시간=$2\frac{\boxed{1}}{3}$시간

❷ (자동차가 2시간 20분 동안 간 거리)

$=70\frac{4}{5}\times\boxed{2}\frac{\boxed{1}}{3}=\frac{\boxed{354}}{5}\times\frac{\boxed{7}}{3}=\frac{\boxed{826}}{5}=\boxed{165}\frac{\boxed{1}}{5}$(km)

❸ (버스가 한 시간에 가야 하는 거리)

$=\boxed{165}\frac{\boxed{1}}{5}\div3=\frac{\boxed{826}}{5}\div3=\frac{\boxed{826}}{5}\times\frac{1}{3}=\frac{\boxed{826}}{15}=\boxed{55}\frac{\boxed{1}}{15}$(km)

예제 $50\frac{5}{8}$ km

❶ 1시간 40분=1시간+$\frac{40}{60}$시간=$1\frac{2}{3}$시간

❷ (버스가 1시간 40분 동안 간 거리)

$=60\frac{3}{4}\times1\frac{2}{3}=\frac{\overset{81}{\cancel{243}}}{4}\times\frac{5}{\underset{1}{\cancel{3}}}=\frac{405}{4}=101\frac{1}{4}$(km)

❸ (오토바이가 한 시간에 가야 하는 거리)

$=101\frac{1}{4}\div2=\frac{405}{4}\div2=\frac{405}{4}\times\frac{1}{2}=\frac{405}{8}=50\frac{5}{8}$(km)

07-1 $34\frac{5}{8}$ km

❶ 2시간 30분=2시간+$\frac{30}{60}$시간=$2\frac{1}{2}$시간

❷ (유람선이 2시간 30분 동안 간 거리)

$=27\frac{7}{10}\times2\frac{1}{2}=\frac{277}{\underset{2}{\cancel{10}}}\times\frac{\overset{1}{\cancel{5}}}{2}=\frac{277}{4}=69\frac{1}{4}$(km)

❸ (보트가 한 시간에 가야 하는 거리)

$=69\frac{1}{4}\div2=\frac{277}{4}\div2=\frac{277}{4}\times\frac{1}{2}=\frac{277}{8}=34\frac{5}{8}$(km)

07-2 $145\frac{5}{8}$ km

❶ (자동차가 한 시간에 가는 거리)

$=388\frac{1}{3}\div5=\frac{1165}{3}\div5=\frac{\overset{233}{\cancel{1165}}}{3}\times\frac{1}{\underset{1}{\cancel{5}}}=\frac{233}{3}=77\frac{2}{3}$(km)

❷ 3시간 45분=3시간+$\frac{45}{60}$시간=$3\frac{3}{4}$시간

❸ (자동차가 3시간 45분 동안 간 거리)

$=77\frac{2}{3}\times3\frac{3}{4}=\frac{233}{\underset{1}{\cancel{3}}}\times\frac{\overset{5}{\cancel{15}}}{4}=\frac{1165}{4}=291\frac{1}{4}$(km)

❹ (기차가 한 시간에 가야 하는 거리)

$=291\frac{1}{4}\div2=\frac{1165}{4}\times\frac{1}{2}=\frac{1165}{8}=145\frac{5}{8}$(km)

07-3 $\frac{7}{20}$ km

❶ (현애가 1분 동안 간 거리)$=\frac{2}{5}\div 8=\frac{\overset{1}{\cancel{2}}}{5}\times\frac{1}{\underset{4}{\cancel{8}}}=\frac{1}{20}$ (km)

❷ (성수가 1분 동안 간 거리)$=\frac{3}{5}\div 9=\frac{\overset{1}{\cancel{3}}}{5}\times\frac{1}{\underset{3}{\cancel{9}}}=\frac{1}{15}$ (km)

❸ (출발한 지 1분 후에 두 사람 사이의 거리)$=\frac{1}{15}-\frac{1}{20}=\frac{4}{60}-\frac{3}{60}=\frac{1}{60}$ (km)

❹ (출발한 지 21분 후에 두 사람 사이의 거리)$=\frac{1}{\underset{20}{\cancel{60}}}\times\overset{7}{\cancel{21}}=\frac{7}{20}$ (km)

대표 유형 08 10일

❶ 전체 일의 양을 1이라 하면

(슬아가 하루 동안 하는 일의 양)$=\frac{1}{4}\div\boxed{5}=\frac{1}{4}\times\frac{1}{\boxed{5}}=\frac{1}{\boxed{20}}$

(예서가 하루 동안 하는 일의 양)$=\frac{2}{5}\div\boxed{8}=\frac{2}{5}\times\frac{1}{\boxed{8}}=\frac{2}{\boxed{40}}=\frac{1}{\boxed{20}}$

❷ (두 사람이 함께 하루 동안 하는 일의 양)$=\frac{1}{20}+\frac{1}{\boxed{20}}=\frac{\boxed{2}}{20}=\frac{\boxed{1}}{10}$

❸ $\frac{\boxed{1}}{10}\times\boxed{10}=1$이므로 두 사람이 함께 하여 일을 끝내려면 $\boxed{10}$일이 걸립니다.

예제 12일

❶ 전체 일의 양을 1이라 하면

(영지가 하루 동안 하는 일의 양)$=\frac{1}{6}\div 4=\frac{1}{6}\times\frac{1}{4}=\frac{1}{24}$,

(상미가 하루 동안 하는 일의 양)$=\frac{3}{8}\div 9=\frac{\overset{1}{\cancel{3}}}{8}\times\frac{1}{\underset{3}{\cancel{9}}}=\frac{1}{24}$

❷ (두 사람이 함께 하루 동안 하는 일의 양)$=\frac{1}{24}+\frac{1}{24}=\frac{2}{24}=\frac{1}{12}$

❸ $\frac{1}{12}\times 12=1$이므로 두 사람이 함께 하여 일을 끝내려면 12일이 걸립니다.

08-1 18일

❶ 전체 일의 양을 1이라 하면 문재가 하루 동안 하는 일의 양은 $\frac{4}{9}\div 8=\frac{\overset{1}{\cancel{4}}}{9}\times\frac{1}{\underset{2}{\cancel{8}}}=\frac{1}{18}$입니다.

❷ $\frac{1}{18}\times 18=1$이므로 문재가 혼자 이 일을 끝내려면 18일이 걸립니다.

08-2 24일

❶ 전체 일의 양을 1이라 하면

(유미가 하루 동안 하는 일의 양)$=\frac{2}{9}\div 16=\frac{\overset{1}{\cancel{2}}}{9}\times\frac{1}{\underset{8}{\cancel{16}}}=\frac{1}{72}$

(진우가 하루 동안 하는 일의 양)$=\frac{1}{6}\div 6=\frac{1}{6}\times\frac{1}{6}=\frac{1}{36}$

❷ (두 사람이 함께 하루 동안 하는 일의 양)$=\frac{1}{72}+\frac{1}{36}=\frac{1}{72}+\frac{2}{72}=\frac{3}{72}=\frac{1}{24}$

❸ $\frac{1}{24}\times 24=1$이므로 두 사람이 함께 하여 일을 끝내려면 24일이 걸립니다.

08-3 10일

❶ 전체 일의 양을 1이라 하면

(두 사람이 함께 하루 동안 하는 일의 양)$=\frac{7}{10}\div 2=\frac{7}{10}\times\frac{1}{2}=\frac{7}{20}$

(누나가 하루 동안 하는 일의 양)$=\frac{3}{4}\div 3=\frac{\overset{1}{\cancel{3}}}{4}\times\frac{1}{\underset{1}{\cancel{3}}}=\frac{1}{4}$

❷ (경수가 하루 동안 하는 일의 양)$=\frac{7}{20}-\frac{1}{4}=\frac{7}{20}-\frac{5}{20}=\frac{2}{20}=\frac{1}{10}$

❸ 경수가 하루 동안 하는 일의 양이 전체의 $\frac{1}{10}$이므로 혼자 이 일을 끝내려면 10일이 걸립니다.

실전 적용

26~29쪽

01 $1\frac{2}{7}$

❶ $5\times㉠=6\frac{3}{7}$ ⇨ $㉠=6\frac{3}{7}\div 5$

❷ $㉠=6\frac{3}{7}\div 5=\frac{45}{7}\div 5=\frac{45\div 5}{7}=\frac{9}{7}=1\frac{2}{7}$

02 1, 2

❶ $1\frac{5}{7}\div 2=\frac{12}{7}\div 2=\frac{12\div 2}{7}=\frac{6}{7}$

❷ $9\frac{1}{3}\div 4=\frac{28}{3}\div 4=\frac{28\div 4}{3}=\frac{7}{3}=2\frac{1}{3}$

❸ $\frac{6}{7}<\square<2\frac{1}{3}$이므로 □ 안에 들어갈 수 있는 자연수는 1, 2입니다.

03 4개

❶ $6\frac{7}{8}\div\square=\frac{55}{8}\div\square=\frac{55}{8}\times\frac{1}{\square}$이고 계산 결과의 분모가 8이 되려면 □ 안에 들어갈 수 있는 자연수는 55의 약수이어야 합니다.

❷ □ 안에 들어갈 수 있는 수는 1, 5, 11, 55로 모두 4개입니다.

04 2, 7

❶ $3\frac{\square}{11}\div 5\times 66=\frac{33+\square}{11}\div 5\times 66=\frac{33+\square}{\underset{1}{\cancel{11}}}\times\frac{1}{5}\times\overset{6}{\cancel{66}}=\frac{(33+\square)\times 6}{5}$

$\frac{(33\div\square)\times 6}{5}$이 자연수가 되려면 (33+□)가 5의 배수이어야 하고

□는 $3\frac{\square}{11}$에서 분모인 11보다 클 수 없습니다.

❷ □ 안에 들어갈 수 있는 수는 2, 7입니다.

05 5

❶ $8\times\frac{\square}{7}=6\frac{6}{7}$, $\frac{\square}{7}=6\frac{6}{7}\div 8=\frac{48}{7}\div 8=\frac{48\div 8}{7}=\frac{6}{7}$

❷ $\frac{\square}{7}<\frac{6}{7}$에서 □<6이므로 □ 안에 들어갈 수 있는 자연수 중 가장 큰 수는 5입니다.

06 $2\frac{2}{3}\,\text{cm}^2$

❶ (가장 작은 정사각형 한 개의 넓이)$=4\frac{4}{15}\div 16=\frac{64}{15}\div 16=\frac{64\div 16}{15}=\frac{4}{15}\,(\text{cm}^2)$

❷ 색칠한 부분의 넓이는 작은 정사각형 10개의 넓이와 같으므로

$\frac{4}{\underset{3}{\cancel{15}}}\times\overset{2}{\cancel{10}}=\frac{8}{3}=2\frac{2}{3}\,(\text{cm}^2)$입니다.

07 $4\frac{1}{2}$ m

❶ (겹친 부분의 길이)$=\frac{3}{16}\times 12=\frac{9}{4}=2\frac{1}{4}$ (m)

❷ (색 테이프 13장의 길이의 합)$=56\frac{1}{4}+2\frac{1}{4}=58\frac{2}{4}=58\frac{1}{2}$ (m)

❸ (색 테이프 한 장의 길이)$=58\frac{1}{2}\div 13=\frac{117}{2}\div 13=\frac{117\div 13}{2}=\frac{9}{2}=4\frac{1}{2}$ (m)

08 $7\frac{3}{5}$ cm²

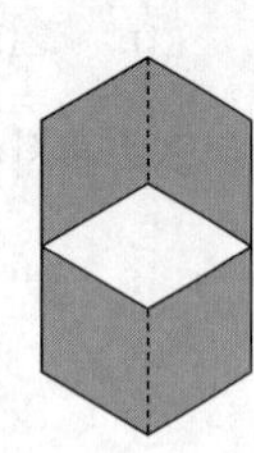

❶ 왼쪽과 같이 점선을 그으면 크기가 같은 마름모 5개로 나누어집니다.

❷ (색칠한 마름모 한 개의 넓이)

$=$(전체 넓이)$\div 5=9\frac{1}{2}\div 5=\frac{19}{2}\times\frac{1}{5}=\frac{19}{10}=1\frac{9}{10}$ (cm²)

❸ (색칠한 부분의 넓이)$=1\frac{9}{10}\times 4=\frac{19}{10}\times 4=\frac{38}{5}=7\frac{3}{5}$ (cm²)

09 $\frac{1}{3}$

❶ 어떤 수를 □라 하여 잘못 계산한 식을 세우면 □$\times 5=8\frac{1}{3}$ ⇨ □$=8\frac{1}{3}\div 5$입니다.

❷ □$=8\frac{1}{3}\div 5=\frac{25}{3}\div 5=\frac{25\div 5}{3}=\frac{5}{3}=1\frac{2}{3}$

❸ 바르게 계산하면 $1\frac{2}{3}\div 5=\frac{5}{3}\div 5=\frac{5\div 5}{3}=\frac{1}{3}$입니다.

10 $7\frac{11}{30}$ km

❶ (은우가 1분 동안 간 거리)$=\frac{2}{3}\div 5=\frac{2}{3}\times\frac{1}{5}=\frac{2}{15}$ (km)

❷ (소라가 1분 동안 간 거리)$=\frac{3}{5}\div 4=\frac{3}{5}\times\frac{1}{4}=\frac{3}{20}$ (km)

❸ (출발한 지 1분 후에 두 사람 사이의 거리)$=\frac{2}{15}+\frac{3}{20}=\frac{8}{60}+\frac{9}{60}=\frac{17}{60}$ (km)

❹ (출발한 지 26분 후에 두 사람 사이의 거리)$=\frac{17}{60}\times 26=\frac{221}{30}=7\frac{11}{30}$ (km)

11 오후 5시 19분 30초

❶ (하루 동안 늦게 가는 시간)$=8\frac{3}{4}\div 5=\frac{35}{4}\div 5=\frac{35\div 5}{4}=\frac{7}{4}=1\frac{3}{4}$(분)

❷ 7월 17일 오후 5시 30분부터 7월 23일 오후 5시 30분까지는 6일이므로

(7월 23일 오후 5시 30분까지 늦게 가는 시간)$=1\frac{3}{4}\times 6=\frac{7}{4}\times 6=\frac{21}{2}=10\frac{1}{2}$(분)

❸ $10\frac{1}{2}$분$=10\frac{30}{60}$분$=10$분 30초이므로

(7월 23일 오후 5시 30분에 이 시계가 가리키는 시각)

$=$오후 5시 30분$-$10분 30초$=$오후 5시 19분 30초

12 16일

❶ 전체 일의 양을 1이라 하면

(승지가 하루 동안 하는 일의 양)$=\frac{3}{8}\div 18=\frac{3}{8}\times\frac{1}{18}=\frac{1}{48}$

(성태가 하루 동안 하는 일의 양)$=\frac{5}{6}\div 20=\frac{5}{6}\times\frac{1}{20}=\frac{1}{24}$

❷ (두 사람이 함께 하루 동안 하는 일의 양)$=\frac{1}{48}+\frac{1}{24}=\frac{1}{48}+\frac{2}{48}=\frac{3}{48}=\frac{1}{16}$

❸ $\frac{1}{16}\times 16=1$이므로 두 사람이 함께 하여 일을 끝내려면 16일이 걸립니다.

2 각기둥과 각뿔

32~37쪽

각기둥 알아보기

01 ③ 02 5개
03 4개 04 7개, 15개, 10개
05 칠각기둥 06 육면체

01 ③ 위와 아래에 있는 면이 합동이 아닙니다.

02 각기둥은 밑면이 적어도 3개의 선분으로 둘러싸인 도형이어야 합니다. 따라서 밑면이 삼각형인 각기둥은 삼각기둥이고 이 각기둥의 면은 5개이므로 각기둥이 되려면 면이 적어도 5개 있어야 합니다.

03 • (오각기둥의 한 밑면의 변의 수)$=5$
• (구각기둥의 한 밑면의 변의 수)$=9$
⇨ $9-5=4$(개)

04 (한 밑면의 변의 수)$=5$
⇨ (면의 수)$=5+2=7$(개),
(모서리의 수)$=5\times3=15$(개),
(꼭짓점의 수)$=5\times2=10$(개)

05 (각기둥의 꼭짓점의 수)$=$(한 밑면의 변의 수)$\times2=14$(개)
(한 밑면의 변의 수)$=14\div2=7$
⇨ 한 밑면의 변의 수가 7인 각기둥이므로 칠각기둥입니다.

06 밑면이 사각형인 각기둥은 사각기둥이고, 이때 면의 수는 6이므로 사각기둥은 육면체입니다.

각기둥의 전개도 알아보기

01 면 ㅇㅅㅂㅋ 02 선분 ㅋㅊ

03

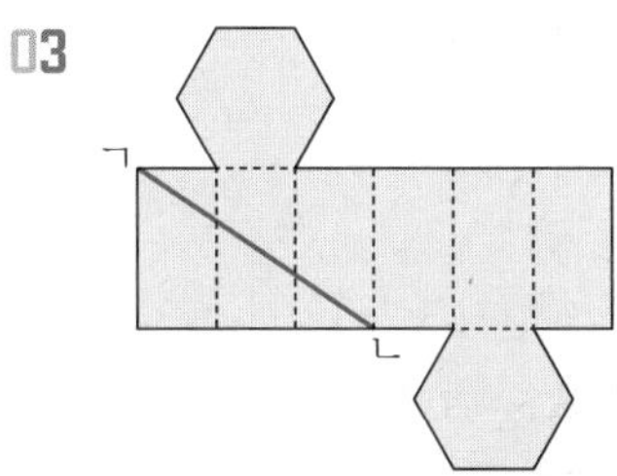

04

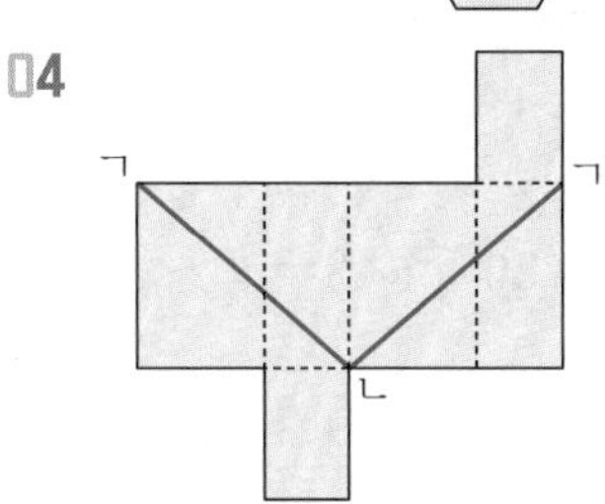

01 ㄹ(ㅇ) ㅁ(ㅅ) ㄱ(ㄷ, ㅈ) ㅋ ㄴ ㅂ ㅎ(ㅊ, ㅌ) ㅍ

02 점 ㄱ과 점 ㅋ, 점 ㄴ과 점 ㅊ이 만나게 되므로 선분 ㄱㄴ과 만나는 선분은 선분 ㅋㅊ입니다.

03 점 ㄱ에서 출발하여 점 ㄴ까지 세 옆면을 대각선으로 잇습니다.

04 점 ㄱ에서 출발하여 점 ㄴ까지 두 옆면을 대각선으로 이은 다음 다시 점 ㄱ까지 두 옆면을 대각선으로 잇습니다.

각뿔 알아보기

01 2개 02 삼각뿔
03 7개 04 7개, 12개, 7개
05 구각뿔 06 6개
07 16개

01 밑면이 다각형이고 옆면은 모두 삼각형인 입체도형을 모두 찾습니다.

02 각뿔의 옆면은 삼각형이므로 밑면도 삼각형이어야 합니다. 밑면이 삼각형인 각뿔은 삼각뿔입니다.

03 (각뿔의 옆면의 수)$=$(각뿔의 밑면의 변의 수)
⇨ (칠각뿔의 옆면의 수)$=$(칠각뿔의 밑면의 변의 수)$=7$

04 (밑면의 변의 수)$=6$
⇨ (면의 수)$=6+1=7$(개),
(모서리의 수)$=6\times2=12$(개),
(꼭짓점의 수)$=6+1=7$(개)

05 (각뿔의 모서리의 수)$=$(밑면의 변의 수)$\times2=18$(개)
(밑면의 변의 수)$=18\div2=9$
⇨ 밑면의 변의 수가 9인 각뿔이므로 구각뿔입니다.

06 (면의 수)$=$(밑면의 변의 수)$+1$
(밑면의 변의 수)$=4-1=3$에서 밑면의 변의 수가 3인 각뿔이므로 삼각뿔입니다.
⇨ (삼각뿔의 모서리의 수)$=3\times2=6$(개)

07 (각뿔의 꼭짓점의 수)$=$(밑면의 변의 수)$+1=6$(개)
(밑면의 변의 수)$=6-1=5$
⇨ (오각뿔의 면의 수)$=5+1=6$(개),
(오각뿔의 모서리의 수)$=5\times2=10$(개)이므로
$6+10=16$(개)입니다.

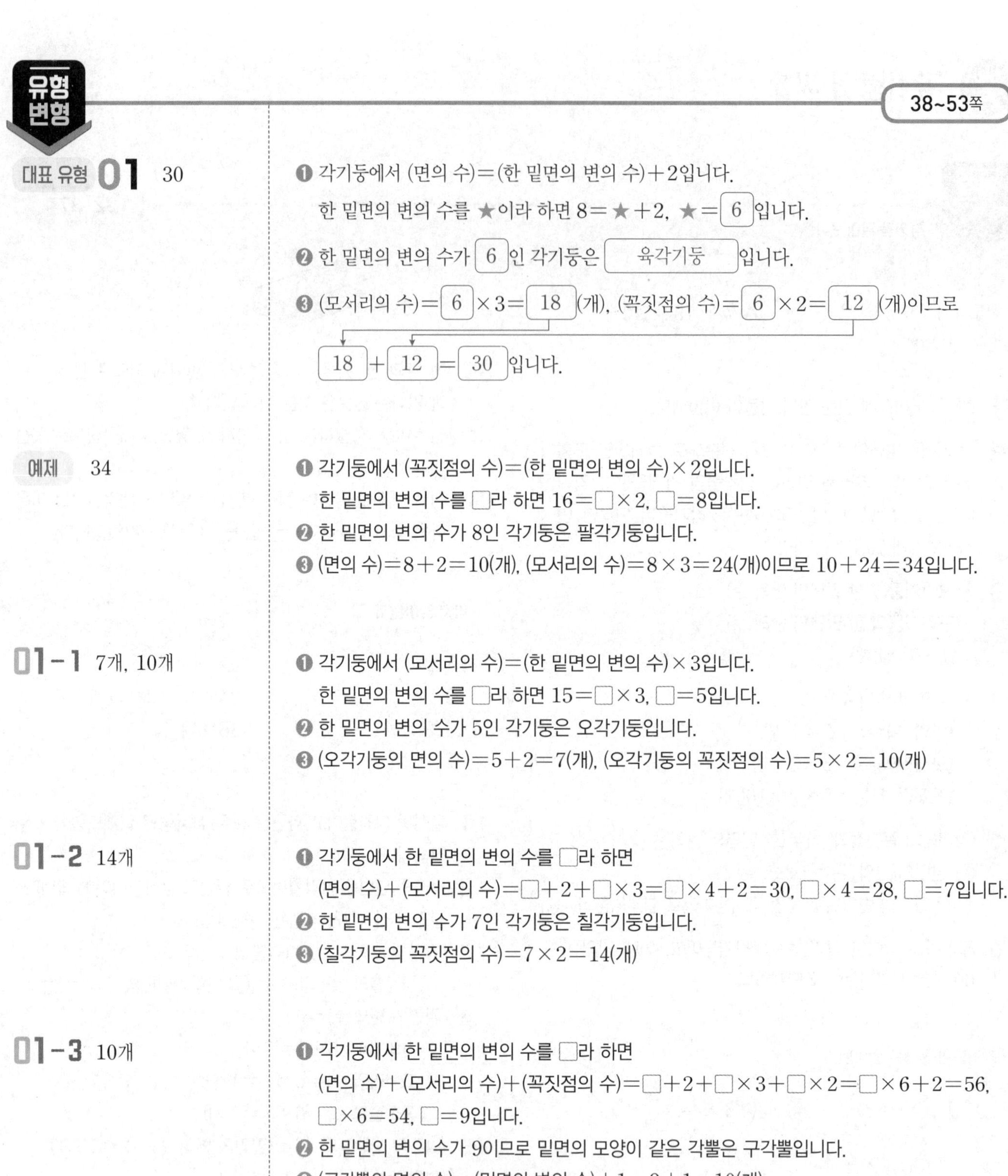

대표 유형 **01** 30

❶ 각기둥에서 (면의 수)=(한 밑면의 변의 수)+2입니다.
한 밑면의 변의 수를 ★이라 하면 8=★+2, ★=6입니다.

❷ 한 밑면의 변의 수가 6인 각기둥은 육각기둥입니다.

❸ (모서리의 수)=6×3=18(개), (꼭짓점의 수)=6×2=12(개)이므로
18+12=30입니다.

예제 34

❶ 각기둥에서 (꼭짓점의 수)=(한 밑면의 변의 수)×2입니다.
한 밑면의 변의 수를 □라 하면 16=□×2, □=8입니다.
❷ 한 밑면의 변의 수가 8인 각기둥은 팔각기둥입니다.
❸ (면의 수)=8+2=10(개), (모서리의 수)=8×3=24(개)이므로 10+24=34입니다.

01-1 7개, 10개

❶ 각기둥에서 (모서리의 수)=(한 밑면의 변의 수)×3입니다.
한 밑면의 변의 수를 □라 하면 15=□×3, □=5입니다.
❷ 한 밑면의 변의 수가 5인 각기둥은 오각기둥입니다.
❸ (오각기둥의 면의 수)=5+2=7(개), (오각기둥의 꼭짓점의 수)=5×2=10(개)

01-2 14개

❶ 각기둥에서 한 밑면의 변의 수를 □라 하면
(면의 수)+(모서리의 수)=□+2+□×3=□×4+2=30, □×4=28, □=7입니다.
❷ 한 밑면의 변의 수가 7인 각기둥은 칠각기둥입니다.
❸ (칠각기둥의 꼭짓점의 수)=7×2=14(개)

01-3 10개

❶ 각기둥에서 한 밑면의 변의 수를 □라 하면
(면의 수)+(모서리의 수)+(꼭짓점의 수)=□+2+□×3+□×2=□×6+2=56,
□×6=54, □=9입니다.
❷ 한 밑면의 변의 수가 9이므로 밑면의 모양이 같은 각뿔은 구각뿔입니다.
❸ (구각뿔의 면의 수)=(밑면의 변의 수)+1=9+1=10(개)

01-4 36개

❶ 각기둥에서 한 밑면의 변의 수를 □, 각뿔에서 밑면의 변의 수를 △라 하면
(각기둥의 면의 수)−(각뿔의 면의 수)=(□+2)−(△+1)=8 ⇨ □−△=7,
(각기둥의 꼭짓점의 수)+(각뿔의 꼭짓점의 수)=(□×2)+(△+1)=24
⇨ □×2+△=23입니다.
❷ □−△=7과 □×2+△=23에서 □−△+□×2+△=30, □×3=30,
□=30÷3=10이고, 10−△=7, △=10−7=3이므로
두 도형은 십각기둥과 삼각뿔입니다.
❸ (십각기둥의 모서리의 수)+(삼각뿔의 모서리의 수)=10×3+3×2=30+6=36(개)

대표 유형 02 44 cm

❶
4 cm
3 cm
3 cm
4 cm
7 cm
7 cm
5 cm
3 cm
3 cm
5 cm

❷ (전개도의 둘레)$=4+3+3+4+7+5+3+3+5+7=44$(cm)

예제 48 cm

❶

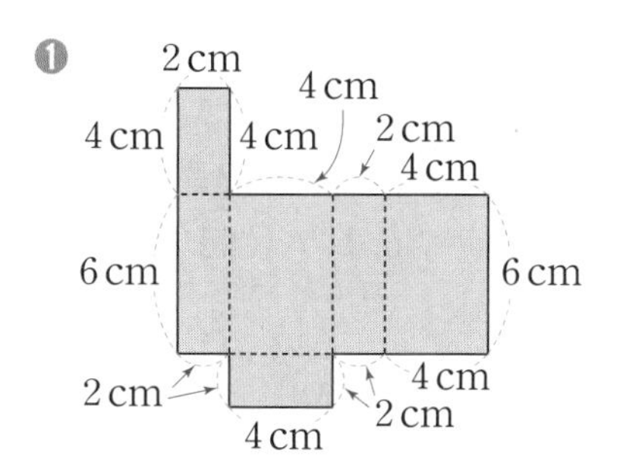

❷ (전개도의 둘레)$=2+4+4+2+4+6+4+2+2+4+2+2+6+4=48$ (cm)

02-1 102 cm

❶

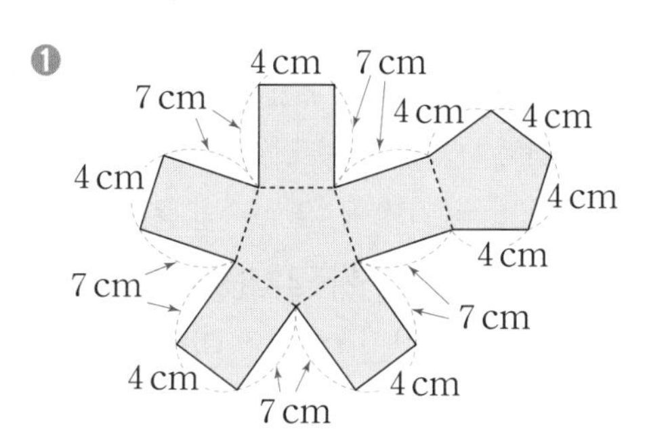

❷ 전개도에서 4 cm인 선분은 8개, 7 cm인 선분은 10개이므로
(전개도의 둘레)$=4\times8+7\times10=32+70=102$ (cm)입니다.

02-2 68 cm

❶

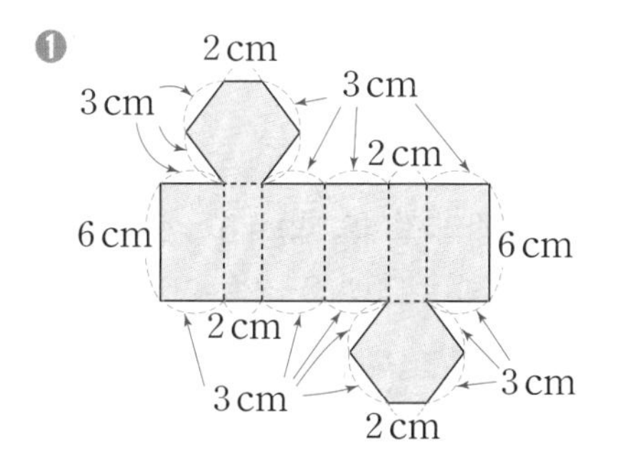

❷ 전개도에서 2 cm인 선분은 4개, 3 cm인 선분은 16개, 6 cm인 선분은 2개이므로
(전개도의 둘레)$=2\times4+3\times16+6\times2=8+48+12=68$ (cm)입니다.

02-3 70 cm

❶ 모서리의 길이가 5 cm로 모두 같습니다.
❷ 전개도에서 5 cm인 선분이 14개이므로 (전개도의 둘레)$=5\times14=70$ (cm)입니다.

대표 유형 03 5 cm

❶ 전개도를 접었을 때 서로 맞닿는 부분의 길이는 같습니다.

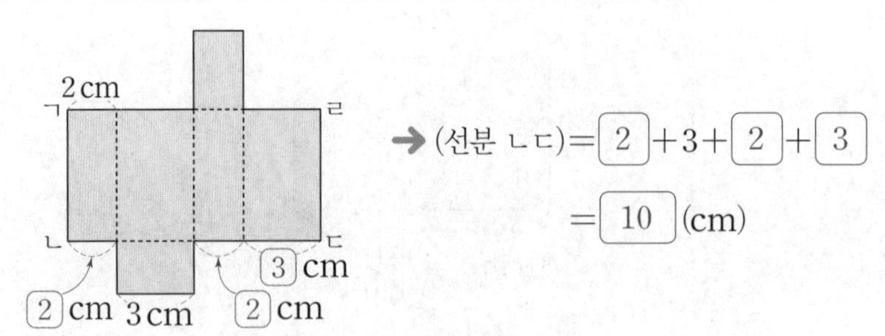

→ (선분 ㄴㄷ)= 2 +3+ 2 + 3 = 10 (cm)

❷ 직사각형 ㄱㄴㄷㄹ의 넓이는 $50\ cm^2$이므로
(선분 ㄴㄷ)×(선분 ㄱㄴ)=50, 10 ×(선분 ㄱㄴ)=50, (선분 ㄱㄴ)= 5 cm

예제 2 cm

❶ (선분 ㄱㄹ)=3+4+3+4=14 (cm)
❷ 직사각형 ㄱㄴㄷㄹ의 넓이는 $28\ cm^2$이므로
(선분 ㄱㄹ)×(선분 ㄱㄴ)=28, 14×(선분 ㄱㄴ)=28, (선분 ㄱㄴ)=2 cm

03-1 7 cm

❶ (선분 ㄴㄷ)=10+8+6=24 (cm)
❷ 직사각형 ㄱㄴㄷㄹ의 넓이는 $168\ cm^2$이므로
(선분 ㄴㄷ)×(선분 ㄱㄴ)=168, 24×(선분 ㄱㄴ)=168, (선분 ㄱㄴ)=7 cm

03-2 15 cm

❶ (선분 ㄱㄹ)=7×6=42 (cm)
❷ 직사각형 ㄱㄴㄷㄹ의 둘레가 114 cm이므로
((선분 ㄱㄹ)+(선분 ㄱㄴ))×2=114, 42+(선분 ㄱㄴ)=57, (선분 ㄱㄴ)=15 cm

03-3 $325\ cm^2$

❶ ((선분 ㄱㄴ)+(선분 ㄴㄷ))×2=42, (선분 ㄱㄴ)+8=21, (선분 ㄱㄴ)=13 cm
❷ (옆면의 넓이의 합)=(8+9+6+2)×13=25×13=325 (cm^2)

대표 유형 04 56 cm

❶ (한 밑면의 둘레)= 3 ×4= 12 (cm)

❷ (높이를 나타내는 모서리의 길이의 합)= 8 ×4= 32 (cm)

❸ (모든 모서리의 길이의 합)= 12 ×2+ 32 = 56 (cm)

예제 60 cm

❶ (한 밑면의 둘레)=5×4=20 (cm)
❷ (높이를 나타내는 모서리의 길이의 합)=5×4=20 (cm)
❸ (모든 모서리의 길이의 합)=20×2+20=60 (cm)

04-1 125 cm

❶ (한 밑면의 둘레)=6×5=30 (cm)
❷ (높이를 나타내는 모서리의 길이의 합)=13×5=65 (cm)
❸ (모든 모서리의 길이의 합)=30×2+65=60+65=125 (cm)

04-2 48 cm

❶ (한 밑면의 둘레)=4×4=16 (cm)
❷ (높이를 나타내는 모서리의 길이의 합)=4×4=16 (cm)
❸ (모든 모서리의 길이의 합)=16×2+16=32+16=48 (cm)

04-3 72 cm

❶ 삼각기둥의 전개도에서 한 선분의 길이를 □cm라 하면
(전개도의 둘레)=□×10=80, □=80÷10=8입니다.
❷ (삼각기둥의 모서리의 수)=3×3=9(개)
❸ (모든 모서리의 길이의 합)=8×9=72 (cm)

대표 유형 05 38 cm

❶ 빗금 친 부분의 둘레를 이루는 선분은 8 cm인 선분 2개와 7 cm, 9 cm, 6 cm인 선분이 각각 1개입니다.
❷ (빗금 친 부분의 둘레)=8×2+7+9+6
=38 (cm)

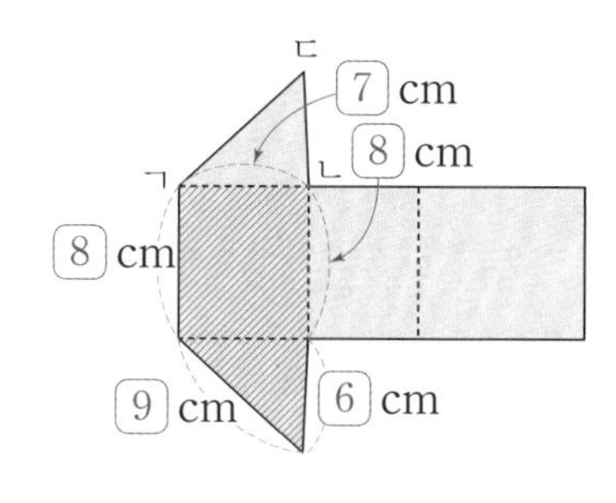

예제 34 cm

❶ 빗금 친 부분의 둘레를 이루는 선분은 9 cm인 선분 2개와 4 cm, 5 cm, 7 cm인 선분이 각각 1개입니다.
❷ (빗금 친 부분의 둘레)=9×2+4+5+7
=18+4+5+7=34 (cm)

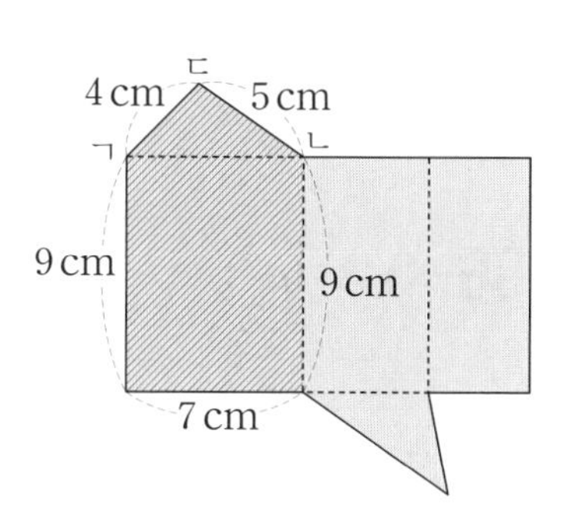

05-1 47 cm

❶ 빗금 친 부분의 둘레를 이루는 선분은 5 cm인 선분 4개, 6 cm인 선분 2개, 4 cm, 11 cm인 선분이 각각 1개입니다.
❷ (빗금 친 부분의 둘레)
=5×4+6×2+4+11
=20+12+4+11=47 (cm)

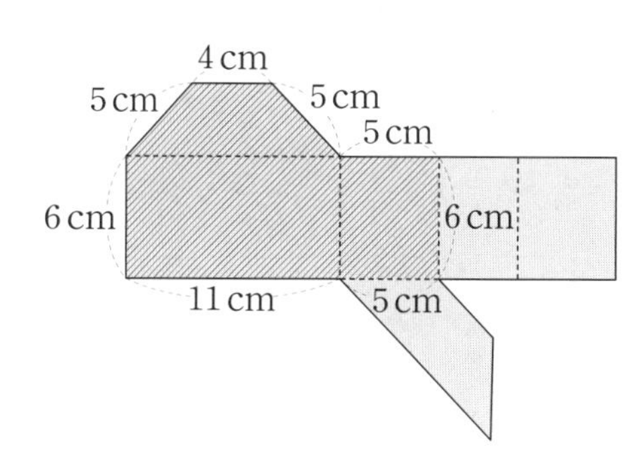

05-2 48 cm

❶ 육각기둥의 모든 모서리의 길이가 같으므로 한 모서리의 길이를 □cm라 하면
(빗금 친 부분의 둘레)=□×14=112, □=112÷14=8입니다.
❷ 한 모서리의 길이가 8 cm인 정육면체이므로 (한 밑면의 둘레)=8×6=48 (cm)입니다.

05-3 315 cm^2

❶ 오각기둥의 높이를 □cm라 하면 둘레를 이루는 선분은 7 cm인 선분 8개, □cm인 선분 2개입니다.
❷ (빗금 친 부분의 둘레)=7×8+□×2=74,
56+□×2=74, □×2=18, □=9입니다.
❸ (옆면의 넓이의 합)
=(옆면의 넓이)×5=7×9×5=315 (cm^2)

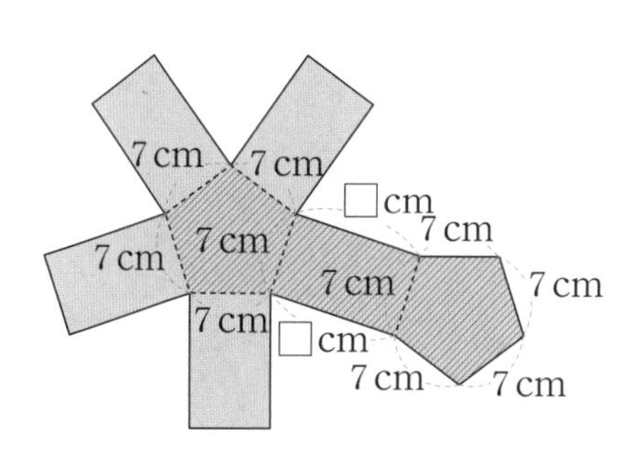

대표 유형 06 48 cm

❶ (밑면의 둘레)=$5\times4=$ [20] (cm)

❷ (옆면의 모서리의 길이의 합)= [7] $\times4=$ [28] (cm)

❸ (모든 모서리의 길이의 합)= [20] + [28] = [48] (cm)

예제 100 cm

❶ (밑면의 둘레)$=8\times5=40$ (cm)
❷ (옆면의 모서리의 길이의 합)$=12\times5=60$ (cm)
❸ (모든 모서리의 길이의 합)$=40+60=100$ (cm)

06-1 72 cm

❶ (육각뿔의 모서리의 수)$=6\times2=12$(개)
❷ (모든 모서리의 길이의 합)$=6\times12=72$ (cm)

06-2 42 cm

❶ (밑면의 둘레)$=5\times3=15$ (cm)
❷ (옆면의 모서리의 길이의 합)$=9\times3=27$ (cm)
❸ (모든 모서리의 길이의 합)$=15+27=42$ (cm)

06-3 8 cm

❶ (밑면의 둘레)$=(7+4)\times2=11\times2=22$ (cm)
❷ 옆면의 모서리의 길이를 □ cm라 하면 옆면의 모서리의 길이의 합은 (□$\times$4) cm입니다.
❸ (모든 모서리의 길이의 합)$=22+$□$\times4=54$, □$\times4=32$, □$=8$이므로 옆면의 모서리의 길이는 8 cm입니다.

대표 유형 07 260 cm

❶ 20 cm인 모서리와 길이가 같은 테이프: [2]개,
30 cm인 모서리와 길이가 같은 테이프: [2]개,
40 cm인 모서리와 길이가 같은 테이프: [4]개

❷ (필요한 테이프의 길이)$=20\times$ [2] $+30\times$ [2] $+40\times$ [4]
= [40] + [60] + [160]
= [260] (cm)

예제 360 cm

❶ 60 cm인 모서리와 길이가 같은 테이프: 2개,
20 cm인 모서리와 길이가 같은 테이프: 2개,
50 cm인 모서리와 길이가 같은 테이프: 4개
❷ (필요한 테이프의 길이)$=60\times2+20\times2+50\times4=120+40+200=360$ (cm)

07-1 168 cm

❶ 25 cm인 모서리와 길이가 같은 끈: 2개,
30 cm인 모서리와 길이가 같은 끈: 2개,
$5+5=10$ (cm)인 모서리와 길이가 같은 끈: 4개
❷ (스티로폼에 사용되는 끈의 길이)$=25\times2+30\times2+10\times4$
$=50+60+40=150$ (cm)
❸ (필요한 끈의 길이)$=150+18=168$ (cm)

07-2 450 cm

❶ (육각뿔의 모서리의 수)$=6\times2=12$(개)

❷ 한 모서리의 길이를 □cm라 하면 $\square\times12=900$, $\square=900\div12=75$입니다.

❸ (옆면에 필요한 끈의 길이)$=75\times6=450$ (cm)

07-3 115 cm

❶ (한 번 둘러싸는 데 필요한 실의 길이)$=125\div5=25$ (cm)

❷ 한 밑면의 둘레가 25 cm이므로
(모든 모서리의 길이의 합)$=25\times2+13\times5=50+65=115$ (cm)입니다.

대표 유형 08 풀이 참조

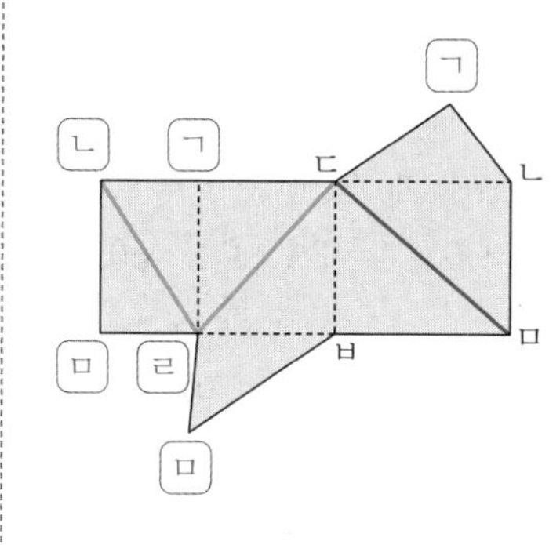

❶ 점 ㅁ과 점 ㄷ을 잇습니다.

❷ 점 ㄷ과 점 ㄹ을 잇습니다.

❸ 점 ㄹ과 점 ㄴ을 잇습니다.

예제 풀이 참조

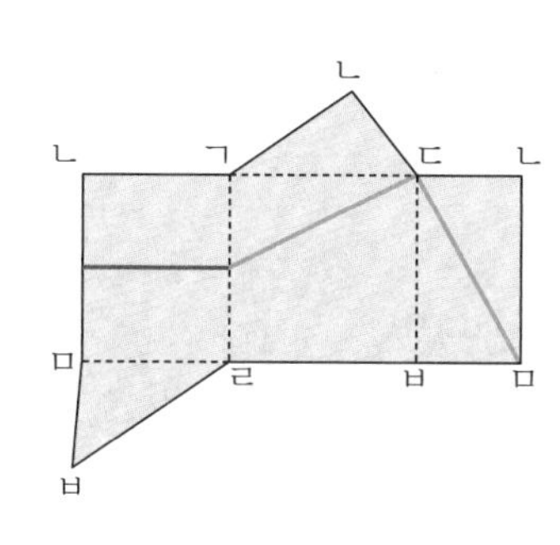

❶ 점 ㅁ과 점 ㄷ을 잇습니다.

❷ 점 ㄷ과 선분 ㄱㄹ의 가운데 점을 잇습니다.

❸ 선분 ㄱㄹ의 가운데 점과 선분 ㄴㅁ의 가운데 점을 잇습니다.

08-1 풀이 참조

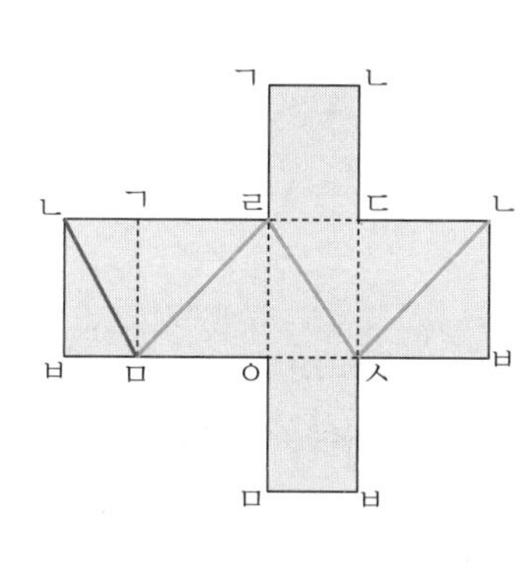

❶ 점 ㄴ과 점 ㅁ을 잇습니다.

❷ 점 ㅁ과 점 ㄹ을 잇습니다.

❸ 점 ㄹ과 점 ㅅ을 잇습니다.

❹ 점 ㅅ과 점 ㄴ을 잇습니다.

08-2 풀이 참조

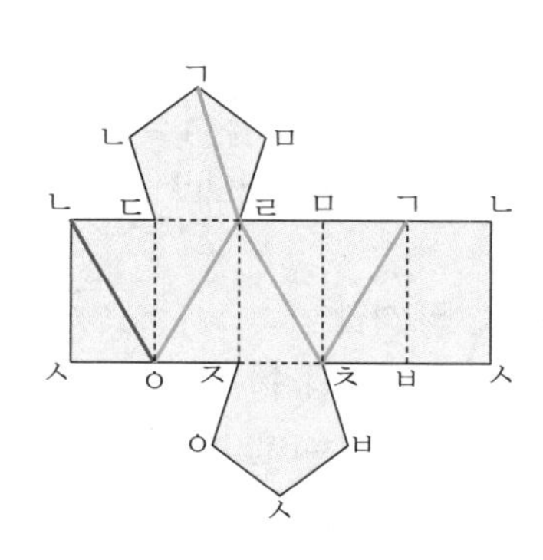

❶ 점 ㄴ과 점 ㅇ을 잇습니다.

❷ 점 ㅇ과 점 ㄹ을 잇습니다.

❸ 점 ㄹ과 점 ㅊ을 잇습니다.

❹ 점 ㅊ과 점 ㄱ을 잇습니다.

❺ 점 ㄱ과 점 ㄹ을 잇습니다.

08-3 풀이 참조

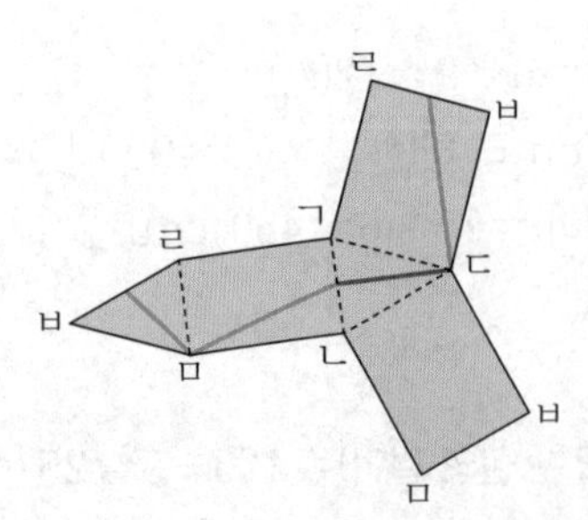

❶ 점 ㄷ과 선분 ㄱㄴ의 가운데 점을 잇습니다.
❷ 선분 ㄱㄴ의 가운데 점과 점 ㅁ을 잇습니다.
❸ 점 ㅁ과 선분 ㄹㅂ의 가운데 점을 잇습니다.
❹ 선분 ㄹㅂ의 가운데 점과 점 ㄷ을 잇습니다.

실전 적용

54~57쪽

01 60 cm

❶ 전개도에서 2 cm인 선분은 18개, 6 cm인 선분은 4개입니다.
❷ (전개도의 둘레)$=2\times18+6\times4=36+24=60$ (cm)

02 42 cm

❶ 빗금 친 부분의 둘레를 이루는 선분은 5 cm인 선분 4개, 4 cm인 선분 4개, 3 cm인 선분 2개입니다.
❷ (빗금 친 부분의 둘레)
$=5\times4+4\times4+3\times2=20+16+6=42$ (cm)

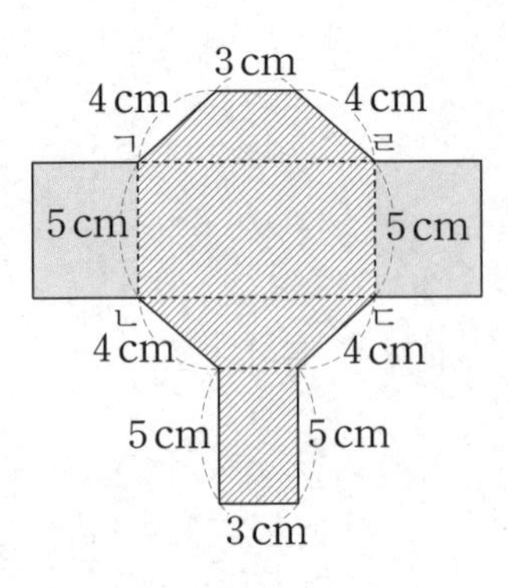

03 44 cm

❶ (밑면의 둘레)$=6\times4=24$ (cm)
❷ (옆면의 모서리의 길이의 합)$=5\times4=20$ (cm)
❸ (모든 모서리의 길이의 합)$=24+20=44$ (cm)

04 5 cm

❶

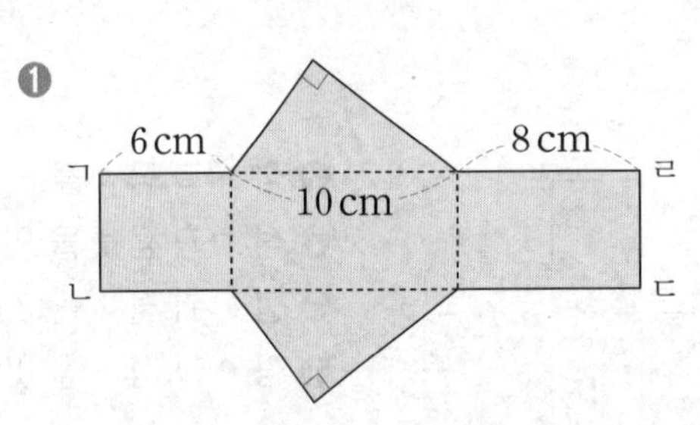

❷ (선분 ㄱㄹ)$=6+10+8=24$ (cm)
❸ 옆면의 넓이의 합이 120 cm^{2}이므로 $24\times$(선분 ㄱㄴ)$=120$, (선분 ㄱㄴ)$=5$ cm입니다.

05 9 cm

❶ (한 밑면의 둘레)$=(8+6)\times2=28$ (cm)
❷ 높이를 나타내는 모서리의 길이를 □cm라 하면 높이를 나타내는 모서리의 길이의 합은 (□$\times4$) cm입니다.
❸ (모든 모서리의 길이의 합)$=28\times2+$□$\times4=92$, $56+$□$\times4=92$, □$\times4=36$, □$=9$이므로 사각기둥의 높이는 9 cm입니다.

06 팔각뿔

❶ 각뿔의 밑면의 변의 수를 □라 하면
(면의 수)+(모서리의 수)+(꼭짓점의 수)$=$□$+1+$□$\times2+$□$+1=34$,
□$\times4+2=34$, □$\times4=32$, □$=8$입니다.
❷ 밑면의 변의 수가 8인 각뿔이므로 팔각뿔입니다.

07 106 cm

❶ (한 밑면의 둘레)=280÷10=28 (cm)
❷ (높이를 나타내는 모서리의 길이의 합)=10×5=50 (cm)
❸ (모든 모서리의 길이의 합)=28×2+50=56+50=106 (cm)

08 100 cm

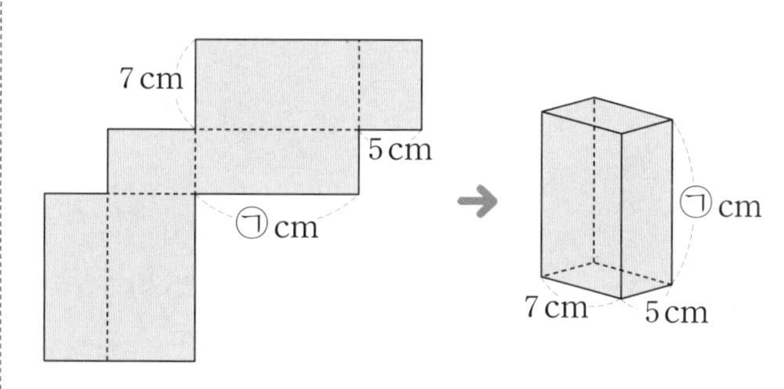

❶ 길이를 모르는 모서리의 길이를 ㉠ cm라 하면
(전개도의 둘레)=7×4+5×6+㉠×4=110이므로
28+30+㉠×4=110, 58+㉠×4=110, ㉠×4=52, ㉠=13입니다.
❷ (한 밑면의 둘레)=(7+5)×2=24 (cm)
❸ (높이를 나타내는 모서리의 길이의 합)=㉠×4=13×4=52 (cm)
❹ (사각기둥의 모든 모서리의 길이의 합)=24×2+52=100 (cm)

09 15 cm

❶ (면 ㉯의 넓이)=(선분 ㅋㅊ)×(선분 ㅋㅂ)=7×(선분 ㅋㅂ)=42, (선분 ㅋㅂ)=6 cm
❷ (면 ㉮의 넓이)=(선분 ㄹㅋ)×(선분 ㅋㅂ)=(선분 ㄹㅋ)×6=24, (선분 ㄹㅋ)=4 cm
❸ (선분 ㅁㅇ)=4+7+4=15 (cm)

10 160 cm

❶ 각뿔의 밑면의 변의 수를 □라 하면
(꼭짓점의 수)=□+1=11, □=11−1=10이므로 십각뿔입니다.
❷ (십각뿔의 모서리의 수)=10×2=20(개)
❸ (모든 모서리의 길이의 합)=8×20=160 (cm)

11 240 cm

❶ 22 cm인 모서리와 길이가 같은 끈: 4개,
20 cm인 모서리와 길이가 같은 끈: 4개,
18 cm인 모서리와 길이가 같은 끈: 4개
❷ (필요한 끈의 길이)=22×4+20×4+18×4
=88+80+72=240 (cm)

12 20 cm

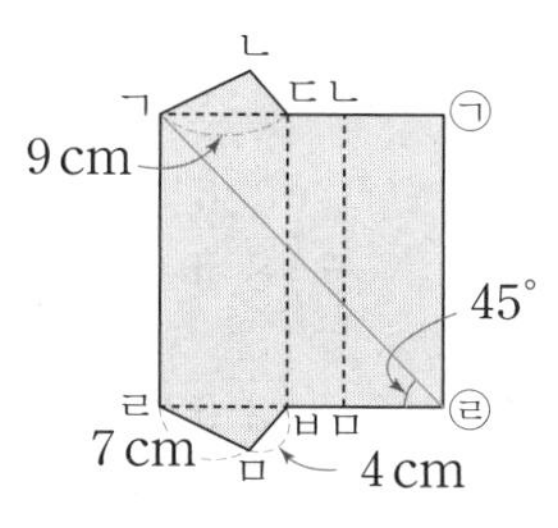

❶ 삼각형 ㄱㄹ㉣은 세 각이 각각 45°, 45°, 90°인 이등변삼각형입니다.
❷ (선분 ㄱㄹ)=(선분 ㄹ㉣)
=(선분 ㄹㅂ)+(선분 ㅂㅁ)+(선분 ㅁ㉣)
=9+4+7=20 (cm)

3 소수의 나눗셈

60~65쪽

(소수)÷(자연수) (1)

01 $4.38\div6=\frac{438}{100}\div6=\frac{438\div6}{100}=\frac{73}{100}=0.73$

02 3.9 **03** ㉣

04 (1) (위부터) 3, 8, 3, 3, 9 (2) (위부터) 0, 9, 8, 5, 8

01 분모가 100인 분수로 나타내어 계산합니다.

02 $46.8>37.2>32.4>28.8$이므로 가장 큰 수는 46.8입니다.
⇨ $46.8\div12=3.9$

03 (나누어지는 수)<(나누는 수)이면 몫이 1보다 작습니다.
⇨ ㉣ $10.5\div15=0.7$

04 (1)

```
       5.3
1㉠)6㉡.9
     6 5
       ㉢9
       ㉣㉤
         0
```

1㉠×5=65 ⇨ ㉠=3
13×3=㉣㉤ ⇨ ㉣=3, ㉤=9
㉢9−39=0 ⇨ ㉢=3
6㉡−65=3 ⇨ ㉡=8

(2)

```
     ㉠.6㉡
㉢)㉣.5 2
    4㉤
      7 2
      7 2
        0
```

㉣5−4㉤=7 ⇨ ㉣=5, ㉤=8, ㉠=0
㉢×6=48 ⇨ ㉢=8
8×㉡=72 ⇨ ㉡=9

(소수)÷(자연수) (2)

01 (1) 7.45 (2) 3.05 **02** 승훈
03 (1) 4.28 (2) 7.04 **04** 3.35
05 0.35 kg **06** 8.02 L

01 (1)

```
      7.4 5
8)5 9.6 0
  5 6
    3 6
    3 2
      4 0
      4 0
        0
```

(2)

```
        3.0 5
2 2)6 7.1 0
    6 6
      1 1 0
      1 1 0
          0
```

02 나누는 수가 같을 때 나누어지는 수가 $\frac{1}{100}$배가 되면 몫도 $\frac{1}{100}$배가 됩니다.
• 혜은: $2530\div5=506$이니까 $25.3\div5=5.06$이야.

03 (1) $5\times\square=21.4$ ⇨ $21.4\div5=\square$, $\square=4.28$
(2) $\square\times7=49.28$ ⇨ $49.28\div7=\square$, $\square=7.04$

참고

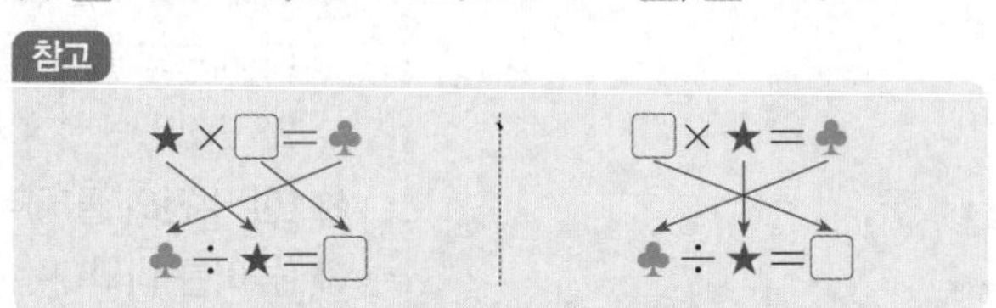

04 어떤 소수를 □라 하면 $\square\times8=26.8$에서 $26.8\div8=\square$, $\square=3.35$입니다.

05 1켤레는 2짝이므로 운동화 한 짝의 무게는 $0.7\div2=0.35$ (kg)입니다.

06 일주일은 7일이므로 재정이네 식구가 하루에 마신 생수는 $56.14\div7=8.02$ (L)입니다.

(자연수)÷(자연수)

01 52.5, 5.25 **02** (1) 1.6 (2) 0.64
03 ㉡ **04** (1) 3.4 (2) 2.25
05 7.5, 2.5 **06** 10.5

01 나누는 수가 같을 때 나누어지는 수가 $\frac{1}{10}$배, $\frac{1}{100}$배가 되면 몫도 $\frac{1}{10}$배, $\frac{1}{100}$배가 됩니다.
$420\div8=52.5$, $42\div8=5.25$

02 (1)

```
   1.6
5)8.0
  5
  3 0
  3 0
    0
```

(2)

```
      0.6 4
7 5)4 8.0 0
    4 5 0
      3 0 0
      3 0 0
          0
```

03 ㉠ $19\div4=4.75$ ㉡ $32\div25=1.28$
㉢ $15\div12=1.25$
⇨ 몫의 소수 둘째 자리 숫자가 다른 하나는 ㉡입니다.

04 (1) (정오각형의 한 변의 길이)$=17\div5=3.4$ (cm)
(2) (정팔각형의 한 변의 길이)$=18\div8=2.25$ (cm)

05 두 식을 더하면 ㉠+㉡+㉠−㉡$=10+5=15$이므로 ㉠+㉠$=15$, ㉠$\times2=15$, $15\div2=$㉠, ㉠$=7.5$입니다.
㉠+㉡$=10$에서 $7.5+$㉡$=10$, $10-7.5=$㉡, ㉡$=2.5$입니다.

06 두 수 중 큰 수를 ㉠, 작은 수를 ㉡이라 하면 ㉠+㉡$=16.5$, ㉠−㉡$=4.5$입니다.
두 식을 더하면 ㉠+㉡+㉠−㉡$=16.5+4.5=21$이므로 ㉠+㉠$=21$, ㉠$\times2=21$, $21\div2=$㉠, ㉠$=10.5$입니다.

66~81쪽

대표 유형 01 2, 3, 4

❶ $29.61\div7=$ 4.23 , $36.16\div8=$ 4.52
❷ 4.23 < 4.■7 < 4.52 에서 ■에 들어갈 수 있는 수는 2 , 3 , 4 입니다.

예제 7, 8, 9

❶ $28\div5=5.6$, $23.76\div4=5.94$
❷ $5.6<5.\square<5.94$에서 □ 안에 들어갈 수 있는 수는 7, 8, 9입니다.

01-1 4개

❶ $56.7\div6=9.45$, $88.02\div9=9.78$
❷ $9.45<9.\square6<9.78$에서 □ 안에 들어갈 수 있는 수는 4, 5, 6, 7이므로 모두 4개입니다.

01-2 3개

❶ $79.8\div7=11.4$, $137.7\div9=15.3$이므로 $11.4<\square<15.3$에서 $\square=12, 13, 14, 15$입니다.
❷ $149.4\div12=12.45$, $258.3\div15=17.22$이므로 $12.45<\square<17.22$에서 $\square=13, 14, 15, 16, 17$입니다.
❸ ❶, ❷에서 □ 안에 공통으로 들어갈 수 있는 자연수는 13, 14, 15로 모두 3개입니다.

01-3 65

❶ $21\div6=3.5$, $69\div15=4.6$
❷ $3.5<\square\div8<4.6$에서 $3.5\times8<\square\div8\times8<4.6\times8$ ⇨ $28<\square<36.8$입니다.
❸ □ 안에 들어갈 수 있는 자연수 중에서 가장 작은 수는 29이고 가장 큰 수는 36이므로 합은 $29+36=65$입니다.

대표 유형 02 2.18

❶ 몫이 가장 크려면 나누어지는 수를 가장 (크게, 작게), 나누는 수를 가장 (크게, 작게) 해야 합니다.
❷ 가장 큰 소수 두 자리 수: 6.54 , 가장 작은 한 자리 수: 3
❸ 몫이 가장 큰 나눗셈식: 6.54 ÷ 3 = 2.18

예제 0.52

❶ 몫이 가장 작으려면 나누어지는 수를 가장 작게, 나누는 수를 가장 크게 해야 합니다.
❷ 가장 작은 소수 두 자리 수: 4.68, 가장 큰 한 자리 수: 9
❸ 몫이 가장 작은 나눗셈식: $4.68\div9=0.52$

02-1 2.44

❶ $9>7>6>5>4$이므로 가장 큰 소수 두 자리 수: 9.76, 가장 작은 한 자리 수: 4
❷ $9.76 \div 4 = 2.44$

02-2 3.75

❶ $0<3<4<5<8$이므로 가장 작은 두 자리 수: 30, 가장 큰 한 자리 수: 8
❷ $30 \div 8 = 3.75$

02-3 2.95

❶ $9>8>7>5>4$이므로 가장 큰 소수 한 자리 수: 9.8, 가장 작은 한 자리 수: 4
⇨ 몫이 가장 큰 나눗셈식: $9.8 \div 4 = 2.45$
❷ $4<5<7<8<9$이므로 가장 작은 소수 한 자리 수: 4.5, 가장 큰 한 자리 수: 9
⇨ 몫이 가장 작은 나눗셈식: $4.5 \div 9 = 0.5$
❸ $2.45 + 0.5 = 2.95$

대표 유형 03 0.25 km

❶ 1시간 36분= 60 분+36분= 96 분
❷ (상준이가 자전거를 타고 1분 동안 간 거리)=(전체 간 거리)÷(걸린 시간)
=24÷ 96 = 0.25 (km)

예제 1.35 km

❶ 2시간 24분=120분+24분=144분
❷ (미래가 버스를 타고 1분 동안 간 거리)=194.4÷144=1.35 (km)

03-1 0.81 L

❶ 1시간 3분=60분+3분=63분
❷ (수도에서 1분 동안 나온 물의 양)=51.03÷63=0.81 (L)

03-2 0.09 km

❶ (산책로 4바퀴의 길이)=$1.8 \times 4 = 7.2$ (km)
❷ 1시간 20분=60분+20분=80분
❸ (종태가 1분 동안 걸은 거리)=7.2÷80=0.09 (km)

03-3 13.33 km

❶ 2시간 25분=120분+25분=145분
❷ (지연이가 유람선을 타고 1분 동안 간 거리)=62.35÷145=0.43 (km)
❸ (지연이가 유람선을 타고 31분 동안 간 거리)=$0.43 \times 31 = 13.33$ (km)

03-4 22.5 km

❶ 45분=$\frac{45}{60}$시간=(45÷60)시간=0.75시간
❷ (자동차로 45분 동안 간 거리)=$90 \times 0.75 = 67.5$ (km)
❸ (자전거로 한 시간 동안 간 거리)=67.5÷3=22.5 (km)

다른 풀이

(자동차로 1분 동안 간 거리)=90÷60=1.5 (km)
(자동차로 45분 동안 간 거리)=$1.5 \times 45 = 67.5$ (km)
(자전거로 한 시간 동안 간 거리)=67.5÷3=22.5 (km)

대표 유형 04 7.96

❶ (눈금 4칸의 크기)=12.76−3.16= 9.6

➔ (눈금 한 칸의 크기)= 9.6 ÷4= 2.4

❷ ■에 알맞은 수는 3.16에서 2.4 씩 2칸 더 간 수이므로

3.16+ 2.4 ×2= 7.96 입니다.

예제 15.92

❶ (눈금 9칸의 크기)=24.04−5.77=18.27

⇨ (눈금 한 칸의 크기)=18.27÷9=2.03

❷ □ 안에 알맞은 수는 5.77에서 2.03씩 5칸 더 간 수이므로 5.77+2.03×5=15.92입니다.

참고

□ 안에 알맞은 수는 24.04에서 2.03씩 4칸 덜 간 수이므로 24.04−2.03×4=15.92라고 구할 수도 있습니다.

04-1 22.86, 27.86

❶ (눈금 7칸의 크기)=32.86−15.36=17.5

⇨ (눈금 한 칸의 크기)=17.5÷7=2.5

❷ ㉠=15.36+2.5×3=22.86, ㉡=32.86−2.5×2=27.86

04-2 29.9

❶ (눈금 8칸의 크기)=33.2−4=29.2

⇨ (눈금 한 칸의 크기)=29.2÷8=3.65

❷ ㉠=4+3.65=7.65, ㉡=33.2−3.65×3=22.25

❸ ㉠+㉡=7.65+22.25=29.9

04-3 7.08

❶ (큰 눈금 6칸의 크기)=13.2−2.4=10.8

⇨ (큰 눈금 한 칸의 크기)=10.8÷6=1.8

❷ (작은 눈금 한 칸의 크기)=1.8÷5=0.36

❸ ㉠=2.4+1.8×2=6이므로 □=6+0.36×3=7.08입니다.

대표 유형 05 7.75 m

❶ (나무 사이의 간격 수)=17− 1 = 16 (군데)

❷ (나무 사이의 간격)=124÷ 16 = 7.75 (m)

예제 8.45 m

❶ (나무 사이의 간격 수)=21−1=20(군데)

❷ (나무 사이의 간격)=169÷20=8.45 (m)

05-1 6.12 cm

❶ (점 사이의 간격 수)=8−1=7(군데)

❷ (점 사이의 간격)=42.84÷7=6.12 (cm)

05-2 1.85 m

❶ 원 모양의 땅의 둘레에 말뚝 26개를 박으려면 말뚝 사이의 간격 수도 26군데입니다.

❷ (말뚝 사이의 간격)=48.1÷26=1.85 (m)

05-3 6.05 m

❶ (도로의 한쪽에 세우려는 가로등 수)$=30\div2=15$(개)
❷ (도로의 한쪽에 세우려는 가로등 사이의 간격 수)$=15-1=14$(군데)
❸ (가로등 사이의 간격)$=84.7\div14=6.05$ (m)

05-4 18.15 m

❶ (땅의 둘레)$=72.6\times3=217.8$ (m)
❷ 정삼각형 모양의 땅의 둘레에 화분 12개를 놓는다면 화분 사이의 간격 수도 12군데입니다.
❸ (화분 사이의 간격)$=217.8\div12=18.15$ (m)

대표 유형 06 3.17

❶ 어떤 수를 ■라 하여 잘못 계산한 식을 세우면 ■$\times$ 3 $=28.53$입니다.
❷ ■$\times$ 3 $=28.53$ ➔ $28.53\div$ 3 $=$■, ■$=$ 9.51
❸ 바르게 계산하면 9.51 $\div$ 3 $=$ 3.17 입니다.

예제 0.65

❶ 어떤 수를 □라 하여 잘못 계산한 식을 세우면 □$\times8=41.6$
❷ □$\times8=41.6$ ⇨ $41.6\div8=$□, □$=5.2$
❸ 바르게 계산하면 $5.2\div8=0.65$

06-1 4.86

❶ 어떤 수를 □라 하여 식을 세우면 □$\div9=13.5$
❷ □$\div9=13.5$ ⇨ $13.5\times9=$□, □$=121.5$
❸ 어떤 수를 25로 나누면 $121.5\div25=4.86$

06-2 3.4

❶ 어떤 수를 □라 하여 잘못 계산한 식을 세우면 $17\times$□$=85$
❷ $17\times$□$=85$ ⇨ $85\div17=$□, □$=5$
❸ 바르게 계산하면 $17\div5=3.4$

06-3 2.34

❶ 어떤 수를 □라 하여 잘못 계산한 식을 세우면 □$\div6=6.24$
❷ □$\div6=6.24$ ⇨ $6.24\times6=$□, □$=37.44$
❸ 바르게 계산하면 $37.44\div16=2.34$

06-4 9.1

❶ 어떤 수를 □라 하여 잘못 계산한 식을 세우면 (□$+4)\times14=92.4$
❷ (□$+4)\times14=92.4$ ⇨ □$+4=92.4\div14$, □$+4=6.6$, $6.6-4=$□, □$=2.6$
❸ 바르게 계산하면 $2.6\div4\times14=0.65\times14=9.1$

대표 유형 07 4.4 cm

❶ (직사각형 ㄱㄴㄷㄹ의 넓이)$=11\times6=$ 66 (cm^2)
❷ (삼각형 ㄹㅁㄷ의 넓이)$=$(직사각형 ㄱㄴㄷㄹ의 넓이)$\div5$
$=$ 66 $\div5=$ 13.2 (cm^2)
❸ 선분 ㅁㄷ의 길이를 ■cm라 하면 ■$\times6\div2=$ 13.2 에서
■$\times6=$ 13.2 $\times2$, ■$\times6=$ 26.4 , ■$=$ 26.4 $\div6=$ 4.4
➔ (선분 ㅁㄷ의 길이)$=$ 4.4 cm

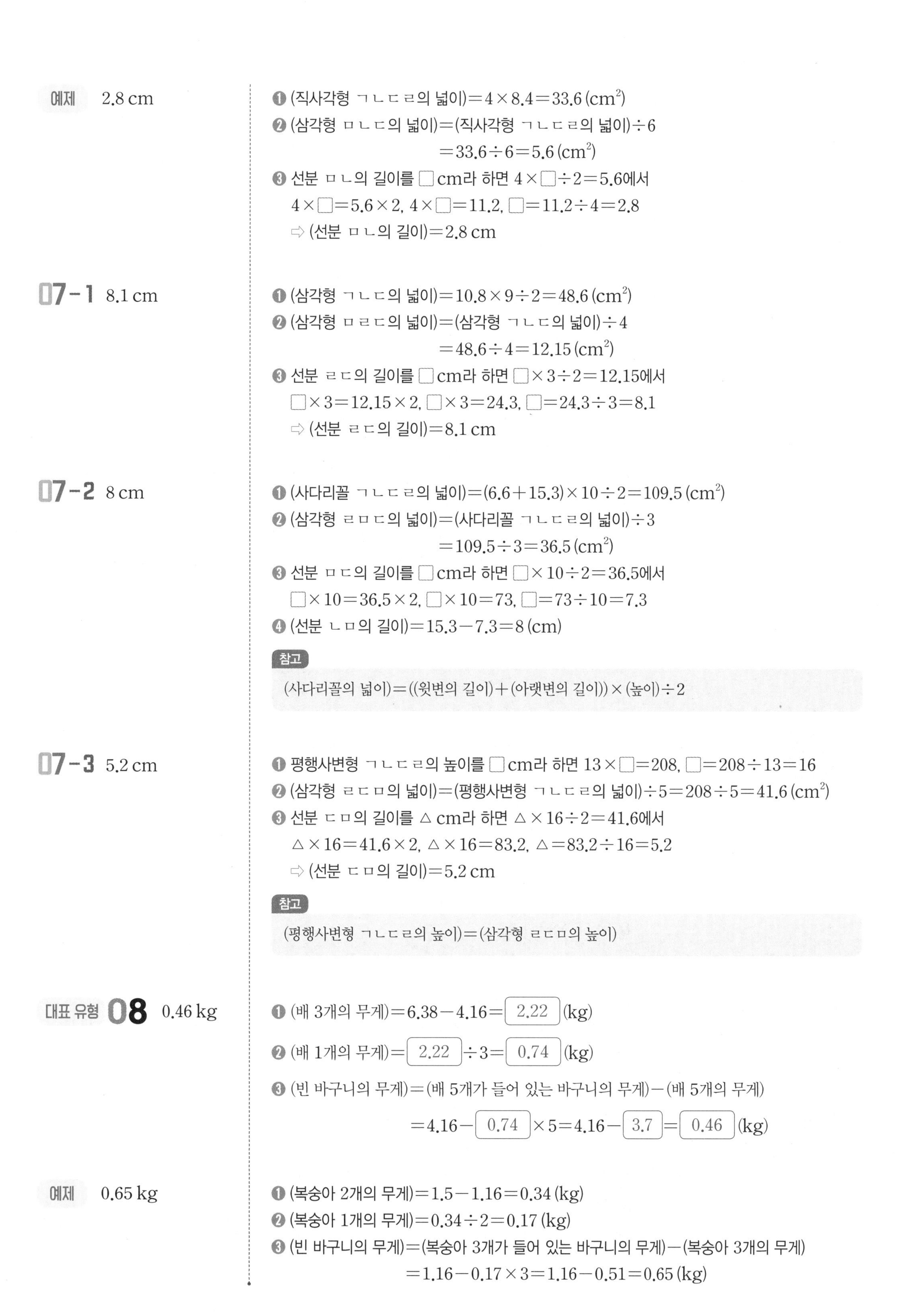

예제 2.8 cm

❶ (직사각형 ㄱㄴㄷㄹ의 넓이)$=4\times8.4=33.6\,(cm^2)$
❷ (삼각형 ㅁㄴㄷ의 넓이)=(직사각형 ㄱㄴㄷㄹ의 넓이)$\div6$
$=33.6\div6=5.6\,(cm^2)$
❸ 선분 ㅁㄴ의 길이를 □cm라 하면 $4\times□\div2=5.6$에서
$4\times□=5.6\times2$, $4\times□=11.2$, $□=11.2\div4=2.8$
⇨ (선분 ㅁㄴ의 길이)$=2.8$ cm

07-1 8.1 cm

❶ (삼각형 ㄱㄴㄷ의 넓이)$=10.8\times9\div2=48.6\,(cm^2)$
❷ (삼각형 ㅁㄹㄷ의 넓이)=(삼각형 ㄱㄴㄷ의 넓이)$\div4$
$=48.6\div4=12.15\,(cm^2)$
❸ 선분 ㄹㄷ의 길이를 □cm라 하면 $□\times3\div2=12.15$에서
$□\times3=12.15\times2$, $□\times3=24.3$, $□=24.3\div3=8.1$
⇨ (선분 ㄹㄷ의 길이)$=8.1$ cm

07-2 8 cm

❶ (사다리꼴 ㄱㄴㄷㄹ의 넓이)$=(6.6+15.3)\times10\div2=109.5\,(cm^2)$
❷ (삼각형 ㄹㅁㄷ의 넓이)=(사다리꼴 ㄱㄴㄷㄹ의 넓이)$\div3$
$=109.5\div3=36.5\,(cm^2)$
❸ 선분 ㅁㄷ의 길이를 □cm라 하면 $□\times10\div2=36.5$에서
$□\times10=36.5\times2$, $□\times10=73$, $□=73\div10=7.3$
❹ (선분 ㄴㅁ의 길이)$=15.3-7.3=8$ (cm)

참고

(사다리꼴의 넓이)=((윗변의 길이)+(아랫변의 길이))×(높이)÷2

07-3 5.2 cm

❶ 평행사변형 ㄱㄴㄷㄹ의 높이를 □cm라 하면 $13\times□=208$, $□=208\div13=16$
❷ (삼각형 ㄹㄷㅁ의 넓이)=(평행사변형 ㄱㄴㄷㄹ의 넓이)$\div5=208\div5=41.6\,(cm^2)$
❸ 선분 ㄷㅁ의 길이를 △cm라 하면 $△\times16\div2=41.6$에서
$△\times16=41.6\times2$, $△\times16=83.2$, $△=83.2\div16=5.2$
⇨ (선분 ㄷㅁ의 길이)$=5.2$ cm

참고

(평행사변형 ㄱㄴㄷㄹ의 높이)=(삼각형 ㄹㄷㅁ의 높이)

대표 유형 08 0.46 kg

❶ (배 3개의 무게)$=6.38-4.16=$ [2.22] (kg)
❷ (배 1개의 무게)$=$ [2.22] $\div3=$ [0.74] (kg)
❸ (빈 바구니의 무게)=(배 5개가 들어 있는 바구니의 무게)−(배 5개의 무게)
$=4.16-$ [0.74] $\times5=4.16-$ [3.7] $=$ [0.46] (kg)

예제 0.65 kg

❶ (복숭아 2개의 무게)$=1.5-1.16=0.34$ (kg)
❷ (복숭아 1개의 무게)$=0.34\div2=0.17$ (kg)
❸ (빈 바구니의 무게)=(복숭아 3개가 들어 있는 바구니의 무게)−(복숭아 3개의 무게)
$=1.16-0.17\times3=1.16-0.51=0.65$ (kg)

08-1 0.7 kg

❶ (통조림 4개의 무게)$=4.75-2.95=1.8$ (kg)
❷ (통조림 1개의 무게)$=1.8\div4=0.45$ (kg)
❸ (빈 상자의 무게)=(통조림 9개가 들어 있는 상자의 무게)−(통조림 9개의 무게)
$=4.75-0.45\times9=4.75-4.05=0.7$ (kg)

08-2 1.3 kg

❶ (책 8권의 무게)=(책 14권을 넣은 가방의 무게)−(책 6권을 넣은 가방의 무게)
$=14.18-6.82=7.36$ (kg)
❷ (책 1권의 무게)$=7.36\div8=0.92$ (kg)
❸ (빈 가방의 무게)=(책 6권을 넣은 가방의 무게)−(책 6권의 무게)
$=6.82-0.92\times6=6.82-5.52=1.3$ (kg)

08-3 0.35 kg

❶ (샌드위치 5개의 무게)$=6.76-5.36=1.4$ (kg)
❷ (샌드위치 1개의 무게)$=1.4\div5=0.28$ (kg)
❸ (빈 상자의 무게)=(샌드위치 15개가 들어 있는 상자의 무게)−(샌드위치 15개의 무게)
$=5.36-0.28\times15=5.36-4.2=1.16$ (kg)
❹ (주스 8병의 무게)=(주스 8병을 넣은 상자의 무게)−(빈 상자의 무게)
$=3.96-1.16=2.8$ (kg)
❺ (주스 1병의 무게)$=2.8\div8=0.35$ (kg)

실전 적용

82~85쪽

01 1.35 km

❶ 1시간 28분=60분+28분=88분
❷ (진형이가 버스를 타고 1분 동안 간 거리)$=118.8\div88=1.35$ (km)

02 1.82

❶ $1<4<5<6<8$이므로 가장 작은 소수 두 자리 수: 14.56, 가장 큰 한 자리 수: 8
❷ $14.56\div8=1.82$

03 5개

❶ $42.48\div18=2.36$, $48.75\div13=3.75$
❷ $2.36<\square\div4<3.75$에서 $2.36\times4<\square\div4\times4<3.75\times4$ ⇨ $9.44<\square<15$입니다.
❸ □ 안에 들어갈 수 있는 자연수는 10, 11, 12, 13, 14로 모두 5개입니다.

04 28.3

❶ (눈금 8칸의 크기)$=37.6-12.8=24.8$
⇨ (눈금 한 칸의 크기)$=24.8\div8=3.1$
❷ □ 안에 알맞은 수는 12.8에서 3.1씩 5칸 더 간 수이므로 $12.8+3.1\times5=28.3$입니다.

참고

□ 안에 알맞은 수는 37.6에서 3.1씩 3칸 덜 간 수이므로 $37.6-3.1\times3=28.3$이라고 구할 수도 있습니다.

05 0.42 kg

❶ (음료수 캔 1개의 무게)$=2.76-2.37=0.39$ (kg)
❷ (빈 상자의 무게)=(음료수 캔 6개가 들어 있는 상자의 무게)−(음료수 캔 6개의 무게)
$=2.76-0.39\times6=2.76-2.34=0.42$ (kg)

06 6.35

❶ 어떤 수를 □라 하여 잘못 계산한 식을 세우면 $\square\div9=12.7$
❷ $\square\div9=12.7$ ⇨ $12.7\times9=\square$, $\square=114.3$
❸ 바르게 계산하면 $114.3\div6=19.05$
❹ (바르게 계산한 몫)−(잘못 계산한 몫)$=19.05-12.7=6.35$

07 0.17 km

❶ (도로의 한쪽에 심으려는 벚나무 수)$=34\div2=17$(그루)
❷ (도로의 한쪽에 심으려는 벚나무 사이의 간격 수)$=17-1=16$(군데)
❸ (벚나무 사이의 간격)$=2.72\div16=0.17$ (km)

08 26.85

❶ (큰 눈금 12칸의 크기)$=42.05-13.25=28.8$
⇨ (큰 눈금 한 칸의 크기)$=28.8\div12=2.4$
❷ (작은 눈금 한 칸의 크기)$=2.4\div3=0.8$
❸ ㉠$=13.25+2.4\times5=25.25$이므로 $\square=25.25+0.8\times2=26.85$입니다.

09 4.6 cm

❶ (평행사변형 ㄱㄴㄷㄹ의 넓이)$=20.7\times12=248.4$ (cm^2)
❷ (삼각형 ㅁㄷㄹ의 넓이)=(평행사변형 ㄱㄴㄷㄹ의 넓이)÷9
$=248.4\div9=27.6$ (cm^2)
❸ 선분 ㅁㄹ의 길이를 □cm라 하면
$\square\times12\div2=27.6$에서 $\square\times12=55.2$, $\square=55.2\div12=4.6$
⇨ (선분 ㅁㄹ의 길이)=4.6 cm

10 3.08 m

❶ (땅의 둘레)$=(21.56+15.4)\times2=73.92$ (m)
❷ 직사각형 모양의 땅의 둘레에 깃발 24개를 꽂는다면 깃발 사이의 간격 수도 24군데입니다.
❸ (깃발 사이의 간격)$=73.92\div24=3.08$ (m)

11 0.83 kg

❶ (공 4개의 무게)$=2.52-1.96=0.56$ (kg)
❷ (공 1개의 무게)$=0.56\div4=0.14$ (kg)
❸ (빈 자루의 무게)=(공 13개가 들어 있는 자루의 무게)−(공 13개의 무게)
$=2.52-0.14\times13=2.52-1.82=0.7$ (kg)
❹ (줄넘기 6개의 무게)=(줄넘기 6개를 넣은 자루의 무게)−(빈 자루의 무게)
$=5.68-0.7=4.98$ (kg)
❺ (줄넘기 1개의 무게)$=4.98\div6=0.83$ (kg)

12 85.88 km

❶ 3시간 36분=3시간+(36÷60)시간=3시간+0.6시간=3.6시간
❷ (버스로 3시간 36분 동안 간 거리)$=70\times3.6=252$ (km)
❸ (은유네 집에서 할머니 댁까지의 거리)$=252+5.64=257.64$ (km)
❹ (자동차로 한 시간 동안 간 거리)$=257.64\div3=85.88$ (km)

4 비와 비율

88~93쪽

비, 비율 알아보기

01 ③

02 (1) $\frac{11}{10}$, 1.1 (2) $\frac{9}{25}$, 0.36

03 $\frac{17}{29}$

04 (1) 6 : 8 (2) 3 : 9

05 ②, ④

01 ③ 4에 대한 7의 비 ⇨ 7 : 4

02 (1) 11 : 10 ⇨ $11\div10=\frac{11}{10}=1.1$

(2) 9 : 25 ⇨ $9\div25=\frac{9}{25}=0.36$

03 (전체 학생 수)$=12+17=29$(명)이므로 전체 학생 수에 대한 여학생 수의 비는 17 : 29입니다.

17 : 29 ⇨ $\frac{17}{29}$

04 (1) 전체 칸 수: 8칸, 색칠한 칸 수: 6칸 ⇨ 6 : 8

(2) 전체 칸 수: 9칸, 색칠한 칸 수: 3칸 ⇨ 3 : 9

05 기준량이 비교하는 양보다 작은 경우

⇨ 비율이 1보다 큽니다.

실생활에서 비율이 사용되는 경우

01 0.37

02 혜정

03 자동차

04 A 마을

05 58번

01 (타율)$=\frac{111}{300}=\frac{37}{100}=0.37$

02 (혜정이의 득표율)$=\frac{391}{850}=\frac{23}{50}=\frac{46}{100}$

⇨ $\frac{46}{100}>\frac{39}{100}$이므로 득표율이 더 높은 사람은 혜정입니다.

03 오토바이의 달린 시간에 대한 달린 거리의 비율은 $\frac{96}{2}=48$입니다.

자동차의 달린 시간에 대한 달린 거리의 비율은 $\frac{216}{3}=72$입니다.

⇨ $48<72$이므로 자동차가 더 빨리 달렸습니다.

04 A 마을: $\frac{8400}{24}=350$, B 마을: $\frac{10240}{32}=320$

⇨ $350>320$이므로 인구가 더 밀집한 곳은 A 마을입니다.

05 (타율)$=\frac{(\text{안타 수})}{200}=0.29$이므로

(안타 수)$=\underset{\text{비율}}{0.29}\times\underset{\text{기준량}}{200}=58$(번)

백분율 알아보기

01 $\frac{3}{10}$, 30 % / 0.56, 56 % / $\frac{71}{100}$, 0.71

02 ㉣

03 34 %

04 ②

05 2.8 %

01 • $0.3=\frac{3}{10}=\frac{30}{100}$ ⇨ 30 %

• $\frac{14}{25}=\frac{56}{100}=0.56$ ⇨ 56 %

• 71 % ⇨ $\frac{71}{100}=0.71$

02 ㉠ $\frac{19}{20}\times100=95\,(\%)$ ㉡ $7.2\times100=720\,(\%)$

㉢ $\frac{11}{50}\times100=22\,(\%)$

03 (전체 책 수)$=17+13+20=50$(권)

위인전 수와 전체 책 수의 비율은 $\frac{17}{50}$이므로

백분율로 나타내면 $\frac{17}{50}\times100=34\,(\%)$입니다.

04 ① 3 : 25 ⇨ $\frac{3}{25}\times100=12\,(\%)$

② $\frac{1}{8}\times100=12.5\,(\%)$

③ 8 % ④ $0.117\times100=11.7\,(\%)$

⑤ 1 : 10 ⇨ $\frac{1}{10}\times100=10\,(\%)$

05 (이자)$=1542000-1500000=42000$(원)이므로

(이자율)$=\frac{42000}{1500000}=0.028$

⇨ 백분율로 나타내면 $0.028\times100=2.8\,(\%)$입니다.

대표 유형 **01** $\frac{1}{5}$

❶ (전체 채소 수)$=19+\boxed{13}+8=\boxed{40}$(개)

❷ (상자에서 꺼낸 채소가 당근일 비율)$=\frac{\boxed{8}}{\boxed{40}}=\frac{\boxed{1}}{\boxed{5}}$ (8 → 당근, 40 → 전체)

예제 $\frac{4}{15}$

❶ (전체 과일 수)$=15+8+7=30$(개)

❷ (바구니에서 꺼낸 과일이 키위일 비율)$=\frac{8}{30}=\frac{4}{15}$

01-1 30 %

❶ (전체 공 수)$=15+22+13=50$(개)

❷ (창고에서 꺼낸 공이 축구공일 비율)$=\frac{15}{50}=\frac{3}{10}$

❸ $\frac{3}{10}\times 100=30\,(\%)$

참고

비율을 백분율로 바꿀 때는 비율에 100을 곱해서 나온 값에 기호 %를 붙입니다.

01-2 0.55

❶ (전체 동전 수)$=22+9+9=40$(개)

❷ (지갑에서 꺼낸 동전이 500원짜리 동전일 비율)$=\frac{22}{40}=\frac{11}{20}=\frac{55}{100}=0.55$

01-3 $\frac{40}{59}$

❶ (전체 아이스크림 수)$=17+23+19=59$(개)

❷ 먹은 아이스크림이 초코 맛이 아닐 경우는 먹은 아이스크림이 바닐라 맛 또는 딸기 맛일 경우와 같습니다.

❸ (냉동고에서 꺼낸 아이스크림이 바닐라 맛 또는 딸기 맛일 비율)$=\frac{17+23}{59}=\frac{40}{59}$

다른 풀이

(전체 아이스크림 수)$=17+23+19=59$(개)
먹은 아이스크림이 초코 맛이 아닐 경우는 전체 경우에서 초코 맛을 먹을 경우를 뺀 것과 같습니다.
⇨ (냉동고에서 꺼낸 아이스크림이 초코 맛일 비율)$=\frac{59-19}{59}=\frac{40}{59}$

01-4 25 %

❶ (시집 수)$=16+4=20$(권)

❷ (전체 책 수)$=18+26+16+20=80$(권)

❸ (책장에서 꺼낸 책이 시집일 비율)$=\frac{20}{80}=\frac{1}{4}$이므로 백분율로 나타내면 $\frac{1}{4}\times 100=25\,(\%)$입니다.

대표 유형 02 $320\ cm^2$

❶ (직사각형의 가로)$=16\times\frac{\boxed{5}}{\boxed{4}}=\boxed{20}$ (cm)

❷ (직사각형의 넓이)$=\boxed{20}\times16=\boxed{320}$ (cm^2)

예제 $360\ cm^2$

❶ (직사각형의 가로)$=30\times\frac{2}{5}=12$ (cm)
❷ (직사각형의 넓이)$=12\times30=360$ (cm^2)

다른 풀이

$\frac{(\text{직사각형의 가로})}{(\text{직사각형의 세로})}=\frac{2}{5}=\frac{4}{10}=\cdots=\frac{12}{30}=\cdots$
직사각형의 세로가 30 cm이므로 가로는 12 cm입니다.
⇨ (직사각형의 넓이)$=12\times30=360$ (cm^2)

02-1 224 cm

❶ (직사각형의 세로)$=50\times1.24=62$ (cm)
❷ (직사각형의 둘레)$=(50+62)\times2=224$ (cm)

02-2 $20\ cm^2$

❶ 125 % ⇨ 1.25
❷ (평행사변형의 밑변의 길이)$=4\times1.25=5$ (cm)
❸ (평행사변형의 넓이)$=5\times4=20$ (cm^2)

참고

백분율을 비율로 바꾸어 계산합니다.

02-3 $280\ cm^2$

❶ 35 % ⇨ 0.35
❷ (삼각형의 높이)$=40\times0.35=14$ (cm)
❸ (삼각형의 넓이)$=40\times14\div2=280$ (cm^2)

02-4 $180\ cm^2$

❶ (액자의 둘레)$=12\times4\frac{1}{2}=54$ (cm)
❷ (액자의 세로)$=(54-12\times2)\div2=15$ (cm)
❸ (액자의 넓이)$=12\times15=180$ (cm^2)

대표 유형 03 9 : 8

❶ (가의 한 변의 길이)$=32\div4=\boxed{8}$ (cm)

❷ (나의 한 변의 길이)$=45\div5=\boxed{9}$ (cm)

❸ (나의 한 변의 길이) : (가의 한 변의 길이) ➔ 9 : $\boxed{8}$

예제 6 : 7

❶ (가의 한 변의 길이)$=21\div3=7$ (cm)

❷ (나의 한 변의 길이)$=48\div8=6$ (cm)

❸ (나의 한 변의 길이) : (가의 한 변의 길이) ⇨ 6 : 7

참고

(정■각형의 한 변의 길이)=(정■각형의 둘레)÷■

예 둘레가 21 cm인 정삼각형의 한 변의 길이

⇨ (정삼각형의 한 변의 길이)=(정삼각형의 둘레)÷3

$=21\div3=7$ (cm)

03-1 $\frac{8}{5}\left(=1\frac{3}{5}\right)$

❶ (가의 한 변의 길이)$=40\div5=8$ (cm)

❷ (나의 한 변의 길이)$=40\div8=5$ (cm)

❸ $\frac{(\text{가의 한 변의 길이})}{(\text{나의 한 변의 길이})}=\frac{8}{5}=1\frac{3}{5}$

03-2 0.8

❶ (정삼각형의 한 변의 길이)$=36\div3=12$ (cm)

❷ (정칠각형의 한 변의 길이)$=105\div7=15$ (cm)

❸ $\frac{(\text{정삼각형의 한 변의 길이})}{(\text{정칠각형의 한 변의 길이})}=\frac{12}{15}=0.8$

03-3 12 : 11

❶ 사각뿔의 모서리의 수: 8개, 삼각기둥의 모서리의 수: 9개

❷ (가의 한 모서리의 길이)$=96\div8=12$ (cm)

❸ (나의 한 모서리의 길이)$=99\div9=11$ (cm)

❹ (가의 한 모서리의 길이) : (나의 한 모서리의 길이) ⇨ 12 : 11

참고

■각뿔의 모서리의 수: ■×2(개) ▲각기둥의 모서리의 수: ▲×3(개)

예 (사각뿔의 모서리의 수)$=4\times2=8$(개)

(삼각기둥의 모서리의 수)$=3\times3=9$(개)

대표 유형 04 66명

❶ (라희네 학교 여학생 수)$=300\times\frac{\boxed{11}}{\boxed{20}}=\boxed{165}$(명)

❷ (안경을 쓴 여학생 수)$=\boxed{165}\times\frac{2}{5}=\boxed{66}$(명)

예제 5명

❶ (민정이네 반 남학생 수)$=25\times\frac{3}{5}=15$(명)

❷ (강아지를 좋아하는 남학생 수)$=15\times\frac{1}{3}=5$(명)

04-1 74명

❶ (동물원에 입장한 어린이 수)$=400\times0.35=140$(명)

❷ (돌고래 공연을 본 어린이 수)$=140\times\frac{33}{70}=66$(명)

❸ (돌고래 공연을 보지 못한 어린이 수)$=140-66=74$(명)

다른 풀이

(동물원에 입장한 어린이 수)$=400\times0.35=140$(명)

(입장한 어린이 수에 대한 돌고래 공연을 보지 못한 어린이 수의 비율)$=1-\frac{33}{70}=\frac{37}{70}$

⇨ (돌고래 공연을 보지 못한 어린이 수)$=140\times\frac{37}{70}=74$(명)

04-2 180명

❶ (완주자) : (참가자)$=3:4$ ⇨ $\frac{3}{4}$

❷ (완주자 수)$=600\times\frac{3}{4}=450$(명)

❸ 40 % ⇨ $\frac{40}{100}=\frac{2}{5}$이므로 (완주한 여자 수)$=450\times\frac{2}{5}=180$(명)

04-3 3명

❶ (1차 면접 합격자 수)$=255\times\frac{1}{17}=15$(명)

❷ 80 % ⇨ $\frac{80}{100}=\frac{4}{5}$이므로 (2차 면접 합격자 수)$=15\times\frac{4}{5}=12$(명)

❸ 25 % ⇨ $\frac{25}{100}=\frac{1}{4}$이므로 (최종 합격자 수)$=12\times\frac{1}{4}=3$(명)

04-4 99명

❶ (중학생 수)$=900\times\frac{7}{30}=210$(명)

❷ (초등학생 수)$=900\times0.06=54$(명)

❸ (남자 중학생과 남자 초등학생 수)$=(210+54)\times\frac{5}{8}=165$(명)

❹ (여자 중학생과 여자 초등학생 수)$=(210+54)-165=99$(명)

대표 유형 05 $116\ cm^2$

❶ (전체 넓이)=(정사각형의 넓이)$=\boxed{16}\times\boxed{16}=\boxed{256}\ (cm^2)$

❷ (색칠한 부분의 넓이) : (전체 넓이)$=29:64$ → $\frac{\boxed{29}}{\boxed{64}}$

❸ (색칠한 부분의 넓이)=(전체 넓이)$\times\frac{\boxed{29}}{\boxed{64}}=\boxed{256}\times\frac{\boxed{29}}{\boxed{64}}=\boxed{116}\ (cm^2)$

예제 $54\ cm^2$

❶ (전체 넓이)$=6\times13=78\ (cm^2)$

❷ (색칠한 부분의 넓이) : (전체 넓이)$=9:13$ ⇨ $\frac{9}{13}$

❸ (색칠한 부분의 넓이)$=78\times\frac{9}{13}=54\ (cm^2)$

05-1 $81\,cm^2$

❶ (마름모 ㄱㄴㄷㄹ의 넓이)$=18\times12\div2=108\,(cm^2)$

❷ (색칠한 부분의 넓이) : (전체 넓이)$=3:4$ ⇨ $\frac{3}{4}$

❸ (색칠한 부분의 넓이)$=108\times\frac{3}{4}=81\,(cm^2)$

05-2 $18\,cm^2$

❶ (사다리꼴 ㄱㄴㄷㄹ의 넓이)$=(6+18)\times12\div2=144\,(cm^2)$

❷ (색칠한 부분의 넓이) : (전체 넓이)$=7:8$ ⇨ $\frac{7}{8}$

❸ (색칠한 부분의 넓이)$=144\times\frac{7}{8}=126\,(cm^2)$

❹ (색칠하지 않은 부분의 넓이)$=144-126=18\,(cm^2)$

05-3 7 cm

❶ (㉮의 넓이) : (㉯의 넓이)$=25:7$이므로

(㉯의 넓이) : (직사각형 ㄱㄴㄷㄹ의 넓이)$=7:32$ ⇨ $\frac{7}{32}$

❷ (㉯의 넓이)$=480\times\frac{7}{32}=105\,(cm^2)$

❸ (선분 ㄴㅁ의 길이)$=105\times2\div30=7\,(cm)$

대표 유형 06 16 : 34

❶ $\frac{8}{17}=\frac{\boxed{16}}{34}=\frac{\boxed{24}}{51}=\cdots$

❷ ❶에서 비교하는 양이 기준량보다 18만큼 더 작은 분수는 $\frac{\boxed{16}}{\boxed{34}}$입니다.

❸ $\frac{\boxed{16}}{34}$ → $\boxed{16}:34$

예제 15 : 25

❶ $\frac{3}{5}=\frac{6}{10}=\frac{9}{15}=\frac{12}{20}=\frac{15}{25}=\cdots$

❷ ❶에서 비교하는 양이 기준량보다 10만큼 더 작은 분수는 $\frac{15}{25}$입니다.

❸ $\frac{15}{25}$ ⇨ $15:25$

06-1 50 : 20

❶ $2.5=\frac{25}{10}=\frac{50}{20}=\frac{75}{30}=\cdots$

❷ ❶에서 기준량이 비교하는 양보다 30만큼 더 작은 분수는 $\frac{50}{20}$입니다.

❸ $\frac{50}{20}$ ⇨ $50:20$

06-2 46 : 40

❶ $1.15=\frac{23}{20}=\frac{46}{40}=\frac{69}{60}=\cdots$

❷ ❶에서 기준량과 비교하는 양의 합이 86인 분수는 $\frac{46}{40}$입니다.

❸ $\frac{46}{40}$ ⇨ 46 : 40

06-3 99 : 300

❶ 33 % ⇨ $\frac{33}{100}=\frac{66}{200}=\frac{99}{300}=\cdots$

❷ ❶에서 기준량과 비교하는 양의 합이 399인 분수는 $\frac{99}{300}$입니다.

❸ $\frac{99}{300}$ ⇨ 99 : 300

06-4 10자루

❶ 25 % ⇨ $\frac{25}{100}=\frac{1}{4}=\frac{2}{8}=\cdots=\frac{9}{36}=\frac{10}{40}=\cdots$

❷ ❶에서 기준량(볼펜 수)과 비교하는 양(연필 수)의 합이 50인 분수는 $\frac{10}{40}$입니다.

❸ $\frac{10}{40}$ ⇨ 10 : 40=(연필 수) : (볼펜 수)이므로 민영이가 가진 연필은 10자루입니다.

대표 유형 07 2080 cm^2

❶ 25 % → $\frac{25}{100}$, 35 % → $\frac{35}{100}$

❷ (새로 만든 직사각형의 가로)$=64+64\times\frac{25}{100}=80$ (cm)

(새로 만든 직사각형의 세로)$=40-40\times\frac{35}{100}=26$ (cm)

❸ (새로 만든 직사각형의 넓이)$=80\times26=2080$ (cm^2)

예제 2040 cm^2

❶ 15 % ⇨ $\frac{15}{100}$, 20 % ⇨ $\frac{20}{100}$

❷ (새로 만든 평행사변형의 밑변의 길이)$=40-40\times\frac{15}{100}=34$ (cm)

(새로 만든 평행사변형의 높이)$=50+50\times\frac{20}{100}=60$ (cm)

❸ (새로 만든 평행사변형의 넓이)$=34\times60=2040$ (cm^2)

07-1 71 cm

❶ 10 % ⇨ $\frac{10}{100}$, 30 % ⇨ $\frac{30}{100}$

❷ (새로 만든 직사각형의 가로)$=20-20\times\frac{10}{100}=18$ (cm)

(새로 만든 직사각형의 세로)$=25-25\times\frac{30}{100}=17.5$ (cm)

❸ (새로 만든 직사각형의 둘레)$=(18+17.5)\times2=71$ (cm)

07-2 $975\,cm^2$

❶ 2 m=200 cm, 1 m=100 cm, 5 % ⇨ $\frac{5}{100}$

❷ (새로 만든 삼각형의 밑변의 길이)$=200-200\times\frac{5}{100}=190$ (cm)

(새로 만든 삼각형의 높이)$=100-100\times\frac{5}{100}=95$ (cm)

❸ (처음 삼각형의 넓이)$=200\times100\div2=10000$ (cm^2),
(새로 만든 삼각형의 넓이)$=190\times95\div2=9025$ (cm^2)

❹ 10000>9025이므로 두 삼각형 넓이의 차는 $10000-9025=975$ (cm^2)입니다.

07-3 1.69

❶ 처음 정사각형의 한 변의 길이를 □cm라 하면 처음 정사각형의 넓이는 □×□(cm^2)입니다.

❷ 30 % ⇨ $\frac{30}{100}=0.3$이므로

(새로 만든 정사각형의 한 변의 길이)=□+□×0.3=□×1.3 (cm)입니다.

❸ (새로 만든 정사각형의 넓이)=(□×1.3)×(□×1.3)=□×□×1.69 (cm^2)

❹ 처음 정사각형의 넓이에 대한 새로 만든 정사각형의 넓이의 비율은 $\frac{□\times□\times1.69}{□\times□}=1.69$

입니다.

대표 유형 08 30 %

❶ (할인 금액)=[55000]−38500=[16500](원)

❷ (옷의 할인율)=$\frac{[16500]}{[55000]}$ ➔ $\frac{[16500]}{[55000]}\times100=$[30](%)

예제 32 %

❶ (할인 금액)$=25000-17000=8000$(원)

❷ (할인율)$=\frac{8000}{25000}$ ⇨ $\frac{8000}{25000}\times100=32$ (%)

08-1 리코더

❶ (곰 인형의 할인 금액)$=9000-6750=2250$(원)

(곰 인형의 할인율)$=\frac{2250}{9000}$ ⇨ $\frac{2250}{9000}\times100=25$ (%)입니다.

❷ (축구공의 할인 금액)$=8500-5610=2890$(원)

(축구공의 할인율)$=\frac{2890}{8500}$ ⇨ $\frac{2890}{8500}\times100=34$ (%)입니다.

❸ (리코더의 할인 금액)$=12000-8400=3600$(원)

(리코더의 할인율)$=\frac{3600}{12000}$ ⇨ $\frac{3600}{12000}\times100=30$ (%)입니다.

❹ 리코더의 할인율이 30 %이므로 혜란이가 산 물건은 리코더입니다.

08-2 9 %

❶ (정가)$=32000+8000=40000$(원)

❷ (할인 금액)$=40000-36400=3600$(원)

❸ 정가에 대한 할인 금액의 비율은 $\frac{3600}{40000}$입니다. ⇨ $\frac{3600}{40000}\times100=9$ (%)

08-3 10 %

❶ (이번 주에 산 연필 한 자루의 가격)$=2700\div6=450$(원)

❷ (할인 금액)$=500-450=50$(원)

❸ (연필 한 자루의 할인율)$=\frac{50}{500}$ ⇨ $\frac{50}{500}\times100=10$ (%)

08-4 B 가게

❶ (A 가게의 할인 금액)$=16000\times\frac{20}{100}=3200$(원)

❷ (B 가게의 할인 금액)$=4000$원

❸ 정가가 같을 때 할인 금액이 많을수록 더 싸게 구매할 수 있습니다.
⇨ 모자를 더 싸게 구매할 수 있는 곳은 B 가게입니다.

대표 유형 09 32 %

❶ (새로 만든 소금물의 소금의 양)$=30+\boxed{50}=\boxed{80}$ (g)
(새로 만든 소금물의 양)$=170+80=\boxed{250}$ (g)

❷ (새로 만든 소금물의 진하기)$=\frac{\boxed{80}}{250}$ → $\frac{\boxed{80}}{250}\times100=\boxed{32}$ (%)

예제 45 %

❶ (새로 만든 설탕물의 설탕의 양)$=50+40=90$ (g)
(새로 만든 설탕물의 양)$=110+90=200$ (g)

❷ (새로 만든 설탕물의 진하기)$=\frac{90}{200}$ ⇨ $\frac{90}{200}\times100=45$ (%)

09-1 28 %

❶ (새로 만든 포도주스의 양)$=70+130+50=250$ (g)

❷ (새로 만든 포도주스의 진하기)$=\frac{70}{250}$ ⇨ $\frac{70}{250}\times100=28$ (%)

09-2 32 %

❶ 15 % ⇨ $\frac{15}{100}$이므로 설탕물에 녹아 있는 설탕의 양은 $400\times\frac{15}{100}=60$ (g)입니다.

❷ (새로 만든 설탕물의 설탕의 양)$=60+100=160$ (g)
(새로 만든 설탕물의 양)$=400+100=500$ (g)

❸ (새로 만든 설탕물의 진하기)$=\frac{160}{500}$ ⇨ $\frac{160}{500}\times100=32$ (%)

09-3 20 %

❶ 25 % ⇨ $\frac{25}{100}$이므로 소금물에 녹아 있는 소금의 양은 $200\times\frac{25}{100}=50$ (g)입니다.

❷ (새로 만든 소금물의 소금의 양)$=50+50=100$ (g)
(새로 만든 소금물의 양)$=200+50+250=500$ (g)

❸ (새로 만든 소금물의 진하기)$=\frac{100}{500}$ ⇨ $\frac{100}{500}\times100=20$ (%)

09-4 $25\ \%$

❶ $5\ \% \Rightarrow \frac{5}{100}$, $30\ \% \Rightarrow \frac{30}{100}$

(진하기가 5 %인 설탕물에 녹아 있는 설탕의 양)$=100\times\frac{5}{100}=5$ (g)

(진하기가 30 %인 설탕물에 녹아 있는 설탕의 양)$=400\times\frac{30}{100}=120$ (g)

⇨ (새로 만든 설탕물의 설탕의 양)$=5+120=125$ (g)

❷ (새로 만든 설탕물의 양)$=100+400=500$ (g)

❸ (새로 만든 설탕물의 진하기)$=\frac{125}{500}\times100=25$ (%)

실전 적용

112~115쪽

01 $\frac{2}{5}$

❶ (전체 색종이 수)$=5+8+7=20$(장)

❷ (사용한 색종이가 노란색일 비율)$=\frac{8}{20}=\frac{2}{5}$

02 $72\ cm^2$

❶ (밑변의 길이와 높이의 비율)$=\frac{9}{4}$이므로

(삼각형의 밑변의 길이)$=8\times\frac{9}{4}=18$ (cm)입니다.

❷ (삼각형의 넓이)$=18\times8\div2=72$ (cm^2)

03 $26\ \%$

❶ (다 학교 학생 수)$=300-81-48-93=78$(명)

❷ (뽑힌 대표가 다 학교 학생일 비율)$=\frac{78}{300} \Rightarrow \frac{78}{300}\times100=26$ (%)

04 1.5

❶ (정오각형의 한 변의 길이)$=135\div5=27$ (cm)

❷ (정칠각형의 한 변의 길이)$=126\div7=18$ (cm)

❸ $\frac{(\text{정오각형의 한 변의 길이})}{(\text{정칠각형의 한 변의 길이})}=\frac{27}{18}=1.5$

05 $\frac{14}{27}$

❶ $30\ \% \Rightarrow \frac{30}{100}$, $20\ \% \Rightarrow \frac{20}{100}$

❷ (새로 만든 직사각형의 가로)$=40-40\times\frac{30}{100}=28$ (cm)

(새로 만든 직사각형의 세로)$=45+45\times\frac{20}{100}=54$ (cm)

❸ (새로 만든 직사각형의 세로에 대한 가로의 비율)$=\frac{28}{54}=\frac{14}{27}$

06 12 : 40

❶ $0.3=\frac{3}{10}=\frac{6}{20}=\frac{9}{30}=\frac{12}{40}=\cdots$

❷ ❶에서 기준량과 비교하는 양의 합이 52인 분수는 $\frac{12}{40}$입니다.

❸ $\frac{12}{40} \Rightarrow 12:40$

07 20 %

❶ (원래 과자 한 개의 가격)$=3000\div4=750$(원)

❷ (오늘 과자 한 개의 가격)$=3000\div5=600$(원)

❸ (할인 금액)$=750-600=150$(원)

⇨ (오늘 과자 한 개의 할인율)$=\frac{150}{750}$ ⇨ $\frac{150}{750}\times100=20\,(\%)$

08 210석

❶ (특실 좌석 수)$=800\times0.15=120$(석), (일반 좌석 수)$=800-120=680$(석)

❷ 특실 좌석의 $\frac{2}{3}$와 일반 좌석의 75 %가 찼으므로 남은 좌석은 특실 좌석의 $\frac{1}{3}$, 일반 좌석의 25 %입니다.

❸ (남은 좌석 수)$=120\times\frac{1}{3}+680\times\frac{25}{100}=40+170=210$(석)

09 원피스

❶ (블라우스 할인율)$=\frac{28000-24360}{28000}=\frac{3640}{28000}$ ⇨ $\frac{3640}{28000}\times100=13\,(\%)$

❷ (원피스 할인율)$=\frac{34000-26860}{34000}=\frac{7140}{34000}$ ⇨ $\frac{7140}{34000}\times100=21\,(\%)$

❸ (치마 할인율)$=\frac{25000-20500}{25000}=\frac{4500}{25000}$ ⇨ $\frac{4500}{25000}\times100=18\,(\%)$

❹ $21>18>13$이므로 유경이가 산 옷은 원피스입니다.

10 49.7 cm^2

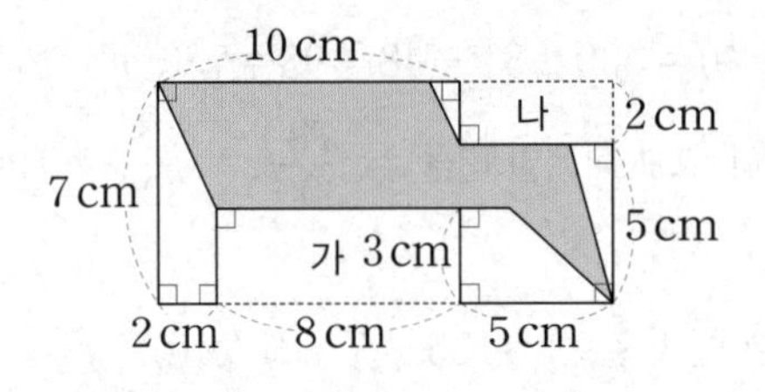

❶ (전체 도형의 넓이)

$=$(직사각형의 넓이)$-$(가의 넓이)$-$(나의 넓이)

$=(10+5)\times7-8\times3-5\times2$

$=105-24-10=71\,(cm^2)$

❷ 70 % ⇨ $\frac{70}{100}$이므로 색칠한 부분의 넓이는 $71\times\frac{70}{100}=49.7\,(cm^2)$입니다.

11 6 %

❶ 7 % ⇨ $\frac{7}{100}$, 9 % ⇨ $\frac{9}{100}$

(진하기가 7 %인 설탕물에 녹아 있는 설탕의 양)$=300\times\frac{7}{100}=21\,(g)$

(진하기가 9 %인 설탕물에 녹아 있는 설탕의 양)$=400\times\frac{9}{100}=36\,(g)$

⇨ (새로 만든 설탕물의 설탕의 양)$=21+36=57\,(g)$

❷ (새로 만든 설탕물의 양)$=300+400+250=950\,(g)$

❸ (새로 만든 설탕물의 진하기)$=\frac{57}{950}$ ⇨ $\frac{57}{950}\times100=6\,(\%)$

5 자료와 여러 가지 그래프

118~121쪽

그림그래프

01 풀이 참조 02 350그루
03 4100 L 04 310 kg

01

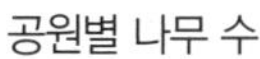

02 나무가 가장 많은 공원은 달빛 공원으로 350그루입니다.

03 • (전체 우유 생산량)$=3500\times4=14000$ (L)
• (나 목장의 우유 생산량)
$=14000-(4000+2700+3200)$
$=4100$ (L)

04 • (전체 배 생산량)$=450\times4=1800$ (kg)
• (다 과수원의 배 생산량)
$=1800-(510+360+620)$
$=310$ (kg)

띠그래프, 원그래프

01 35, 30, 20, 10, 5

02

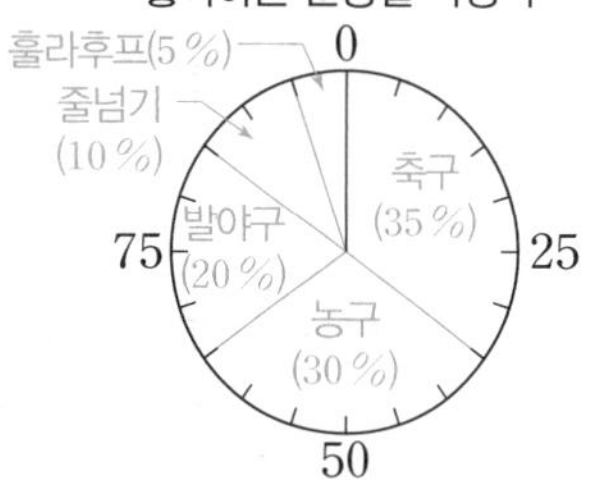

03 30, 6 04 40 %

01 (축구의 백분율)$=\frac{70}{200}\times100=35$ (%),
(농구의 백분율)$=\frac{60}{200}\times100=30$ (%),
(발야구의 백분율)$=\frac{40}{200}\times100=20$ (%),
(줄넘기의 백분율)$=\frac{20}{200}\times100=10$ (%),
(훌라후프의 백분율)$=\frac{10}{200}\times100=5$ (%)

03 (돼지고기의 백분율)$=100-(40+20+10)=30$ (%),
(닭고기의 길이)$=30\times\frac{20}{100}=6$ (cm)

04 자장면이 차지하는 중심각의 크기는 144°입니다.
(자장면 판매량의 백분율)$=\frac{144}{360}\times100=40$ (%)

유형 변형

122~137쪽

대표 유형 01 660000원

❶ 각 마을의 감자 생산량을 구합니다.
가 마을: 260 kg, 나 마을: [130] kg, 다 마을: [210] kg

❷ 세 마을의 감자 생산량을 모두 더하면
$260+130+$[210]$=$[600] (kg)입니다.

❸ [600]$\div9=$[66]$\cdots$[6]이므로 판매한 상자는 [66]상자입니다.
따라서 감자를 판매한 금액은 모두 $10000\times$[66]$=$[660000](원)입니다.

예제 1460000원

❶ 가 과수원: 220 kg, 나 과수원: 70 kg, 다 과수원: 300 kg
❷ 세 과수원의 사과 생산량을 모두 더하면 $220+70+300=590$ (kg)입니다.
❸ $590 \div 8=73 \cdots 6$이므로 판매한 상자는 73상자입니다.
⇨ 사과를 판매한 금액은 모두 $20000 \times 73=1460000$(원)입니다.

01-1 210000원

❶ 가 공장: 210개, 나 공장: 160개, 다 공장: 80개, 라 공장: 400개
❷ 네 공장의 초콜릿 생산량을 모두 더하면 $210+160+80+400=850$(개)입니다.
❸ $850 \div 12=70 \cdots 10$이므로 판매한 상자는 70상자입니다.
⇨ 초콜릿을 판매한 금액은 모두 $3000 \times 70=210000$(원)입니다.

01-2 792000원

❶ 가 마을의 포도 생산량은 200 kg, 나 마을의 포도 생산량은 140 kg이고
다 마을의 포도 생산량은 나 마을의 포도 생산량의 2배이므로 280 kg입니다.
❷ 세 마을의 포도 생산량을 모두 더하면 $200+140+280=620$ (kg)입니다.
❸ $620 \div 7=88 \cdots 4$이므로 판매한 상자는 88상자입니다.
⇨ 포도를 판매한 금액은 모두 $9000 \times 88=792000$(원)입니다.

대표 유형 02 280명

❶ (나 도시와 라 도시의 신생아 수의 합)= 880 −(160+130)= 590 (명)
❷ 라 도시의 신생아 수를 ■명이라 하면 나 도시의 신생아 수는 (■+30)명이므로
(■+30)+■= 590 , ■+■= 560 , ■= 280 입니다.
따라서 라 도시의 신생아 수는 280 명입니다.

예제 135개

❶ (나 가게와 다 가게의 아이스크림 판매량의 합)$=680-(200+140)=340$(개)
❷ 나 가게의 아이스크림 판매량을 ■개라 하면 다 가게의 판매량은 (■+70)개이므로
■+(■+70)=340, ■+■=270, ■=135입니다.
따라서 나 가게의 아이스크림 판매량은 135개입니다.

02-1 3300대

❶ (네 공장의 자동차 생산량의 합)$=2300 \times 4=9200$(대)
(가 공장과 나 공장의 자동차 생산량의 합)$=9200-(2600+1400)=5200$(대)
❷ 가 공장의 자동차 생산량을 ■대라 하면 나 공장의 자동차 생산량은 (■−1400)대이므로
■+(■−1400)=5200, ■+■=6600, ■=3300입니다.
따라서 가 공장의 자동차 생산량은 3300대입니다.

02-2 3200 kg

❶ (네 마을의 쌀 소비량의 합)$=2600 \times 4=10400$ (kg)
(나 마을과 다 마을의 쌀 소비량의 합)$=10400-(1700+2600)=6100$ (kg)
❷ 다 마을의 쌀 소비량을 ■ kg이라 하면 나 마을의 쌀 소비량은 (■−300) kg이므로
■+(■−300)=6100, ■+■=6400, ■=3200입니다.
따라서 다 마을의 쌀 소비량은 3200 kg입니다.

대표 유형 03 20 %, 30 %

❶ (봄과 겨울에 태어난 학생 수의 백분율의 합) $= 100 - (40 + 10) =$ [50] (%)

❷ (봄에 태어난 학생 수의 백분율) $= (■ \times 2)$ %,

(겨울에 태어난 학생 수의 백분율) $= (■ \times 3)$ %

$■ \times 2 + ■ \times 3 =$ [50], $■ \times$ [5] $=$ [50], $■ =$ [10]

⇨ (봄에 태어난 학생 수의 백분율) $=$ [10] $\times 2 =$ [20] (%),

(겨울에 태어난 학생 수의 백분율) $=$ [10] $\times 3 =$ [30] (%)

예제 40 %, 30 %

❶ (주스를 좋아하는 학생 수와 우유를 좋아하는 학생 수의 백분율의 합)

$= 100 - (25 + 5) = 70$ (%)

❷ (주스를 좋아하는 학생 수의 백분율) $= (■ \times 4)$ %,

(우유를 좋아하는 학생 수의 백분율) $= (■ \times 3)$ %

$■ \times 4 + ■ \times 3 = 70$, $■ \times 7 = 70$, $■ = 10$

⇨ (주스를 좋아하는 학생 수의 백분율) $= 10 \times 4 = 40$ (%),

(우유를 좋아하는 학생 수의 백분율) $= 10 \times 3 = 30$ (%)

03-1 40 %

❶ (고구마와 옥수수의 백분율의 합) $= 100 - (25 + 10 + 5) = 60$ (%)

❷ (고구마 면적의 백분율) $= (■ \times 2)$ %, (옥수수 면적의 백분율) $= (■ \times 1)$ %

$■ \times 2 + ■ \times 1 = 60$, $■ \times 3 = 60$, $■ = 20$

⇨ 고구마를 심은 면적은 전체의 $20 \times 2 = 40$ (%)

03-2 18 %

❶ (장미와 해바라기의 백분율의 합) $= 100 - (20 + 15 + 5) = 60$ (%)

❷ (장미를 좋아하는 학생 수의 백분율) $= (■ \times 3)$ %,

(해바라기를 좋아하는 학생 수의 백분율) $= (■ \times 7)$ %

$■ \times 3 + ■ \times 7 = 60$, $■ \times 10 = 60$, $■ = 6$

⇨ 장미를 좋아하는 학생 수는 전체의 $6 \times 3 = 18$ (%)

03-3 40명

❶ (자전거와 버스의 백분율의 합) $= 100 - (50 + 5) = 45$ (%)

❷ (자전거로 등교하는 학생 수의 백분율) $= (■ \times 4)$ %,

(버스로 등교하는 학생 수의 백분율) $= (■ \times 5)$ %

$■ \times 4 + ■ \times 5 = 45$, $■ \times 9 = 45$, $■ = 5$

⇨ 자전거로 등교하는 학생 수의 백분율은 $5 \times 4 = 20$ (%)

❸ (자전거로 등교하는 학생 수) $= 200 \times \frac{20}{100} = 40$(명)

대표 유형 04 300명

❶ (5학년에서 장래 희망이 의사인 학생 수)$=250\times\frac{28}{100}=$ 70 (명)

(6학년에서 장래 희망이 의사인 학생 수)$=$ 70 $+20=$ 90 (명)

❷ 6학년 학생의 30 %가 90 명이므로

10 %는 90 $\div 3=$ 30 (명)입니다.

따라서 6학년 학생 수는 10 %의 10배이므로

30 $\times 10=$ 300 (명)입니다.

예제 150명

❶ (남학생 중에서 달걀말이를 좋아하는 학생 수)$=140\times\frac{15}{100}=21$(명)

(여학생 중에서 달걀말이를 좋아하는 학생 수)$=21+9=30$(명)

❷ 여학생의 20 %가 30명이므로 여학생 수는 20 %의 5배인 150명입니다.

04-1 7월, 15그릇

❶ (7월에 판매한 딸기빙수의 수)$=500\times\frac{35}{100}=175$(그릇),

(8월에 판매한 딸기빙수의 수)$=400\times\frac{40}{100}=160$(그릇)

❷ $175>160$이므로 7월에 판매한 딸기빙수의 수가 $175-160=15$(그릇) 더 많습니다.

04-2 40권

❶ (수호네 반 위인전의 수)$=50\times\frac{20}{100}=10$(권),

(주하네 반 위인전의 수)$=10+6=16$(권)

❷ 주하네 반 책 수의 20 %가 16권이므로 10 %는 8권이고 동화책은 10 %의 5배인 40권입니다.

대표 유형 05 풀이 참조

마을별 은행나무 수

0 10 20 30 40 50 60 70 80 90 100(%)

가 마을 (36 %)	나 마을 (21 %)	다 마을 (13 %)	라 마을 (30 %)

❶ 가 마을: 360그루, 나 마을: 210그루, 다 마을: 130그루, 라 마을: 300그루

(전체 은행나무 수)$=360+210+130+300=$ 1000 (그루)

❷ (가 마을의 백분율)$=\frac{360}{1000}\times 100=$ 36 (%),

(나 마을의 백분율)$=\frac{210}{1000}\times 100=$ 21 (%),

(다 마을의 백분율)$=\frac{130}{1000}\times 100=$ 13 (%),

(라 마을의 백분율)$=\frac{300}{1000}\times 100=$ 30 (%)

예제 풀이 참조

도서관별 책의 수

0 10 20 30 40 50 60 70 80 90 100(%)

가 도서관 (20 %)	나 도서관 (15 %)	다 도서관 (35 %)	라 도서관 (30 %)

❶ 가 도서관: 800권, 나 도서관: 600권, 다 도서관: 1400권, 라 도서관: 1200권

(전체 책의 수)$=800+600+1400+1200=4000$(권)

❷ (가 도서관의 백분율)$=\frac{800}{4000}\times100=20$ (%),

(나 도서관의 백분율)$=\frac{600}{4000}\times100=15$ (%),

(다 도서관의 백분율)$=\frac{1400}{4000}\times100=35$ (%),

(라 도서관의 백분율)$=\frac{1200}{4000}\times100=30$ (%)

05-1 풀이 참조

좋아하는 채소별 학생 수

0 10 20 30 40 50 60 70 80 90 100(%)

오이 (20 %)	당근 (30 %)	호박 (35 %)	기타 (15 %)

❶ 오이: 8명, 당근: 12명, 호박: 14명, 기타: 6명

⇨ (전체 학생 수)$=8+12+14+6=40$(명)

❷ (오이의 백분율)$=\frac{8}{40}\times100=20$ (%),

(당근의 백분율)$=\frac{12}{40}\times100=30$ (%),

(호박의 백분율)$=\frac{14}{40}\times100=35$ (%),

(기타의 백분율)$=\frac{6}{40}\times100=15$ (%)

05-2

마을별 기르는 돼지 수

라 마을(10 %)
0
가 마을 (45 %)
25
나 마을 (20 %)
50
다 마을 (25 %)
75

❶ 가 마을: 450마리, 나 마을: 200마리, 다 마을: 250마리, 라 마을: 100마리

⇨ (전체 돼지 수)$=450+200+250+100=1000$(마리)

❷ (가 마을 백분율)$=\frac{450}{1000}\times100=45$ (%),

(나 마을 백분율)$=\frac{200}{1000}\times100=20$ (%),

(다 마을 백분율)$=\frac{250}{1000}\times100=25$ (%),

(라 마을 백분율)$=\frac{100}{1000}\times100=10$ (%)

대표 유형 06 8 cm

❶ (서하네 집 화단 전체의 면적)$=135+60+\boxed{45}=\boxed{240}$ (m^2)

(해바라기의 비율)$=\frac{\boxed{60}}{\boxed{240}}\times100=\boxed{25}$ (%)

❷ 따라서 길이가 32 cm인 띠그래프로 나타낼 때 해바라기가 차지하는 길이는

$32\times\frac{\boxed{25}}{100}=\boxed{8}$ (cm)입니다.

예제 8 cm

❶ (민호네 밭 전체의 면적) $=54+14+32=100\,(\mathrm{m}^2)$

(콩의 비율) $=\frac{32}{100}\times 100=32\,(\%)$

❷ 길이가 25 cm인 띠그래프로 나타낼 때 콩이 차지하는 길이는 $25\times\frac{32}{100}=8\,(\mathrm{cm})$입니다.

06-1 4 cm

❶ 주차장의 면적이 $300-(76+164)=60\,(\mathrm{m}^2)$이므로

주차장의 비율은 $\frac{60}{300}\times 100=20\,(\%)$입니다.

❷ 길이가 20 cm인 띠그래프로 나타낼 때 주차장이 차지하는 길이는 $20\times\frac{20}{100}=4\,(\mathrm{cm})$입니다.

06-2 14 cm

❶ 정사각형의 한 변의 길이는 $11+9=20\,(\mathrm{cm})$이므로

정사각형의 넓이는 $20\times 20=400\,(\mathrm{cm}^2)$입니다.

❷ 보라색 색종이의 넓이가 $10\times(20-4)=160\,(\mathrm{cm}^2)$이므로

보라색의 비율은 $\frac{160}{400}\times 100=40\,(\%)$입니다.

❸ 길이가 35 cm인 띠그래프로 나타낼 때 보라색이 차지하는 길이는

$35\times\frac{40}{100}=14\,(\mathrm{cm})$입니다.

06-3 6 cm

❶ (전체 학생 수) $=19+10+6+10+5=50$(명)

(배구의 비율) $=\frac{10}{50}\times 100=20\,(\%)$

❷ 길이가 30 cm인 띠그래프로 나타낼 때 배구가 차지하는 길이는 $30\times\frac{20}{100}=6\,(\mathrm{cm})$입니다.

대표 유형 07 120개

❶ 바나나 우유 60개를 6 cm로 나타냈으므로

(1 cm가 나타내는 수량) $=60\div 6=$ [10] (개)입니다.

❷ 딸기 우유는 12 cm로 나타냈으므로

(딸기 우유의 개수) $=$ [10] $\times 12=$ [120] (개)입니다.

예제 36명

❶ 가수를 좋아하는 학생 60명을 15 cm로 나타냈으므로

(1 cm가 나타내는 학생 수) $=60\div 15=4$(명)입니다.

❷ 배우는 9 cm로 나타냈으므로

(배우를 좋아하는 학생 수) $=4\times 9=36$(명)입니다.

07-1 400명

❶ 독일어가 차지하는 부분의 길이가 6 cm이므로 독일어의 비율은 $\frac{6}{30}\times 100=20\,(\%)$입니다.

❷ 전체 학생 수는 독일어를 배우고 싶은 학생 수의 5배이므로 $80\times 5=400$(명)입니다.

07-2 20 cm

❶ (라면의 백분율) $=100-(35+25+10)=30\,(\%)$

❷ 학생 수의 30 %를 6 cm로 나타내었으므로 10 %는 $6\div 3=2\,(\mathrm{cm})$입니다.

❸ 전체 띠그래프는 $2\times 10=20\,(\mathrm{cm})$입니다.

07-3 500자루

❶ 빨간색의 길이가 14 cm이므로 빨간색의 백분율은 $\frac{14}{35} \times 100 = 40\,(\%)$입니다.
❷ (초록색의 백분율)$= 100 - (20 + 40 + 20 + 10) = 10\,(\%)$
❸ 판매된 전체 볼펜 수의 10 %가 50자루이므로
판매된 볼펜은 모두 $50 \times 10 = 500$(자루)입니다.

대표 유형 08 90명

❶ (운동을 한 학생 수)$= 400 \times \frac{\boxed{75}}{100} = \boxed{300}$(명)
❷ (줄넘기를 한 학생의 백분율)$= 100 - (20 + 25 + 15 + 10) = \boxed{30}\,(\%)$
따라서 줄넘기를 한 학생은 $\boxed{300} \times \frac{\boxed{30}}{100} = \boxed{90}$(명)입니다.

예제 39명

❶ (남학생 수)$= 300 \times \frac{52}{100} = 156$(명)
❷ (체육을 좋아하는 남학생의 백분율)$= 100 - (50 + 25) = 25\,(\%)$
⇨ (체육을 좋아하는 남학생 수)$= 156 \times \frac{25}{100} = 39$(명)

08-1 105만 표

❶ (선거에 참여한 사람의 백분율)$= 100 - 30 = 70\,(\%)$
(선거에 참여한 사람 수)$= 500$만$\times \frac{70}{100} = 350$만 (명)
❷ (나 후보자의 득표수)$= 350$만$\times \frac{30}{100} = 105$만 (표)

08-2 81명

❶ (여학생의 백분율)$= 100 - 55 = 45\,(\%)$
전체의 55 %가 220명이므로 5 %는 20명이고, 45 %는 180명입니다.
❷ (가요를 좋아하는 여학생의 백분율)$= 100 - (25 + 20 + 10) = 45\,(\%)$
⇨ (가요를 좋아하는 여학생 수)$= 180 \times \frac{45}{100} = 81$(명)

실전 적용

138~141쪽

01

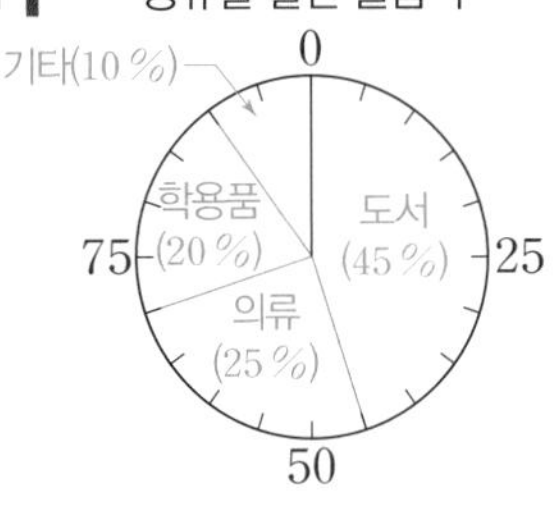

❶ (전체 팔린 물품 수)$= 54 + 30 + 24 + 12 = 120$(개)
❷ (도서의 백분율)$= \frac{54}{120} \times 100 = 45\,(\%)$,
(의류의 백분율)$= \frac{30}{120} \times 100 = 25\,(\%)$,
(학용품의 백분율)$= \frac{24}{120} \times 100 = 20\,(\%)$,
(기타의 백분율)$= \frac{12}{120} \times 100 = 10\,(\%)$

02 30 %

❶ (소보로빵과 샌드위치의 백분율의 합)$=100-(20+10+15)=55$ (%)
❷ (소보로빵 판매량의 백분율)$=(■\times 6)$ %, (샌드위치 판매량의 백분율)$=(■\times 5)$ %
$■\times 6+■\times 5=55$, $■\times 11=55$, $■=5$
따라서 소보로빵 판매량의 비율은 $5\times 6=30$ (%)입니다.

03 250대

❶ 가 빌딩: 210대, 나 빌딩: 230대
❷ (가 빌딩과 나 빌딩에 주차된 자동차 수의 평균)$=(210+230)\div 2=220$(대)
⇨ (다 빌딩에 주차된 자동차 수)$=220+30=250$(대)

04 42000원

❶ (다 공장의 연필 생산량)$=840-(210+160+300)=170$(자루)
❷ $170\div 12=14\cdots 2$이므로 다 공장에서 판매한 연필은 14묶음입니다.
⇨ 다 공장에서 연필을 판매한 금액은 모두 $3000\times 14=42000$(원)

05 $50\ m^2$

❶ (밭의 넓이)$=500\times \frac{40}{100}=200\ (m^2)$
❷ (호박을 심은 밭의 백분율)$=100-(50+15+10)=25$ (%),
(호박을 심은 밭의 넓이)$=200\times \frac{25}{100}=50\ (m^2)$

06 80개

❶ 라 지역의 길이가 4 cm이므로 다 지역의 길이는 $4+4=8$ (cm)이고
나 지역의 길이는 $8+4=12$ (cm)입니다.
⇨ (가 지역)$=40-(12+8+4)=16$ (cm)
❷ 라 지역의 보건소 20개를 4 cm로 나타냈으므로
(1 cm가 나타내는 수량)$=20\div 4=5$(개)입니다.
가 지역은 16 cm로 나타냈으므로 (가 지역의 보건소의 수)$=16\times 5=80$(개)입니다.

07 12월, 12개

❶ (9월의 사과 판매량)$=240\times \frac{35}{100}=84$(개)
❷ (12월의 전체 과일 판매량)$=240-(20\times 3)=180$(개),
(12월의 사과 판매량)$=180\times \frac{40}{100}=72$(개)
❸ $84>72$이므로 사과 판매량은 12월이 $84-72=12$(개) 더 적습니다.

08 18 cm

❶ 정사각형의 한 변의 길이는 $12+8=20$ (cm)이므로
정사각형의 넓이는 $20\times 20=400\ (cm^2)$입니다.
❷ (노란색 색종이의 가로)$=20-5=15$ (cm),
(노란색 색종이의 세로)$=20-8=12$ (cm)
따라서 노란색 색종이의 넓이가 $15\times 12=180\ (cm^2)$이므로
노란색의 비율은 $\frac{180}{400}\times 100=45$ (%)입니다.
❸ 길이가 40 cm인 띠그래프로 나타낼 때 노란색이 차지하는 길이는
$40\times \frac{45}{100}=18$ (cm)입니다.

6 직육면체의 부피와 겉넓이

직육면체의 부피 구하기

144~147쪽

01 $96\,cm^3$　02 $64\,cm^3$
03 $27\,m^3$　04 $0.105\,m^3$
05 $5\,cm$　06 $6\,cm$

01 $8\times4\times3=96\,(cm^3)$

02 (정육면체의 부피)
=(한 모서리의 길이)×(한 모서리의 길이)×(한 모서리의 길이)
$=4\times4\times4=64\,(cm^3)$

03 $300\,cm=3\,m$
⇨ (정육면체의 부피)$=3\times3\times3=27\,(m^3)$

04 $0.7\,m=70\,cm$, $0.5\,m=50\,cm$
⇨ (직육면체의 부피)$=30\times70\times50=105000\,(cm^3)$
$=0.105\,(m^3)$

다른 풀이
$30\,cm=0.3\,m$
⇨ (직육면체의 부피)$=0.3\times0.7\times0.5=0.105\,(m^3)$

05 $7\times8\times\square=280$, $56\times\square=280$, $\square=5$이므로 직육면체의 높이는 $5\,cm$입니다.

06 $5\times\square\times4=120$, $20\times\square=120$, $\square=6$이므로 직육면체의 세로는 $6\,cm$입니다.

직육면체의 겉넓이 구하기

01 $104\,cm^2$　02 $568\,cm^2$
03 $150\,cm^2$　04 $102\,cm^2$
05 $236\,cm^2$

01 $(30+12+10)\times2=52\times2=104\,(cm^2)$

02

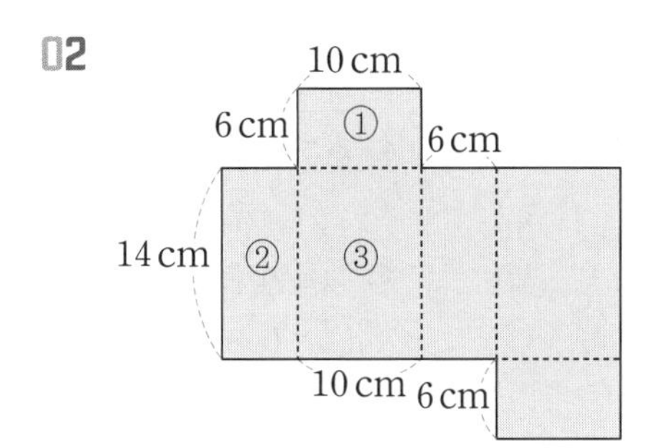

(합동인 세 면의 넓이의 합)×2
$=(①+②+③)\times2=(60+84+140)\times2$
$=284\times2=568\,(cm^2)$

03 (정육면체의 겉넓이)
=(한 모서리의 길이)×(한 모서리의 길이)×6
$=5\times5\times6=150\,(cm^2)$

04 빗금 친 면의 넓이가 $27\,cm^2$이고 빗금 친 면의 세로가 $3\,cm$이므로 가로는 $27\div3=9\,(cm)$입니다.
(빗금 친 면의 가로)=(직육면체의 가로)
(직육면체의 겉넓이)$=(9\times3+9\times2+3\times2)\times2$
$=51\times2=102\,(cm^2)$

05 빗금 친 면의 넓이가 $30\,cm^2$이고 빗금 친 면의 가로가 $5\,cm$이므로 세로는 $30\div5=6\,(cm)$입니다.
(빗금 친 면의 세로)=(직육면체의 높이)
(직육면체의 겉넓이)$=(8\times5+8\times6+5\times6)\times2$
$=118\times2=236\,(cm^2)$

대표 유형 **01** $392\ cm^2$

❶ 주어진 전개도를 접어 만든 직육면체의 세 모서리의 길이는 각각 5 cm, 8 cm, $17-5=$ 12 (cm)입니다.

❷ 직육면체의 겉넓이는 합동인 세 면의 넓이의 합의 2배이므로
$(8\times5+5\times12+8\times12)\times2$
$=(40+$ 60 $+$ 96 $)\times2=$ 196 $\times2=$ 392 (cm^2)입니다.

예제 $422\ cm^2$

❶ 주어진 전개도를 접어 만든 직육면체의 세 모서리의 길이는 각각 7 cm, $19-13=6$ (cm), 13 cm입니다.

❷ 직육면체의 겉넓이는 합동인 세 면의 넓이의 합의 2배이므로
$(7\times6+7\times13+6\times13)\times2=211\times2=422\ (cm^2)$입니다.

01-1 $216\ cm^2$

❶ 정육면체 모양의 상자의 세 모서리의 길이의 합이 18 cm이므로
(한 모서리의 길이)$=18\div3=6$ (cm)입니다.

❷ (상자의 겉넓이)$=6\times6\times6=216\ (cm^2)$

01-2 $562\ cm^2$

❶ 빗금 친 부분의 넓이가 $156\ cm^2$이고 빗금 친 부분의 세로가 12 cm이므로
가로는 $156\div12=13$ (cm)입니다.
주어진 전개도를 접어 만든 직육면체의 세 모서리의 길이는 13 cm, 5 cm, 12 cm입니다.

❷ (직육면체의 겉넓이)$=(13\times5+5\times12+13\times12)\times2=281\times2=562\ (cm^2)$

01-3 $542\ cm^2$

❶ 빗금 친 부분의 넓이가 $91\ cm^2$이고 빗금 친 부분의 가로가 13 cm이므로
세로는 $91\div13=7$ (cm)입니다.
주어진 전개도를 접어 만든 직육면체의 세 모서리의 길이는 13 cm, 7 cm, 9 cm입니다.

❷ (직육면체의 겉넓이)$=(13\times7+7\times9+13\times9)\times2=271\times2=542\ (cm^2)$

대표 유형 **02** $1029\ cm^3$

❶ 오른쪽과 같이 직육면체를 두 개로 나누어 생각해 봅니다.

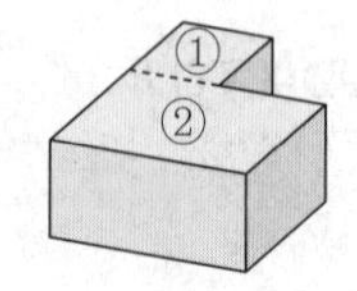

(①의 부피)$=7\times(13-7)\times7=$ 294 (cm^3),
(②의 부피)$=(7+8)\times7\times7=$ 735 (cm^3)

❷ (입체도형의 부피)$=294+$ 735 $=$ 1029 (cm^3)입니다.

예제 12000 cm^3

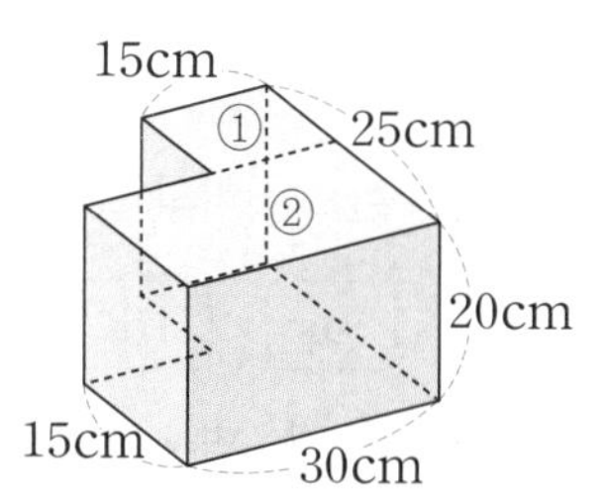

❶ 직육면체를 두 개로 나누어 생각해 봅니다.

(①의 부피)$=(25-15)\times15\times20=3000\,(\text{cm}^3)$

(②의 부피)$=15\times30\times20=9000\,(\text{cm}^3)$

❷ (입체도형의 부피)$=3000+9000=12000\,(\text{cm}^3)$

02-1 11400 cm^3

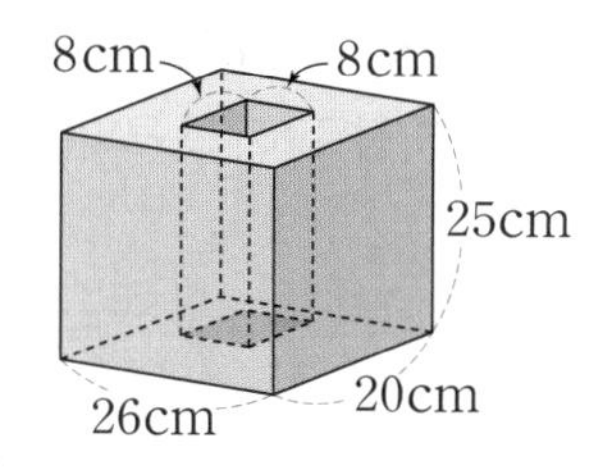

❶ 큰 직육면체에서 가운데 뚫린 부분의 부피를 뺍니다.

(큰 직육면체의 부피)$=26\times20\times25=13000\,(\text{cm}^3)$

(뚫린 직육면체의 부피)$=8\times8\times25=1600\,(\text{cm}^3)$

❷ (입체도형의 부피)$=13000-1600=11400\,(\text{cm}^3)$

02-2 18000 cm^3

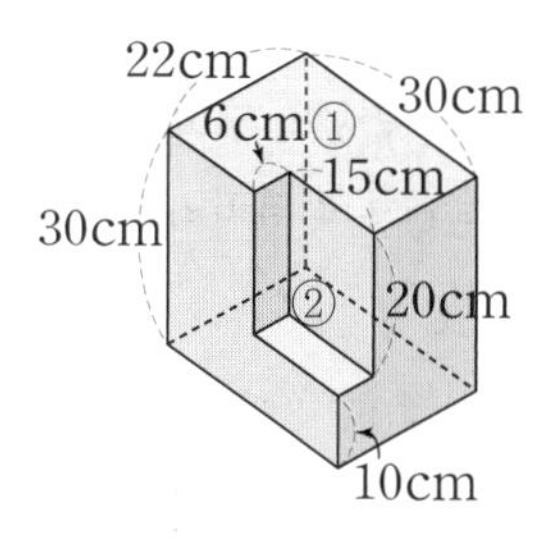

❶ ①의 부피에서 ②의 부피를 뺍니다.

(①의 부피)$=30\times22\times30=19800\,(\text{cm}^3)$

(②의 부피)$=15\times6\times(30-10)=1800\,(\text{cm}^3)$

❷ (입체도형의 부피)$=19800-1800=18000\,(\text{cm}^3)$

02-3 1350 cm^3

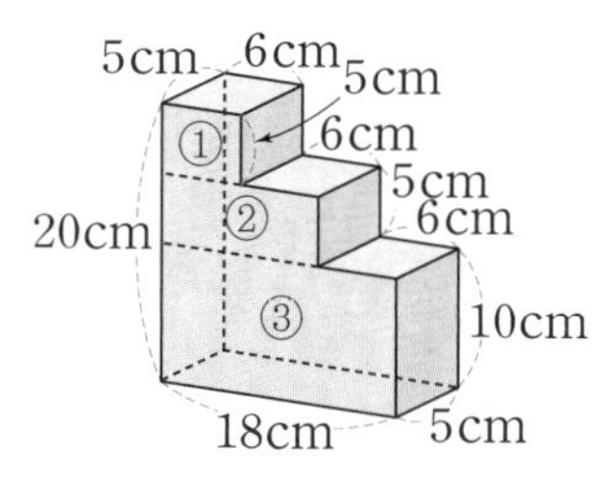

❶ ①, ②, ③으로 나누어 부피의 합을 구합니다.

(①의 부피)$=6\times5\times(20-5-10)=150\,(\text{cm}^3)$

(②의 부피)$=(6+6)\times5\times5=300\,(\text{cm}^3)$

(③의 부피)$=18\times5\times10=900\,(\text{cm}^3)$

❷ (입체도형의 부피)$=150+300+900=1350\,(\text{cm}^3)$

대표 유형 03 8배

❶ (처음 정육면체의 부피)$=8\times8\times8=$ [512] (cm^3)

❷ 각 모서리의 길이를 2배로 늘이면 한 모서리의 길이는 $8\times2=$ [16] (cm)이고

늘인 정육면체의 부피는 [16] $\times$ [16] $\times$ [16] $=$ [4096] (cm^3)입니다.

❸ 각 모서리의 길이를 2배 늘이면 늘인 정육면체의 부피는 처음 정육면체의 부피의

[4096] $\div$ [512] $=$ [8] (배)가 됩니다.

예제 27배

❶ (처음 정육면체의 부피)$=7\times7\times7=343$ (cm^3)
❷ 각 모서리의 길이를 3배로 늘이면 한 모서리의 길이는 $7\times3=21$ (cm)이고
늘인 정육면체의 부피는 $21\times21\times21=9261$ (cm^3)입니다.
❸ 각 모서리의 길이를 3배 늘이면 늘인 정육면체의 부피는 처음 정육면체의 부피의
$9261\div343=27$(배)가 됩니다.

03-1 4배

❶ (처음 직육면체의 부피)$=5\times6\times3=90$ (cm^3)
❷ (가로와 세로를 각각 2배 늘인 직육면체의 부피)$=(5\times2)\times(6\times2)\times3=360$ (cm^3)
❸ 늘인 직육면체의 부피는 처음 직육면체의 부피의 $360\div90=4$(배)가 됩니다.

03-2 27배

❶ (처음 직육면체의 부피)$=4\times7\times8=224$ (cm^3)
❷ (각 모서리의 길이를 3배로 늘인 직육면체의 부피)$=(4\times3)\times(7\times3)\times(8\times3)=6048$ (cm^3)
❸ 늘인 직육면체의 부피는 처음 직육면체의 부피의 $6048\div224=27$(배)가 됩니다.

03-3 21 cm

❶ (처음 직육면체의 부피)$=18\times7\times6=756$ (cm^3)
❷ (줄인 직육면체의 가로)$=18\times\frac{1}{3}=6$ (cm)
❸ 늘인 세로를 ● cm라고 하면 $6\times$●$\times6=756$, $36\times$●$=756$, ●$=21$입니다.
직육면체의 세로를 21 cm로 늘여야 처음 직육면체의 부피와 같아집니다.

대표 유형 04 528 cm^3

❶ 직육면체의 가로를 ● cm라 하여 직육면체의 겉넓이 구하는 식을 씁니다.

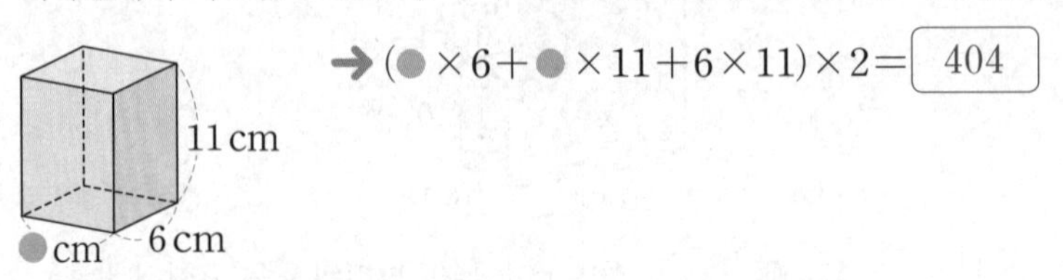

→ (●$\times6+$●$\times11+6\times11)\times2=$ [404]

❷ (●$\times17+66)\times2=$ [404], ●$\times17+66=$ [202]

●$\times$ [17] $=$ [136], ●$=$ [8] 이므로 직육면체의 가로는 [8] cm입니다.

❸ (직육면체의 부피)$=$ [8] $\times6\times$ [11] $=$ [528] (cm^3)

예제 $540\,cm^3$

❶ 직육면체의 높이를 ● cm라 하여 직육면체의 겉넓이 구하는 식을 씁니다.

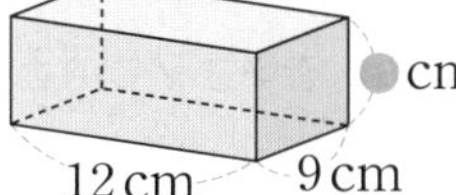

→ $(12\times9+12\times●+9\times●)\times2=426$

❷ $(108+21\times●)\times2=426$, $108+21\times●=213$,
$21\times●=105$, $●=5$이므로 직육면체의 높이는 5 cm입니다.

❸ (직육면체의 부피)$=12\times9\times5=540\,(cm^3)$

04-1 $343\,cm^3$

❶ (정육면체의 겉넓이)$=$(한 면의 넓이)$\times6=294$, (한 면의 넓이)$=294\div6=49\,(cm^2)$

❷ $7\times7=49$이므로 정육면체의 한 모서리의 길이는 7 cm입니다.

❸ (정육면체의 부피)$=7\times7\times7=343\,(cm^3)$

04-2 $325\,cm^3$

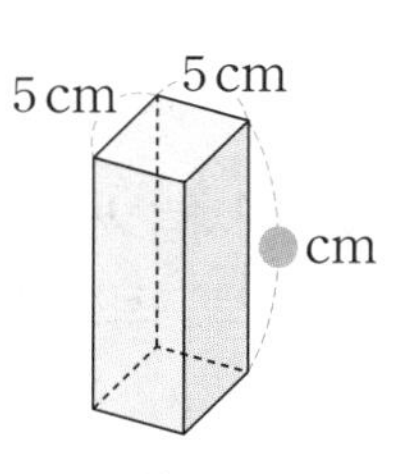

❶ 직육면체의 높이를 ● cm라 하면
(직육면체의 겉넓이)$=(5\times5+5\times●+5\times●)\times2=310$

❷ $(25+10\times●)\times2=310$, $25+10\times●=155$, $10\times●=130$,
$●=13$이므로 직육면체의 높이는 13 cm입니다.

❸ (직육면체의 부피)$=5\times5\times13=325\,(cm^3)$

04-3 $1728\,cm^3$

❶ (직육면체의 겉넓이)$=(18\times10+18\times9+10\times9)\times2=864\,(cm^2)$

❷ (정육면체의 한 면의 넓이)$=864\div6=144\,(cm^2)$
$12\times12=144$이므로 정육면체의 한 모서리의 길이는 12 cm입니다.

❸ (정육면체의 부피)$=12\times12\times12=1728\,(cm^3)$

대표 유형 05 ㉯, $4\,cm^2$

❶ ㉮의 가로는 2 cm, 세로는 2 cm, 높이는 2 cm입니다.
(㉮의 겉넓이)$=4\times6=24\,(cm^2)$

❷ ㉯의 가로는 4 cm, 세로는 1 cm, 높이는 2 cm입니다.
(㉯의 겉넓이)$=(4+8+2)\times2=28\,(cm^2)$

❸ 따라서 ㉯의 겉넓이가 $28-24=4\,(cm^2)$ 더 넓습니다.

예제 ㉯, $4\,cm^2$

❶ ㉮의 가로는 3 cm, 세로는 1 cm, 높이는 2 cm입니다.
(㉮의 겉넓이)$=(3+6+2)\times2=22\,(cm^2)$

❷ ㉯의 가로는 6 cm, 세로는 1 cm, 높이는 1 cm입니다.
(㉯의 겉넓이)$=(6+6+1)\times2=26\,(cm^2)$

❸ 따라서 ㉯의 겉넓이가 $26-22=4\,(cm^2)$ 더 넓습니다.

05-1 ㉮, $2\,cm^2$

❶ ㉮의 가로는 4 cm, 세로는 1 cm, 높이는 1 cm입니다.
(㉮의 겉넓이)$=(4+4+1)\times2=18\,(cm^2)$
❷ ㉯의 가로는 2 cm, 세로는 1 cm, 높이는 2 cm입니다.
(㉯의 겉넓이)$=(2+4+2)\times2=16\,(cm^2)$
❸ 따라서 ㉮의 겉넓이가 $18-16=2\,(cm^2)$ 더 넓습니다.

05-2 ㉯, ㉮, ㉰

❶ ㉮의 가로는 6 cm, 세로는 3 cm, 높이는 12 cm입니다.
(㉮의 겉넓이)$=(18+72+36)\times2=252\,(cm^2)$
❷ ㉯의 가로는 3 cm, 세로는 3 cm, 높이는 24 cm입니다.
(㉯의 겉넓이)$=(9+72+72)\times2=306\,(cm^2)$
❸ ㉰의 가로는 6 cm, 세로는 6 cm, 높이는 6 cm입니다.
(㉰의 겉넓이)$=36\times6=216\,(cm^2)$
❹ $306\,cm^2>252\,cm^2>216\,cm^2$이므로 ㉯, ㉮, ㉰입니다.

05-3 $160\,cm^2$

❶ 겉넓이가 가장 작은 경우는 오른쪽 직육면체처럼 가로에 4개, 세로에 2개, 높이를 2층으로 쌓았을 때이므로 가로는 8 cm, 세로는 4 cm, 높이는 4 cm입니다.

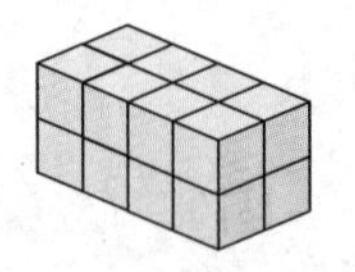

❷ 따라서 만든 직육면체의 겉넓이는 $(32+32+16)\times2=160\,(cm^2)$입니다.

대표 유형 06 $600\,cm^2$

❶ 가장 짧은 모서리의 길이가 [10] cm이므로
만들 수 있는 가장 큰 정육면체의 한 모서리의 길이는 [10] cm입니다.
❷ (정육면체의 겉넓이)= [10] × [10] × [6] = [600] (cm^2)

예제 $1536\,cm^2$

❶ 가장 짧은 모서리의 길이가 16 cm이므로
만들 수 있는 가장 큰 정육면체의 한 모서리의 길이는 16 cm입니다.
❷ (정육면체의 겉넓이)$=16\times16\times6=1536\,(cm^2)$

06-1 $729\,cm^3$

❶ 만들 수 있는 가장 큰 정육면체의 한 모서리의 길이는 9 cm입니다.
❷ (정육면체의 부피)$=9\times9\times9=729\,(cm^3)$

06-2 $384\,cm^2$

❶ 빗금 친 면의 넓이가 $104\,cm^2$이고 빗금 친 면의 가로는 13 cm이므로
세로는 $104\div13=8\,(cm)$입니다.
❷ 만들 수 있는 가장 큰 정육면체의 한 모서리의 길이는 8 cm입니다.
❸ (정육면체의 겉넓이)$=8\times8\times6=384\,(cm^2)$

06-3 $216\,cm^2$

❶ 빗금 친 면의 가로와 세로의 합은 $30\div2=15\,(cm)$이고 세로는 $15-6=9\,(cm)$입니다.
❷ 만들 수 있는 가장 큰 정육면체의 한 모서리의 길이는 6 cm입니다.
❸ (정육면체의 겉넓이)$=6\times6\times6=216\,(cm^2)$

대표 유형 **07** $1920\ cm^3$

❶ 주어진 입체도형은 밑면이 직각삼각형입니다.
(한 밑면의 넓이) $=16\times12\div\boxed{2}=\boxed{96}\ (cm^2)$

❷ (입체도형의 부피) $=\boxed{96}\times20=\boxed{1920}\ (cm^3)$

예제 $810\ cm^3$

❶ 주어진 입체도형은 밑면이 직각삼각형입니다.
(한 밑면의 넓이) $=12\times9\div2=54\ (cm^2)$

❷ (입체도형의 부피) $=54\times15=810\ (cm^3)$

07-1 $2070\ cm^3$

❶ 주어진 입체도형의 밑면은 밑변의 길이가 10 cm, 높이가 18 cm인 삼각형입니다.
(한 밑면의 넓이) $=10\times18\div2=90\ (cm^2)$

❷ (입체도형의 부피) $=90\times23=2070\ (cm^3)$

07-2 $2200\ cm^3$

❶ 주어진 입체도형은 밑면이 사다리꼴입니다.
(한 밑면의 넓이) $=(6+14)\times11\div2=110\ (cm^2)$

❷ (입체도형의 부피) $=110\times20=2200\ (cm^3)$

07-3 9, 8

❶ 주어진 입체도형은 밑면이 직각삼각형입니다.
(한 밑면의 넓이) $=$(㉡ $\times$ ㉠ $\div2$) cm^2

❷ (입체도형의 부피) $=$ ㉡ $\times$ ㉠ $\div2\times22=792$, ㉡ $\times$ ㉠ $\div2=36$ ⇨ ㉡ $\times$ ㉠ $=72$
㉠, ㉡은 10보다 작은 자연수이고 ㉠ > ㉡이므로 ㉠ $=9$, ㉡ $=8$입니다.

대표 유형 **08** $1078\ cm^2$

❶ 한 밑면의 넓이는 ㉠ − ㉡으로 구합니다.
(한 밑면의 넓이) $=16\times9-11\times5=\boxed{89}\ (cm^2)$

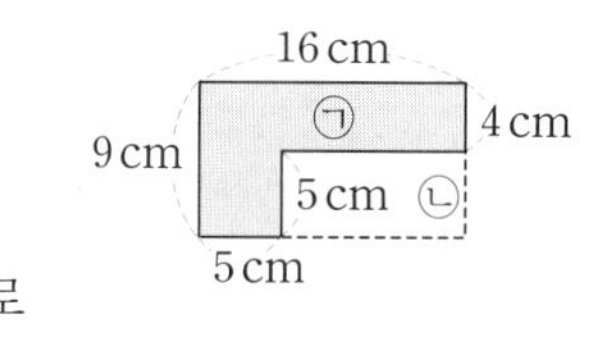

❷ (한 밑면의 둘레) $=(16+9)\times2=\boxed{50}$ (cm)이므로
(옆면의 넓이) $=\boxed{50}\times18=\boxed{900}\ (cm^2)$

❸ (입체도형의 겉넓이) $=$(한 밑면의 넓이) $\times2+$(옆면의 넓이)
$=\boxed{89}\times2+\boxed{900}=\boxed{1078}\ (cm^2)$

예제 $392\ cm^2$

❶ (한 밑면의 넓이) $=8\times10-4\times4=80-16=64\ (cm^2)$

❷ (옆면의 넓이) $=((8+10)\times2+4\times2)\times6=264\ (cm^2)$

❸ (입체도형의 겉넓이) $=64\times2+264=392\ (cm^2)$

08-1 $864\,cm^2$

❶ 한 모서리의 길이가 12 cm인 정육면체의 겉넓이와 같습니다.
❷ (입체도형의 겉넓이) $=12\times12\times6=864\,(cm^2)$

08-2 $1026\,cm^2$

❶ 한 밑면의 넓이가 $180\,cm^2$입니다.
❷ (옆면의 넓이) $=74\times9=666\,(cm^2)$
❸ (입체도형의 겉넓이) $=180\times2+666=1026\,(cm^2)$

대표 유형 09 72개

❶ 상자의 가로에 놓을 수 있는 쌓기나무는 $24\div8=$ [3] (개),
세로에 놓을 수 있는 쌓기나무는 $32\div8=$ [4] (개)입니다.
상자의 높이로 쌓을 수 있는 쌓기나무는 $48\div8=$ [6] (개)입니다.
❷ 쌓기나무는 모두 [3] × [4] × [6] = [72] (개) 쌓을 수 있습니다.

예제 648개

❶ 상자의 가로에 놓을 수 있는 쌓기나무는 $54\div6=9$(개),
세로에 놓을 수 있는 쌓기나무는 $36\div6=6$(개)입니다.
상자의 높이로 쌓을 수 있는 쌓기나무는 $72\div6=12$(개)입니다.
❷ 쌓기나무는 모두 $9\times6\times12=648$(개) 쌓을 수 있습니다.

09-1 504개

❶ $0.81\,m=81\,cm$, $1.26\,m=126\,cm$, $0.36\,m=36\,cm$
가로: $81\div9=9$(개), 세로: $126\div9=14$(개), 높이: $36\div9=4$(개)
❷ 정육면체 모양의 상자를 $9\times14\times4=504$(개)까지 넣을 수 있습니다.

09-2 60000개

❶ $3.6\,m=360\,cm$, $1.8\,m=180\,cm$, $2\,m=200\,cm$
가로: $360\div9=40$(개), 세로: $180\div6=30$(개), 높이: $200\div4=50$(개)
❷ ㉮ 상자 안에 ㉯ 상자를 $40\times30\times50=60000$(개)까지 넣을 수 있습니다.

09-3 129600개

❶ 10, 18, 16의 최소공배수가 720이므로 가장 작은 정육면체의 한 모서리의 길이는 720 cm일 때입니다.
❷ 가로: $720\div10=72$(개), 세로: $720\div18=40$(개), 높이: $720\div16=45$(개)
❸ 필요한 상자는 모두 $72\times40\times45=129600$(개)입니다.

대표 유형 **10** 768 cm^3

❶ 넣은 돌의 부피만큼 물의 부피가 늘어납니다.
(늘어난 물의 높이)=(돌을 넣은 후 물의 높이)−(처음 물의 높이)
=9−[5]=[4] (cm)

❷ (돌의 부피)=(늘어난 물의 부피)=16×[12]×[4]=[768] (cm^3)

예제 3600 cm^3

❶ (늘어난 물의 높이)=21−15=6 (cm)
❷ (돌의 부피)=20×30×6=3600 (cm^3)

10-1 540 cm^3

❶ 줄어든 물의 부피가 돌의 부피입니다.
(줄어든 물의 높이)=8−5=3 (cm)
❷ (돌의 부피)=18×10×3=540 (cm^3)

10-2 4200 cm^3

❶ (늘어난 물의 높이)=20−10=10 (cm)
❷ (쇠구슬 2개의 부피)=35×24×10=8400 (cm^3)
❸ (쇠구슬 1개의 부피)=8400÷2=4200 (cm^3)

10-3 18 cm

❶ 돌을 넣었을 때 높아진 물의 높이를 ■ cm라 하면 돌의 부피는 24×13×■=1872 (cm^3) 입니다.
❷ 24×13×■=1872, 312×■=1872, ■=1872÷312, ■=6
❸ 돌을 넣으면 물의 높이가 6 cm 높아지므로 12+6=18 (cm)가 됩니다.

168~171쪽

01 684 cm^2

❶ 색칠한 직사각형의 가로는 15 cm이므로 세로는 180÷15=12 (cm)입니다.
❷ 이 전개도로 가로 15 cm, 세로 6 cm, 높이 12 cm인 직육면체를 만들 수 있습니다.
❸ (직육면체의 겉넓이)=(15×6+6×12+15×12)×2=684 (cm^2)

02 2600 cm^3

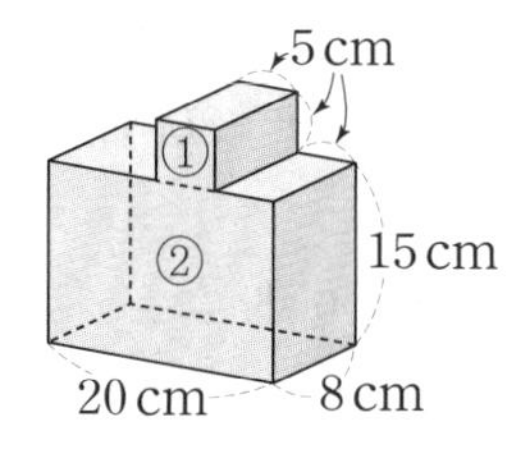

❶ (①의 부피)=5×8×5=200 (cm^3)
❷ (②의 부피)=20×8×15=2400 (cm^3)
❸ (입체도형의 부피)=200+2400=2600 (cm^3)

03 52 cm

❶ (처음 직육면체의 부피)$=24\times13\times5=1560$ (cm^3)
❷ (줄인 직육면체의 가로)$=24\times\frac{1}{4}=6$ (cm)
❸ 늘인 세로를 ● cm라고 하면 $6\times$●$\times5=1560$, $30\times$●$=1560$, ●$=52$입니다.
직육면체의 세로를 52 cm로 늘여야 처음 직육면체의 부피와 같아집니다.

04 280 cm^3

❶ 직육면체의 높이를 □cm라고 하면
(직육면체의 겉넓이)$=(7\times8+7\times$□$+8\times$□$)\times2=262$
❷ $(56+15\times$□$)\times2=262$, $56+15\times$□$=131$, $15\times$□$=75$,
□$=5$이므로 직육면체의 높이는 5 cm입니다.
❸ (직육면체의 부피)$=7\times8\times5=280$ (cm^3)

05 ㉮, ㉰, ㉯

❶ (㉮의 겉넓이)$=(6\times2+6\times8+2\times8)\times2=152$ (cm^2)
❷ (㉯의 겉넓이)$=(24\times2+24\times2+2\times2)\times2=200$ (cm^2)
❸ (㉰의 겉넓이)$=(4\times2+4\times12+2\times12)\times2=160$ (cm^2)
❹ 152 cm^2 < 160 cm^2 < 200 cm^{2}이므로 겉넓이가 작은 것부터 차례대로 기호를 쓰면
㉮, ㉰, ㉯입니다.

06 726 cm^2

❶ (빗금 친 면의 세로)$=180\div15=12$ (cm)
❷ 만들 수 있는 가장 큰 정육면체의 한 모서리의 길이는 11 cm입니다.
❸ (정육면체의 겉넓이)$=11\times11\times6=726$ (cm^2)

07 2464 cm^3

❶ (한 밑면의 넓이)$=(7+15)\times8\div2=88$ (cm^2)
❷ (입체도형의 부피)$=88\times28=2464$ (cm^3)

08 928 cm^2

❶ 한 밑면의 넓이가 266 cm^{2}입니다.
❷ (옆면의 넓이)=(한 밑면의 둘레)×(높이)$=66\times6=396$ (cm^2)
❸ (입체도형의 겉넓이)$=266\times2+396=928$ (cm^2)

09 4618 cm^2

❶ (한 밑면의 넓이)$=24\times20-13\times7=389$ (cm^2)
❷ (옆면의 넓이)$=88\times30+40\times30=3840$ (cm^2)
❸ (입체도형의 겉넓이)$=389\times2+3840=4618$ (cm^2)

10 26250개

❶ 1.4 m=140 cm, 1.2 m=120 cm, 1 m=100 cm
가로에 $140\div4=35$(개), 세로에 $120\div4=30$(개), 높이는 $100\div4=25$(개) 쌓을 수 있습니다.
❷ 쌓기나무는 모두 $35\times30\times25=26250$(개) 쌓을 수 있습니다.

11 1152 cm^3

❶ 줄어든 물의 부피가 돌의 부피입니다.
(줄어든 물의 높이)$=13-9=4$ (cm)
❷ (돌의 부피)$=24\times12\times4=1152$ (cm^3)

복습책

정답 및 풀이

1 분수의 나눗셈

유형 변형하기

2~3쪽

1 4개	2 $\frac{1}{14}$
3 3개	4 $3\frac{7}{26}\,cm^2$
5 $1\frac{11}{21}$ m	6 오전 6시 8분 30초
7 $\frac{1}{10}$ km	8 21일

1 ❶ $1\frac{□}{9}\div 2\times 27=\frac{9+□}{9}\div 2\times 27$

$=\frac{9+□}{9}\times\frac{1}{2}\times 27$

$\frac{(9+□)\times 3}{2}$이 자연수가 되려면 (9+□)가 2의 배수이고 □는 $1\frac{□}{9}$에서 분모인 9보다 클 수 없습니다.

❷ □ 안에 들어갈 수 있는 수는 1, 3, 5, 7로 모두 4개입니다.

2 ❶ 어떤 수를 □라 하여 잘못 계산한 식을 세우면

$□\times 8=4\frac{4}{7}$ ⇨ $□=4\frac{4}{7}\div 8$입니다.

❷ $□=4\frac{4}{7}\div 8=\frac{32}{7}\div 8=\frac{32\div 8}{7}=\frac{4}{7}$

❸ 바르게 계산하면 $\frac{4}{7}\div 8=\frac{4}{7}\times\frac{1}{8}=\frac{1}{14}$입니다.

3 ❶ $5\frac{1}{3}\div 12=\frac{16}{3}\div 12=\frac{16}{3}\times\frac{1}{12}=\frac{4}{9}$

❷ $\frac{□}{9}<\frac{4}{9}$에서 □<4이므로 □ 안에 들어갈 수 있는 자연수는 1, 2, 3으로 모두 3개입니다.

4 (작은 정사각형 한 개의 넓이)

$=5\frac{23}{26}\div 9=\frac{153\div 9}{26}=\frac{17}{26}\,(cm^2)$

❷ 색칠한 부분의 넓이는 작은 정사각형 5개의 넓이와 같으므로 $\frac{17}{26}\times 5=\frac{85}{26}=3\frac{7}{26}\,(cm^2)$입니다.

5 ❶ (겹친 부분의 길이)$=\frac{5}{12}\times 8=\frac{10}{3}=3\frac{1}{3}$ (m)

❷ (색 테이프 9장의 길이의 합)

$=10\frac{8}{21}+3\frac{1}{3}=10\frac{8}{21}+3\frac{7}{21}=13\frac{15}{21}$

$=13\frac{5}{7}$ (m)

❸ (색 테이프 한 장의 길이)

$=13\frac{5}{7}\div 9=\frac{96}{7}\div 9=\frac{96}{7}\times\frac{1}{9}=\frac{32}{21}=1\frac{11}{21}$ (m)

6 ❶ (하루 동안 빨리 가는 시간)

$=17\div 5=17\times\frac{1}{5}=\frac{17}{5}=3\frac{2}{5}$(분)

❷ 월요일 오후 6시부터 그 주 목요일 오전 6시까지는 $2\frac{1}{2}$일이므로

(목요일 오전 6시까지 빨리 가는 시간)

$=3\frac{2}{5}\times 2\frac{1}{2}=\frac{17}{5}\times\frac{5}{2}=\frac{17}{2}=8\frac{1}{2}$(분)입니다.

❸ $8\frac{1}{2}$분=8분 30초이므로

(그 주의 목요일 오전 6시에 이 시계가 가리키는 시간)

=오전 6시+8분 30초

=오전 6시 8분 30초를 가리킵니다.

7 ❶ (소미가 1분 동안 간 거리)

$=\frac{2}{3}\div 10=\frac{2}{3}\times\frac{1}{10}=\frac{1}{15}$ (km)

❷ (영재가 1분 동안 간 거리)

$=\frac{3}{4}\div 12=\frac{3}{4}\times\frac{1}{12}=\frac{1}{16}$ (km)

❸ (출발한 지 1분 후에 두 사람 사이의 거리)

$=\frac{1}{15}-\frac{1}{16}=\frac{16}{240}-\frac{15}{240}=\frac{1}{240}$ (km)

❹ (출발한 지 24분 후에 두 사람 사이의 거리)

$=\frac{1}{240}\times 24=\frac{1}{10}$ (km)

참고

서로 같은 방향으로 걷고 있으므로 두 사람 사이의 거리는 점점 늘어납니다.

8 ❶ 전체 일의 양을 1이라 하면

(두 사람이 함께 하루 동안 하는 일의 양)

$=\frac{9}{14}\div3=\frac{9\div3}{14}=\frac{3}{14}$

(언니가 하루 동안 하는 일의 양)

$=\frac{5}{6}\div5=\frac{\overset{1}{\cancel{5}}}{6}\times\frac{1}{\underset{1}{\cancel{5}}}=\frac{1}{6}$

❷ (희도가 하루 동안 하는 일의 양)

$=\frac{3}{14}-\frac{1}{6}=\frac{9}{42}-\frac{7}{42}=\frac{2}{42}=\frac{1}{21}$

❸ 희도가 하루 동안 하는 일의 양이 전체의 $\frac{1}{21}$이므로 혼자 이 일을 끝내려면 21일이 걸립니다.

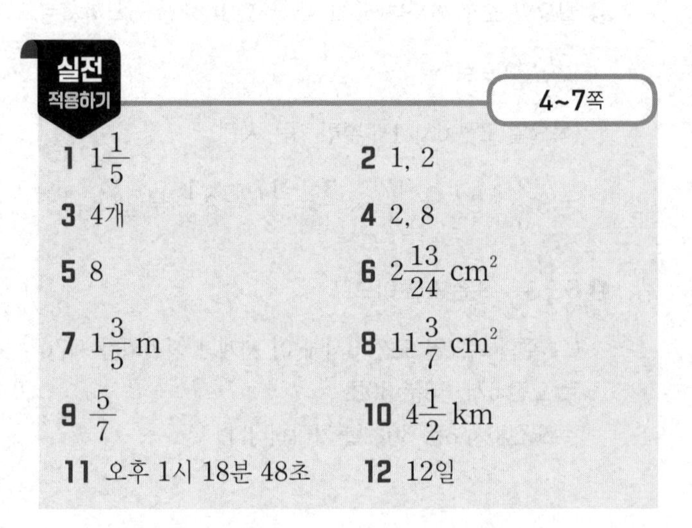

실전 적용하기

4~7쪽

1 $1\frac{1}{5}$	**2** 1, 2
3 4개	**4** 2, 8
5 8	**6** $2\frac{13}{24}$ cm²
7 $1\frac{3}{5}$ m	**8** $11\frac{3}{7}$ cm²
9 $\frac{5}{7}$	**10** $4\frac{1}{2}$ km
11 오후 1시 18분 48초	**12** 12일

1 ❶ $7\times㉠=8\frac{2}{5}$ ⇨ $㉠=8\frac{2}{5}\div7$

❷ $㉠=8\frac{2}{5}\div7=\frac{42}{5}\div7=\frac{42\div7}{5}=\frac{6}{5}=1\frac{1}{5}$

2 ❶ $2\frac{2}{3}\div4=\frac{8}{3}\div4=\frac{8\div4}{3}=\frac{2}{3}$

❷ $7\frac{1}{2}\div3=\frac{15}{2}\div3=\frac{15\div3}{2}=\frac{5}{2}=2\frac{1}{2}$

❸ $\frac{2}{3}<\square<2\frac{1}{2}$이므로 □ 안에 들어갈 수 있는 자연수는 1, 2입니다.

3 ❶ $5\frac{1}{9}\div\square=\frac{46}{9}\div\square=\frac{46}{9}\times\frac{1}{\square}$이고 계산 결과의 분모가 9가 되려면 □ 안에 들어갈 수 있는 자연수는 46의 약수이어야 합니다.

❷ □ 안에 들어갈 수 있는 수는 1, 2, 23, 46으로 모두 4개입니다.

4 ❶ $4\frac{\square}{13}\div6\times65=\frac{52+\square}{13}\div6\times65$

$=\frac{52+\square}{\underset{1}{\cancel{13}}}\times\frac{1}{6}\times\overset{5}{\cancel{65}}$

$=\frac{(52+\square)\times5}{6}$

$\frac{(52+\square)\times5}{6}$가 자연수가 되려면 $(52+\square)$가 6의 배수이어야 하고 □는 $4\frac{\square}{13}$에서 분모인 13보다 클 수 없습니다.

❷ □ 안에 들어갈 수 있는 수는 2, 8입니다.

5 ❶ $11\times\frac{\square}{10}=7\frac{7}{10}$,

$\frac{\square}{10}=7\frac{7}{10}\div11=\frac{77}{10}\div11=\frac{77\div11}{10}=\frac{7}{10}$

❷ $\frac{\square}{10}>\frac{7}{10}$에서 $\square>7$이므로 □ 안에 들어갈 수 있는 자연수 중 가장 작은 수는 8입니다.

6 ❶ (가장 작은 정사각형 한 개의 넓이)

$=5\frac{1}{12}\div16=\frac{61}{12}\times\frac{1}{16}=\frac{61}{192}$ (cm²)

❷ 색칠한 부분의 넓이는 작은 정사각형 8개의 넓이와 같으므로 $\frac{61}{\underset{24}{\cancel{192}}}\times\overset{1}{\cancel{8}}=\frac{61}{24}=2\frac{13}{24}$ (cm²)입니다.

7 ❶ (겹친 부분의 길이)$=\frac{4}{\underset{5}{\cancel{15}}}\times\overset{6}{\cancel{18}}=\frac{24}{5}=4\frac{4}{5}$ (m)

❷ (색 테이프의 전체 길이)$=25\frac{3}{5}+4\frac{4}{5}=30\frac{2}{5}$ (m)

❸ (색 테이프 한 장의 길이)$=30\frac{2}{5}\div19=\frac{152}{5}\div19$

$=\frac{152\div19}{5}=\frac{8}{5}=1\frac{3}{5}$ (m)

8 ❶ 왼쪽과 같이 점선을 그으면 크기가 같은 정사각형 10개로 나누어집니다.

❷ (색칠한 정사각형 한 개의 넓이)

$=$(전체 넓이)$\div10=14\frac{2}{7}\div10=\frac{\overset{10}{\cancel{100}}}{7}\times\frac{1}{\underset{1}{\cancel{10}}}$

$=\frac{10}{7}=1\frac{3}{7}$ (cm²)

❸ (색칠한 부분의 넓이)$=1\frac{3}{7}\times8=\frac{10}{7}\times8=\frac{80}{7}$

$=11\frac{3}{7}$ (cm²)

9 ❶ 어떤 수를 □라 하여 잘못 계산한 식을 세우면

$\square\times3=6\frac{3}{7}$ ⇨ $\square=6\frac{3}{7}\div3$입니다.

❷ $\square=6\frac{3}{7}\div3=\frac{45}{7}\div3=\frac{45\div3}{7}=\frac{15}{7}=2\frac{1}{7}$

❸ 바르게 계산하면 $2\frac{1}{7}\div3=\frac{15}{7}\div3=\frac{15\div3}{7}=\frac{5}{7}$

10 ❶ (준희가 1분 동안 간 거리)

$=\frac{4}{5}\div6=\frac{\overset{2}{\cancel{4}}}{5}\times\frac{1}{\underset{3}{\cancel{6}}}=\frac{2}{15}$ (km)

❷ (유아가 1분 동안 간 거리)

$=\frac{14}{15}\div8=\frac{\overset{7}{\cancel{14}}}{15}\times\frac{1}{\underset{4}{\cancel{8}}}=\frac{7}{60}$ (km)

❸ (출발한 지 1분 후에 두 사람 사이의 거리)

$=\frac{2}{15}+\frac{7}{60}=\frac{8}{60}+\frac{7}{60}=\frac{15}{60}=\frac{1}{4}$ (km)

❹ (출발한 지 18분 후에 두 사람 사이의 거리)

$=\frac{1}{\underset{2}{\cancel{4}}}\times\overset{9}{\cancel{18}}=\frac{9}{2}=4\frac{1}{2}$ (km)

11 ❶ (하루 동안 늦게 가는 시간)

$=9\frac{4}{5}\div7=\frac{49}{5}\div7=\frac{49\div7}{5}=\frac{7}{5}=1\frac{2}{5}$(분)

❷ 7월 12일 오후 1시 30분부터 7월 20일 오후 1시 30분까지는 8일이므로

(7월 20일 오후 1시 30분까지 늦게 가는 시간)

$=1\frac{2}{5}\times8=\frac{7}{5}\times8=\frac{56}{5}=11\frac{1}{5}$(분)입니다.

❸ $11\frac{1}{5}$분$=$11분 12초이므로

(7월 20일 오후 1시 30분에 이 시계가 가리키는 시각)

=오후 1시 30분−11분 12초=오후 1시 18분 48초

12 ❶ 전체 일의 양을 1이라 하면

(유진이가 하루 동안 하는 일의 양)

$=\frac{7}{12}\div21=\frac{\overset{1}{\cancel{7}}}{12}\times\frac{1}{\underset{3}{\cancel{21}}}=\frac{1}{36}$,

(인호가 하루 동안 하는 일의 양)

$=\frac{8}{9}\div16=\frac{\overset{1}{\cancel{8}}}{9}\times\frac{1}{\underset{2}{\cancel{16}}}=\frac{1}{18}$입니다.

❷ (두 사람이 함께 하루 동안 하는 일의 양)

$=\frac{1}{36}+\frac{1}{18}=\frac{1}{36}+\frac{2}{36}=\frac{3}{36}=\frac{1}{12}$

❸ $\frac{1}{12}\times12=1$이므로 두 사람이 함께 하여 일을 끝내려면 12일이 걸립니다.

2 각기둥과 각뿔

유형 변형하기 8~9쪽

1 34개	2 72 cm	3 248 cm²
4 144 cm	5 360 cm²	6 6 cm
7 174 cm	8	

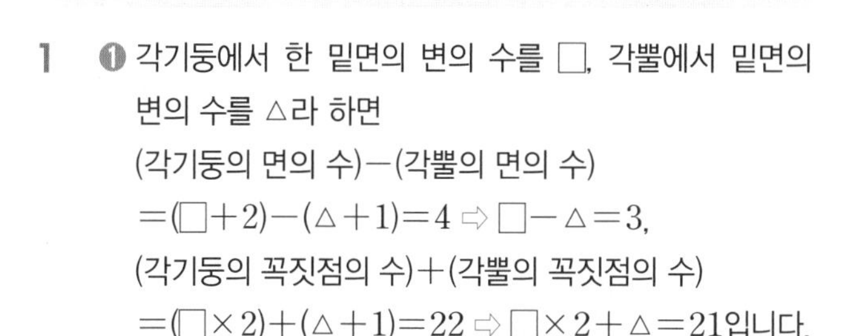

1 ❶ 각기둥에서 한 밑면의 변의 수를 □, 각뿔에서 밑면의 변의 수를 △라 하면

(각기둥의 면의 수)−(각뿔의 면의 수)

$=(\square+2)-(\triangle+1)=4$ ⇨ $\square-\triangle=3$,

(각기둥의 꼭짓점의 수)+(각뿔의 꼭짓점의 수)

$=(\square\times2)+(\triangle+1)=22$ ⇨ $\square\times2+\triangle=21$입니다.

❷ $\square=8$, $\triangle=5$이므로 팔각기둥과 오각뿔입니다.

❸ (팔각기둥의 모서리의 수)+(오각뿔의 모서리의 수)

$=8\times3+5\times2=24+10=34$(개)

2 ❶ 모서리의 길이가 4 cm로 모두 같습니다.

❷ 전개도에서 4 cm인 선분이 18개이므로

(전개도의 둘레)$=4\times18=72$ (cm)입니다.

3 ❶ ((선분 ㄱㄴ)+(선분 ㄴㄷ))$\times2=26$,

(선분 ㄱㄴ)$+5=13$, (선분 ㄱㄴ)$=8$ cm

❷ (옆면의 넓이의 합)

$=(5+9+12+5)\times8=31\times8=248$ (cm²)

4 ❶ 사각기둥의 전개도에서 한 선분의 길이를 □cm라 하면

(전개도의 둘레)$=\square\times14=168$, $\square=168\div14=12$

❷ (사각기둥의 모서리의 수)$=4\times3=12$(개)

❸ (모든 모서리의 길이의 합)$=12\times12=144$ (cm)

5 ❶ 육각기둥의 높이를 □cm라 하면 둘레를 이루는 선분은 6 cm인 선분 10개, □cm인 선분 4개입니다.

❷ (빗금 친 부분의 둘레)$=6\times10+\square\times4=100$,

$60+\square\times4=100$, $\square\times4=40$, $\square=10$입니다.

❸ (옆면의 넓이의 합)=(옆면의 넓이)$\times6$

$=6\times10\times6=360$ (cm²)

6 ❶ (밑면의 둘레)$=(3+5)\times2=8\times2=16$ (cm)

❷ 옆면의 모서리의 길이를 □cm라 하면 옆면의 모서리의 길이의 합은 ($\square\times4$) cm입니다.

❸ (모든 모서리의 길이의 합)$=16+\square\times4=40$,

$\square\times4=24$, $\square=6$이므로 옆면의 모서리의 길이는 6 cm입니다.

7 ❶ (한 번 둘러싸는 데 필요한 실의 길이)
$=216\div4=54$ (cm)
❷ 한 밑면의 둘레가 54 cm이므로 (모든 모서리의 길이의 합)
$=54\times2+11\times6=108+66=174$ (cm)입니다.

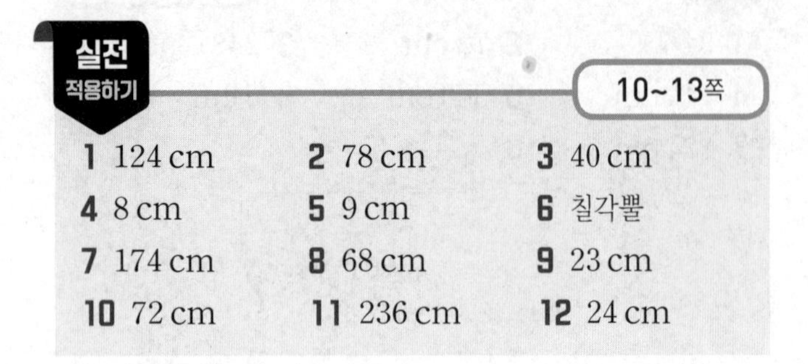

실전 적용하기 10~13쪽

1 124 cm	2 78 cm	3 40 cm
4 8 cm	5 9 cm	6 칠각뿔
7 174 cm	8 68 cm	9 23 cm
10 72 cm	11 236 cm	12 24 cm

1 ❶ 전개도에서 4 cm인 선분은 26개, 5 cm인 선분은 4개입니다.
❷ (전개도의 둘레)$=4\times26+5\times4$
$=104+20=124$ (cm)

2 ❶ 빗금 친 부분의 둘레를 이루는 선분은 9 cm인 선분 4개, 10 cm인 선분 1개, 6 cm인 선분 4개, 8 cm인 선분 1개입니다.
❷ (빗금 친 부분의 둘레)
$=9\times4+10\times1+6\times4+8\times1$
$=36+10+24+8=78$ (cm)

3 ❶ (밑면의 둘레)$=3\times4=12$ (cm)
❷ (옆면의 모서리의 길이의 합)$=7\times4=28$ (cm)
❸ (모든 모서리의 길이의 합)$=12+28=40$ (cm)

4 ❶ 5 cm, 12 cm, 13 cm, ㄱ, ㄴ, ㄷ, ㄹ
❷ (선분 ㄱㄹ)
$=5+13+12$
$=30$ (cm)
❸ 옆면의 넓이의 합이 240 cm^2이므로
$30\times$(선분 ㄱㄴ)$=240$, (선분 ㄱㄴ)$=8$ cm입니다.

5 ❶ (한 밑면의 둘레)$=(8+6)\times2=28$ (cm)
❷ 높이를 나타내는 모서리의 길이를 □cm라 하면 높이를 나타내는 모서리의 길이의 합은 (□$\times$4) cm입니다.
❸ (모든 모서리의 길이의 합)$=28\times2+$□$\times4=92$,
$56+$□$\times4=92$, □$\times4=36$, □$=9$이므로 사각기둥의 높이는 9 cm입니다.

6 ❶ 각뿔의 밑면의 변의 수를 □라 하면
(면의 수)+(모서리의 수)+(꼭짓점의 수)
$=$□$+1+$□$\times2+$□$+1=30$,
□$\times4+2=30$, □$\times4=28$, □$=7$입니다.
❷ 밑면의 변의 수가 7인 각뿔이므로 칠각뿔입니다.

7 ❶ (한 밑면의 둘레)$=630\div15=42$ (cm)
❷ (높이를 나타내는 모서리의 길이의 합)
$=15\times6=90$ (cm)
❸ (모든 모서리의 길이의 합)
$=42\times2+90=84+90=174$ (cm)

8

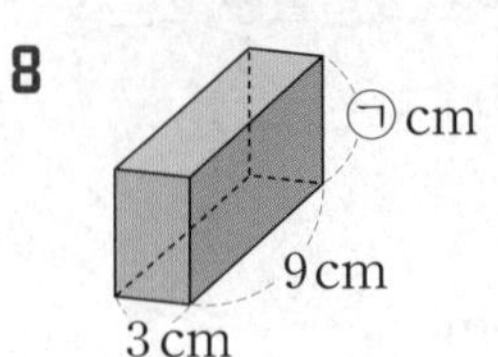

❶ 길이를 모르는 모서리의 길이를 ㉠ cm라 하면
(전개도의 둘레)$=9\times6+3\times6+$㉠$\times2=82$이므로
$54+18+$㉠$\times2=82$, $72+$㉠$\times2=82$,
㉠$\times2=10$, ㉠$=5$입니다.
❷ 오른쪽 각기둥에서 (한 밑면의 둘레)
$=(9+3)\times2=24$ (cm)
❸ (높이를 나타내는 모서리의 길이의 합)
$=$㉠$\times4=5\times4=20$ (cm)
❹ (사각기둥의 모든 모서리의 길이의 합)
$=24\times2+20=68$ (cm)

9 ❶ (면 ㉯의 넓이)=(선분 ㅋㅊ)$\times$(선분 ㅋㅂ)
$=5\times$(선분 ㅋㅂ)$=25$, (선분 ㅋㅂ)$=5$ cm
❷ (면 ㉮의 넓이)=(선분 ㄹㅋ)$\times$(선분 ㅋㅂ)
=(선분 ㄹㅋ)$\times5=45$, (선분 ㄹㅋ)$=9$ cm
❸ (선분 ㅁㅇ)$=9+5+9=23$ (cm)

10 ❶ 각뿔의 밑면의 변의 수를 □라 하면
(꼭짓점의 수)$=$□$+1=10$,
□$=10-1=9$이므로 구각뿔입니다.
❷ (구각뿔의 모서리의 수)$=9\times2=18$(개)
❸ (모든 모서리의 길이의 합)$=4\times18=72$ (cm)

11 ❶ 16 cm인 모서리와 길이가 같은 끈: 4개,
24 cm인 모서리와 길이가 같은 끈: 4개,
19 cm인 모서리와 길이가 같은 끈: 4개
❷ (필요한 끈의 길이)$=16\times4+24\times4+19\times4$
$=64+96+76=236$ (cm)

12

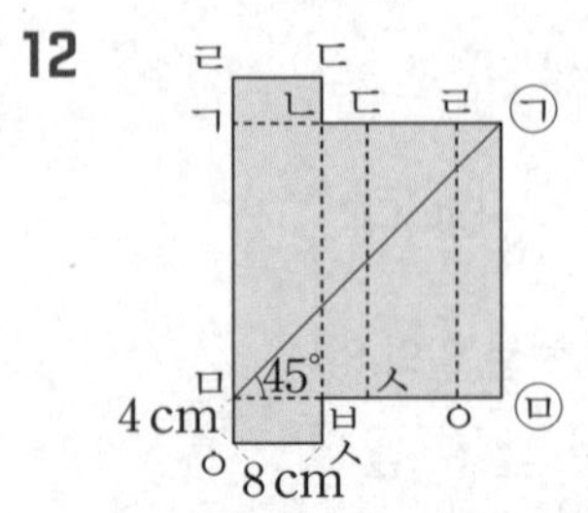

❶ 삼각형 ㉠ㅁ㉡은 세 각이 각각 45°, 45°, 90°인 이등변삼각형입니다.
❷ (선분 ㉠㉡)=(선분 ㅁ㉡)
=(선분 ㅁㅂ)+(선분 ㅂㅅ)+(선분 ㅅㅇ)+(선분 ㅇ㉡)
$=8+4+8+4=24$ (cm)

3 소수의 나눗셈

유형 변형하기 14~15쪽

1 61	2 4
3 12.8 km	4 21.72
5 7.85 m	6 3.48
7 3.5 cm	8 0.65 kg

1 ❶ $49 \div 14 = 3.5$, $42 \div 8 = 5.25$

❷ $3.5 < \square \div 7 < 5.25$에서

$3.5 \times 7 < \square \div 7 \times 7 < 5.25 \times 7$

⇨ $24.5 < \square < 36.75$입니다.

❸ □ 안에 들어갈 수 있는 자연수 중에서 가장 작은 수는 25이고 가장 큰 수는 36이므로 합은 $25 + 36 = 61$입니다.

2 ❶ $8 > 6 > 5 > 4 > 2$이므로

가장 큰 소수 한 자리 수: 8.6,

가장 작은 한 자리 수: 2

⇨ 몫이 가장 큰 나눗셈식: $8.6 \div 2 = 4.3$

❷ $2 < 4 < 5 < 6 < 8$이므로

가장 작은 소수 한 자리 수: 2.4,

가장 큰 한 자리 수: 8

⇨ 몫이 가장 작은 나눗셈식: $2.4 \div 8 = 0.3$

❸ $4.3 - 0.3 = 4$

3 ❶ 24분$= \frac{24}{60}$시간$=(24 \div 60)$시간$=0.4$시간

❷ (버스로 24분 동안 간 거리)

$= 64 \times 0.4 = 25.6$ (km)

❸ (자전거로 한 시간 동안 간 거리)

$= 25.6 \div 2 = 12.8$ (km)

4 ❶ (큰 눈금 5칸의 크기)$= 29 - 13.4 = 15.6$

⇨ (큰 눈금 한 칸의 크기)$= 15.6 \div 5 = 3.12$

❷ (작은 눈금 한 칸의 크기)$= 3.12 \div 6 = 0.52$

❸ ㉠$= 13.4 + 3.12 \times 2 = 19.64$이므로

$\square = 19.64 + 0.52 \times 4 = 21.72$입니다.

5 ❶ (땅의 둘레)$= 94.2 \times 3 = 282.6$ (m)

❷ 정삼각형 모양의 땅의 둘레에 말뚝 36개를 박는다면 말뚝 사이의 간격 수도 36군데입니다.

❸ (말뚝 사이의 간격)$= 282.6 \div 36 = 7.85$ (m)

6 ❶ 어떤 수를 □라 하여 잘못 계산한 식을 세우면

$(\square + 7) \times 12 = 108.36$

❷ $(\square + 7) \times 12 = 108.36$

⇨ $\square + 7 = 108.36 \div 12$, $\square + 7 = 9.03$,

$9.03 - 7 = \square$, $\square = 2.03$

❸ 바르게 계산하면

$2.03 \div 7 \times 12 = 0.29 \times 12 = 3.48$

7 ❶ 사다리꼴 ㄱㄴㄷㄹ의 높이를 □cm라 하면

$(6.4 + 14.6) \times \square \div 2 = 157.5$,

$(6.4 + 14.6) \times \square = 315$,

$21 \times \square = 315$,

$\square = 315 \div 21 = 15$

❷ (평행사변형 ㄹㄷㅂㅁ의 넓이)

$=$(사다리꼴 ㄱㄴㄷㄹ의 넓이)$\div 3$

$= 157.5 \div 3 = 52.5$ (cm^2)

❸ 선분 ㄷㅂ의 길이를 △ cm라 하면

$\triangle \times 15 = 52.5$에서 $\triangle = 52.5 \div 15 = 3.5$

⇨ (선분 ㄷㅂ의 길이)$= 3.5$ cm

참고

(사다리꼴 ㄱㄴㄷㄹ의 높이)

$=$(평행사변형 ㄹㄷㅂㅁ의 높이)

8 ❶ (사과 7개의 무게)$= 5.07 - 3.46 = 1.61$ (kg)

❷ (사과 1개의 무게)$= 1.61 \div 7 = 0.23$ (kg)

❸ (빈 상자의 무게)

$=$(사과 9개가 들어 있는 상자의 무게)

$-$(사과 9개의 무게)

$= 3.46 - 0.23 \times 9$

$= 3.46 - 2.07 = 1.39$ (kg)

❹ (포도 6송이의 무게)

$=$(포도 6송이를 넣은 상자의 무게)$-$(빈 상자의 무게)

$= 5.29 - 1.39 = 3.9$ (kg)

❺ (포도 1송이의 무게)$= 3.9 \div 6 = 0.65$ (kg)

실전 적용하기 16~19쪽

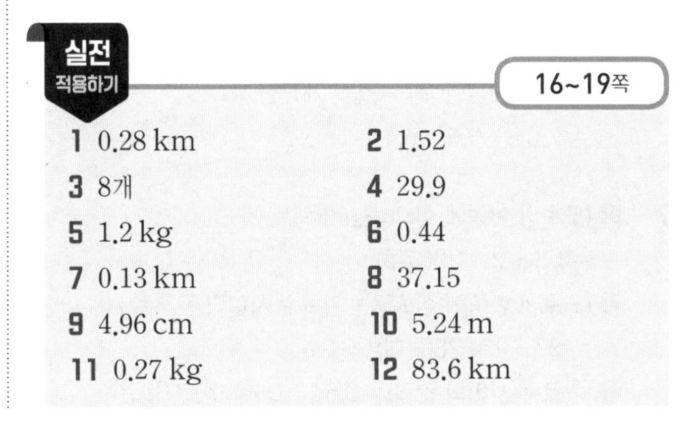

1 0.28 km	2 1.52
3 8개	4 29.9
5 1.2 kg	6 0.44
7 0.13 km	8 37.15
9 4.96 cm	10 5.24 m
11 0.27 kg	12 83.6 km

1 ❶ 1시간 15분=60분+15분=75분
❷ (지윤이가 유람선을 타고 1분 동안 간 거리)
$=21\div75=0.28$ (km)

2 ❶ $1<3<6<8<9$이므로
가장 작은 소수 두 자리 수: 13.68,
가장 큰 한 자리 수: 9
❷ $13.68\div9=1.52$

3 ❶ $27.76\div8=3.47$, $96.8\div16=6.05$
❷ $3.47<\square\div3<6.05$에서
$3.47\times3<\square\div3\times3<6.05\times3$
⇨ $10.41<\square<18.15$입니다.
❸ □ 안에 들어갈 수 있는 자연수는 11, 12, 13, 14, 15, 16, 17, 18로 모두 8개입니다.

4 ❶ (눈금 7칸의 크기)$=38.3-8.9=29.4$
⇨ (눈금 한 칸의 크기)$=29.4\div7=4.2$
❷ □ 안에 알맞은 수는 8.9에서 4.2씩 5칸 더 간 수이므로 $8.9+4.2\times5=29.9$입니다.

참고
□ 안에 알맞은 수는 38.3에서 4.2씩 2칸 덜 간 수이므로 $38.3-4.2\times2=29.9$라고 구할 수도 있습니다.

5 ❶ (책 1권의 무게)
=(책 8권이 들어 있는 가방의 무게)
−(책 7권이 들어 있는 가방의 무게)
$=7.28-6.52=0.76$ (kg)
❷ (빈 가방의 무게)
=(책 8권이 들어 있는 가방의 무게)−(책 8권의 무게)
$=7.28-0.76\times8$
$=7.28-6.08=1.2$ (kg)

6 ❶ 어떤 수를 □라 하여 잘못 계산한 식을 세우면
$\square\div16=6.6$
❷ $\square\div16=6.6$ ⇨ $6.6\times16=\square$, $\square=105.6$
❸ 바르게 계산하면 $105.6\div15=7.04$
❹ (바르게 계산한 몫)−(잘못 계산한 몫)
$=7.04-6.6=0.44$

7 ❶ (도로의 한쪽에 심으려는 가로수 수)
$=58\div2=29$(그루)
❷ (도로의 한쪽에 심으려는 가로수 사이의 간격 수)
$=29-1=28$(군데)
❸ (가로수 사이의 간격)$=3.64\div28=0.13$ (km)

8 ❶ (큰 눈금 14칸의 크기)$=60.9-7.7=53.2$
⇨ (큰 눈금 한 칸의 크기)$=53.2\div14=3.8$
❷ (작은 눈금 한 칸의 크기)$=3.8\div4=0.95$
❸ ㉠$=7.7+3.8\times7=34.3$이므로
$\square=34.3+0.95\times3=37.15$입니다.

9 ❶ (평행사변형 ㄱㄴㄷㄹ의 넓이)
$=17.36\times8=138.88$ (cm^2)
❷ (삼각형 ㅁㄷㄹ의 넓이)
=(평행사변형 ㄱㄴㄷㄹ의 넓이)$\div7$
$=138.88\div7=19.84$ (cm^2)
❸ 선분 ㅁㄹ의 길이를 □ cm라 하면
$\square\times8\div2=19.84$에서 $\square\times8=39.68$,
$\square=39.68\div8=4.96$
⇨ (선분 ㅁㄹ의 길이)$=4.96$ cm

10 ❶ (연못의 둘레)$=(26.2+15.72)\times2$
$=41.92\times2=83.84$ (m)
❷ 직사각형 모양의 연못의 둘레에 조명 16개를 설치한다면 조명 사이의 간격 수도 16군데입니다.
❸ (조명 사이의 간격)$=83.84\div16=5.24$ (m)

11 ❶ (농구공 5개의 무게)$=5.25-3.25=2$ (kg)
❷ (농구공 1개의 무게)$=2\div5=0.4$ (kg)
❸ (빈 자루의 무게)
=(농구공 11개가 들어 있는 자루의 무게)
−(농구공 11개의 무게)
$=5.25-0.4\times11$
$=5.25-4.4=0.85$ (kg)
❹ (배구공 13개의 무게)
=(배구공 13개를 넣은 자루의 무게)
−(빈 자루의 무게)
$=4.36-0.85=3.51$ (kg)
❺ (배구공 1개의 무게)$=3.51\div13=0.27$ (kg)

12 ❶ 1시간 18분=1시간+(18÷60)시간
=1시간+0.3시간=1.3시간
❷ (기차로 1시간 18분 동안 간 거리)
$=250\times1.3=325$ (km)
❸ (인호네 집에서 할아버지 댁까지의 거리)
$=325+9.4=334.4$ (km)
❹ (자동차로 한 시간 동안 간 거리)
$=334.4\div4=83.6$ (km)

4 비와 비율

유형 변형하기 20~22쪽

1 20 %	**2** $288\,cm^2$
3 13 : 14	**4** 88명
5 10 cm	**6** 18장
7 1.44	**8** A 가게
9 20 %	

1 ❶ (동화책 수)$=18-6=12$(권)
❷ (전체 책 수)$=8+18+22+12=60$(권)
❸ (책장에서 꺼낸 책이 동화책일 비율)$=\frac{12}{60}=\frac{1}{5}$이므로
백분율로 나타내면 $\frac{1}{5}\times 100=20\,(\%)$입니다.

2 ❶ (도화지의 둘레)$=16\times 4\frac{1}{4}=68\,(cm)$
❷ (도화지의 가로)$=(68-16\times 2)\div 2=18\,(cm)$
❸ (도화지의 넓이)$=16\times 18=288\,(cm^2)$

3 ❶ 삼각뿔의 모서리의 수: 6개,
사각기둥의 모서리의 수: 12개
❷ (가의 한 모서리의 길이)$=78\div 6=13\,(cm)$
❸ (나의 한 모서리의 길이)$=168\div 12=14\,(cm)$
❹ (가의 한 모서리의 길이) : (나의 한 모서리의 길이)
⇨ 13 : 14

4 ❶ (중학생 수)$=800\times\frac{9}{40}=180$(명)
❷ (초등학생 수)$=800\times 0.05=40$(명)
❸ (여자 중학생과 여자 초등학생 수)
$=(180+40)\times\frac{3}{5}=132$(명)
❹ (남자 중학생과 남자 초등학생 수)
$=(180+40)-132=88$(명)

5 ❶ (㉮의 넓이) : (㉯의 넓이)$=21:5$이므로
(㉯의 넓이) : (직사각형 ㄱㄴㄷㄹ의 넓이)$=5:26$
⇨ $\frac{5}{26}$
❷ (㉯의 넓이)$=650\times\frac{5}{26}=125\,(cm^2)$
❸ (선분 ㄴㅁ의 길이)$=125\times 2\div 25=10\,(cm)$

6 ❶ 40 % ⇨ $\frac{40}{100}=\frac{2}{5}=\frac{4}{10}=\cdots=\frac{16}{40}=\frac{18}{45}=\cdots$
❷ ❶에서 기준량(빨간 색종이)과 비교하는 양(파란 색종이)의 합이 63인 분수는 $\frac{18}{45}$입니다.
❸ $\frac{18}{45}$ ⇨ 18 : 45=(파란 색종이) : (빨간 색종이)이므로
상수가 가진 파란 색종이는 18장입니다.

7 ❶ 처음 정사각형의 한 변의 길이를 □cm라 하면 처음 정사각형의 넓이는 □×□(cm^2)입니다.
❷ 20 % ⇨ $\frac{20}{100}=0.2$이므로
(새로 만든 정사각형의 한 변의 길이)
=□+□×0.2=□×1.2 (cm)
❸ (새로 만든 정사각형의 넓이)
=(□×1.2)×(□×1.2)=□×□×1.44 (cm^2)
❹ 처음 정사각형의 넓이에 대한 새로 만든 정사각형의 넓이의 비율은 $\frac{□\times□\times 1.44}{□\times□}=1.44$입니다.

8 ❶ (A 가게의 할인 금액)$=24000\times\frac{30}{100}=7200$(원)
❷ (B 가게의 할인 금액)=7000원
❸ 정가가 같을 때 할인 금액이 많을수록 더 싸게 구매할 수 있습니다. 따라서 책가방을 더 싸게 구매할 수 있는 곳은 A 가게입니다.

9 ❶ 10 % ⇨ $\frac{10}{100}$, 25 % ⇨ $\frac{25}{100}$
(진하기가 10 %인 설탕물에 녹아 있는 설탕의 양)
$=300\times\frac{10}{100}=30\,(g)$
(진하기가 25 %인 설탕물에 녹아 있는 설탕의 양)
$=600\times\frac{25}{100}=150\,(g)$
⇨ (새로 만든 설탕물의 설탕의 양)
$=30+150=180\,(g)$
❷ (새로 만든 설탕물의 양)$=300+600=900\,(g)$
❸ (새로 만든 설탕물의 진하기)$=\frac{180}{900}$
⇨ $\frac{180}{900}\times 100=20\,(\%)$

23~26쪽

1 $\frac{6}{25}$	**2** $81\,cm^2$
3 23 %	**4** 0.95
5 $\frac{13}{21}$	**6** 40 : 50
7 25 %	**8** 205석
9 로봇	**10** $60\,cm^2$
11 5 %	

1 ❶ (전체 구슬 수)$=9+10+6=25$(개)

❷ (꺼낸 구슬이 파란색일 비율)$=\frac{6}{25}$

2 ❶ (높이에 대한 밑변의 길이의 비율)$=\frac{18}{4}=\frac{9}{2}$이므로

(삼각형의 밑변의 길이)$=6\times\frac{9}{2}=27$ (cm)입니다.

❷ (삼각형의 넓이)$=27\times6\div2=81$ (cm^2)

3 ❶ (나 학교 학생 수)

$=500-140-110-135=115$(명)

❷ (뽑힌 대표가 나 학교 학생일 비율)

$=\frac{115}{500}$ ⇨ $\frac{115}{500}\times100=23$ (%)

4 ❶ (정육각형의 한 변의 길이)$=114\div6=19$ (cm)

❷ (정팔각형의 한 변의 길이)$=160\div8=20$ (cm)

❸ $\frac{(\text{정육각형의 한 변의 길이})}{(\text{정팔각형의 한 변의 길이})}=\frac{19}{20}=0.95$

5 ❶ 25 % ⇨ $\frac{25}{100}$, 30 % ⇨ $\frac{30}{100}$

❷ (새로 만든 직사각형의 가로)

$=56-56\times\frac{25}{100}=42$ (cm)

(새로 만든 직사각형의 세로)

$=20+20\times\frac{30}{100}=26$ (cm)

❸ (새로 만든 직사각형의 가로에 대한 세로의 비율)

$=\frac{26}{42}=\frac{13}{21}$

6 ❶ $0.8=\frac{8}{10}=\frac{16}{20}=\frac{24}{30}=\frac{32}{40}=\frac{40}{50}=\cdots$

❷ ❶에서 기준량과 비교하는 양의 합이 90인 분수는 $\frac{40}{50}$ 입니다.

❸ $\frac{40}{50}$ ⇨ 40 : 50

7 ❶ (원래 음료수 한 병의 가격)$=6000\div3=2000$(원)

❷ (오늘 음료수 한 병의 가격)$=6000\div4=1500$(원)

❸ (할인 금액)$=2000-1500=500$(원)

⇨ (오늘 음료수 한 병의 할인율)

$=\frac{500}{2000}$ ⇨ $\frac{500}{2000}\times100=25$ (%)

8 ❶ (특실 좌석 수)$=600\times0.25=150$(석),

(일반 좌석 수)$=600-150=450$(석)

❷ 특실 좌석의 $\frac{5}{6}$와 일반 좌석의 60 %가 찼으므로 남은 좌석은 특실 좌석의 $\frac{1}{6}$, 일반 좌석의 40 %입니다.

❸ (남은 좌석 수)$=150\times\frac{1}{6}+450\times\frac{40}{100}=205$(석)

9 ❶ (인형 할인율)

$=\frac{32000-27200}{32000}$ ⇨ $\frac{4800}{32000}\times100=15$ (%)

❷ (장난감 할인율)

$=\frac{27000-23760}{27000}$ ⇨ $\frac{3240}{27000}\times100=12$ (%)

❸ (로봇 할인율)

$=\frac{36000-30240}{36000}$ ⇨ $\frac{5760}{36000}\times100=16$ (%)

❹ $16>15>12$이므로 은비가 산 물건은 로봇입니다.

10

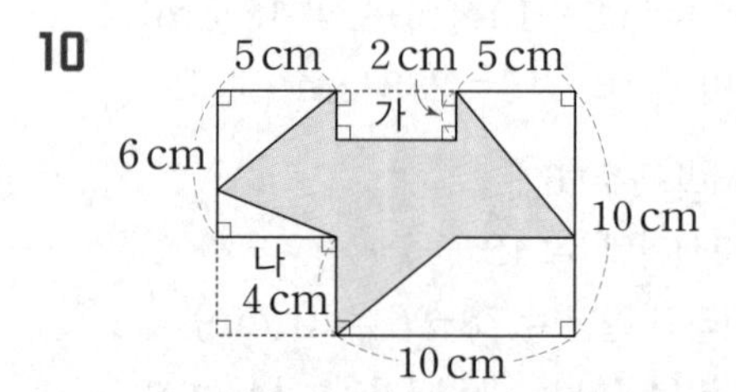

❶ (전체 도형의 넓이)

$=$(직사각형의 넓이)$-$(가의 넓이)$-$(나의 넓이)

$=(5+10)\times10-5\times2-5\times4=120$ (cm^2)

❷ 50 % ⇨ $\frac{50}{100}$이므로

색칠한 부분의 넓이는 $120\times\frac{50}{100}=60$ (cm^2)입니다.

11 ❶ 6 % ⇨ $\frac{6}{100}$, 8 % ⇨ $\frac{8}{100}$

(진하기가 6 %인 설탕물에 녹아 있는 설탕의 양)

$=150\times\frac{6}{100}=9$ (g)

(진하기가 8 %인 설탕물에 녹아 있는 설탕의 양

$=250\times\frac{8}{100}=20$ (g)

⇨ (새로 만든 설탕물의 설탕의 양)$=9+20=29$ (g)

❷ (새로 만든 설탕물의 양)

$=150+250+180=580$ (g)

❸ (새로 만든 설탕물의 진하기)$=\frac{29}{580}$

⇨ $\frac{29}{580}\times100=5$ (%)

5 자료와 여러 가지 그래프

유형 변형하기 27~29쪽

1 290000원 **2** 3700 kg

3 90명 **4** 12명

5 마을별 기르는 소의 수 **6** 8 cm

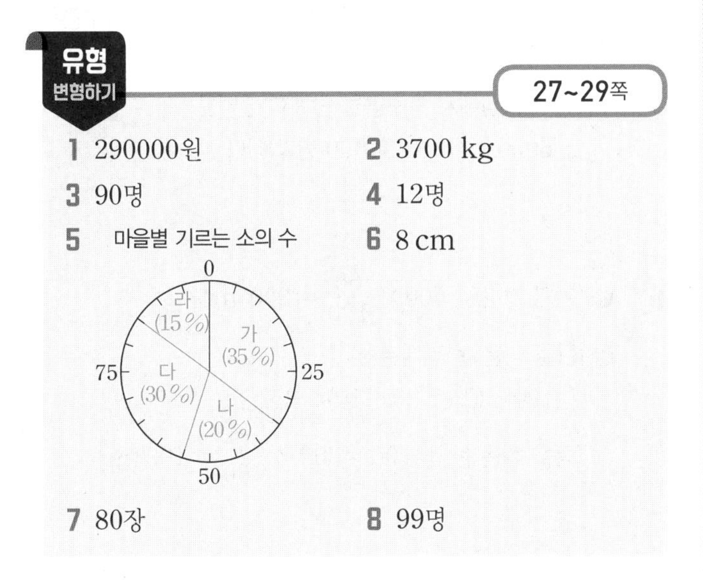

7 80장 **8** 99명

1 ❶ 가 마을의 오이 생산량은 110 kg, 다 마을의 오이 생산량은 80 kg이고
나 마을의 오이 생산량은 다 마을의 오이 생산량의 2배이므로 160 kg입니다.
❷ 세 마을의 오이 생산량을 모두 더하면
$110+160+80=350$ (kg)입니다.
❸ (판매한 상자 수)$=350\div6=58\cdots2\rightarrow58$상자
⇨ 오이를 판매한 전체 금액은
$5000\times58=290000$(원)

2 ❶ (네 마을의 보리 생산량의 합)
$=2800\times4=11200$ (kg)
(가 마을과 라 마을의 보리 생산량의 합)
$=11200-(1800+2500)=6900$ (kg)
❷ 라 마을의 보리 생산량을 ■ kg이라 하면 가 마을의 보리 생산량은 (■-500) kg이므로
■$+($■$-500)=6900$, ■$=3700$입니다.
❸ 따라서 라 마을의 보리 생산량은 3700 kg입니다.

3 ❶ (논술과 컴퓨터의 백분율의 합)
$=100-(20+10)=70$ (%)
❷ (논술을 신청한 학생 수의 백분율)=■$\times3$,
(컴퓨터를 신청한 학생 수의 백분율)=■$\times4$라 하면
■$\times3+$■$\times4=70$, ■$\times7=70$, ■$=10$입니다.
따라서 논술을 신청한 학생 수의 백분율은
$10\times3=30$ (%)입니다.
❸ (논술을 신청한 학생 수)$=300\times\frac{30}{100}=90$(명)

4 ❶ (주미네 반에서 바다에 가고 싶은 학생 수)
$=20\times\frac{25}{100}=5$(명),
(신우네 반에서 바다에 가고 싶은 학생 수)
$=5-2=3$(명)
❷ 신우네 반의 학생 수의 15 %가 3명이므로 놀이공원은 15 %의 4배인 12명입니다.

5 ❶ 가 마을: 700마리, 나 마을: 400마리,
다 마을: 600마리, 라 마을: 300마리이므로
네 마을에서 기르는 소는 모두 2000마리입니다.
❷ (가 마을의 백분율)$=\frac{700}{2000}\times100=35$ (%),
(나 마을의 백분율)$=\frac{400}{2000}\times100=20$ (%),
(다 마을의 백분율)$=\frac{600}{2000}\times100=30$ (%),
(라 마을의 백분율)$=\frac{300}{2000}\times100=15$ (%)

6 ❶ (전체 학생 수)$=11+5+4+3+2=25$(명)
(떡갈비의 비율)$=\frac{5}{25}\times100=20$ (%)
❷ 길이가 40 cm인 띠그래프로 나타낼 때
떡갈비가 차지하는 길이는 $40\times\frac{20}{100}=8$ (cm)입니다.

7 ❶ 초록색의 길이가 15 cm이므로
초록색의 백분율은 $\frac{15}{50}\times100=30$ (%)입니다.
❷ (파란색의 백분율)
$=100-(15+30+20+10)=25$ (%)
❸ 판매된 전체 종이 수의 25 %가 20장이므로 판매된 종이는 모두 80장입니다.

8 ❶ (여학생의 백분율)$=100-45=55$ (%)
전체의 45 %가 270명이므로 5 %는 30명이고
55 %는 330명입니다.
❷ (취미가 게임인 여학생의 백분율)
$=100-(50+10+10)=30$ (%)
⇨ 취미가 게임인 여학생은 $330\times\frac{30}{100}=99$(명)

실전 적용하기 30~33쪽

1 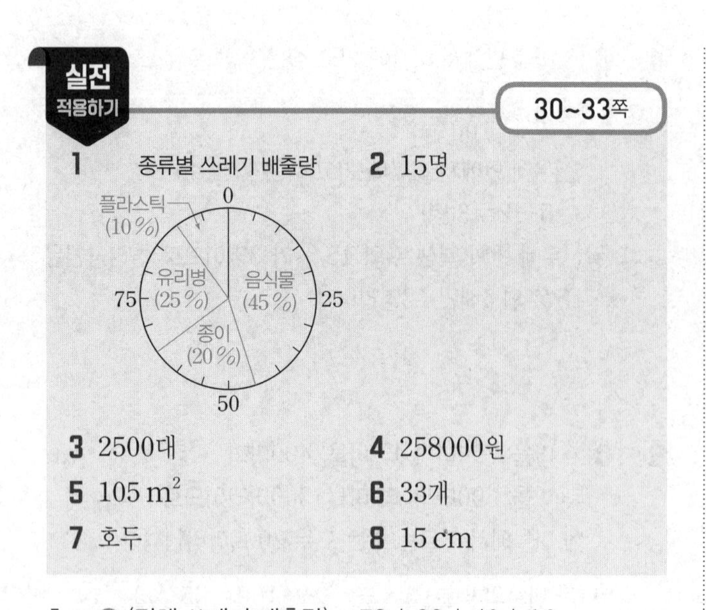

2 15명

3 2500대　　4 258000원

5 105 m^2　　6 33개

7 호두　　8 15 cm

1 ❶ (전체 쓰레기 배출량) $=72+32+40+16$
$=160$ (kg)

❷ (음식물의 백분율) $=\dfrac{72}{160}\times 100=45$ (%),

(종이의 백분율) $=\dfrac{32}{160}\times 100=20$ (%),

(유리병의 백분율) $=\dfrac{40}{160}\times 100=25$ (%),

(플라스틱의 백분율) $=\dfrac{16}{160}\times 100=10$ (%)

2 ❶ (망고와 파인애플의 백분율의 합)
$=100-(20+16+10)=54$ (%)

❷ (망고를 좋아하는 학생 수의 백분율) $=■\times 4$,
(파인애플을 좋아하는 학생 수의 백분율) $=■\times 5$라 하면
$■\times 4+■\times 5=54$, $■\times 9=54$, $■=6$입니다.

❸ (파인애플을 좋아하는 학생 수의 백분율)
$=6\times 5=30$ (%)
⇨ 파인애플을 좋아하는 학생 수는
$50\times\dfrac{30}{100}=15$(명)입니다.

3 ❶ (가 회사와 라 회사의 판매량의 합)
$=14800-(3200+4100)=7500$(대)

❷ 가 회사의 텔레비전 판매량을 ■대라 하면
라 회사의 텔레비전 판매량은 ($■\times 2$)대이므로
$■+(■\times 2)=7500$, $■=2500$입니다.
따라서 가 회사의 텔레비전 판매량은 2500대입니다.

4 ❶ (나 공장의 축구공 생산량)
$=930-(150+300+220)=260$(개)

❷ $260\div 6=43\cdots 2$이므로 나 공장에서 판매한 축구공은 43상자입니다.
⇨ 나 공장에서 축구공을 판매한 금액은
$6000\times 43=258000$(원)입니다.

5 ❶ (논의 넓이) $=500\times\dfrac{60}{100}=300$ (m^2)

❷ (콩을 심은 논의 백분율)
$=100-(25+30+10)=35$ (%),
(콩을 심은 논의 넓이) $=300\times\dfrac{35}{100}=105$ (m^2)

6 ❶ 다 지역의 길이가 10 cm이므로 나 지역의 길이는
$10+3=13$ (cm)이고
가 지역의 길이는 $13+3=16$ (cm)입니다.
→ (라 지역) $=50-(16+13+10)=11$ (cm)

❷ 다 지역의 공원 30개를 10 cm로 나타냈으므로
(1 cm가 나타내는 수량) $=30\div 10=3$(개)입니다.
라 지역은 11 cm로 나타냈으므로
(라 지역의 공원 수) $=11\times 3=33$(개)입니다.

7 ❶ (아몬드를 통해 섭취한 단백질의 양)
$=240\times\dfrac{15}{100}=36$ (g)
(호두를 통해 섭취한 단백질의 양)
$=300\times\dfrac{18}{100}=54$ (g)

❷ $36<54$이므로 호두를 통해 섭취한 단백질이 더 많습니다.

8 ❶ 정사각형의 한 변의 길이는 $6+18=24$ (cm)이므로
정사각형의 넓이는 $24\times 24=576$ (cm^2)입니다.

❷ (보라색 색종이의 가로) $=24-6=18$ (cm),
(보라색 색종이의 세로) $=24-16=8$ (cm)
따라서 보라색 색종이의 넓이가 $18\times 8=144$ (cm^2)
이므로 보라색의 비율은 $\dfrac{144}{576}\times 100=25$ (%)입니다.

❸ 길이가 60 cm인 띠그래프로 나타낼 때 보라색이 차지하는 길이는 $60\times\dfrac{25}{100}=15$ (cm)입니다.

6 직육면체의 부피와 겉넓이

유형 변형하기 34~36쪽

1 368 cm^2	2 976 cm^3
3 44 cm	4 512 cm^3
5 468 cm^2	6 294 cm^2
7 27	8 1676 cm^2
9 19600개	10 12 cm

1 ❶ 빗금 친 부분의 넓이가 84 cm^2이고 가로가 14 cm이므로 세로는 $84 \div 14 = 6$ (cm)입니다.
❷ 주어진 전개도를 이용하여 만든 직육면체의 세 모서리의 길이는 14 cm, 6 cm, 5 cm이므로
❸ (직육면체의 겉넓이)$=(14 \times 6 + 14 \times 5 + 6 \times 5) \times 2$
$= 184 \times 2 = 368$ (cm^2)

2

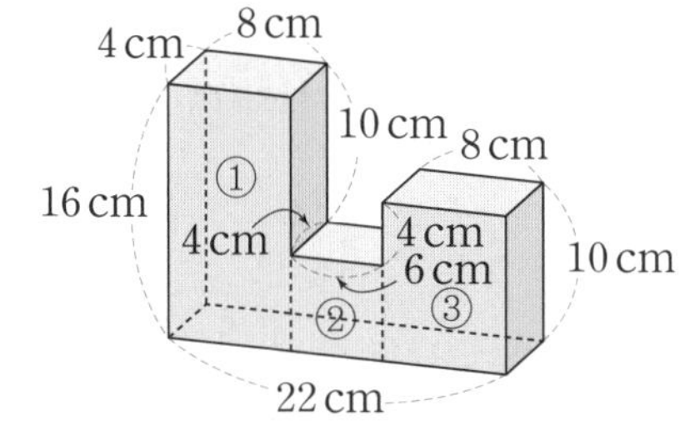

❶ ①, ②, ③으로 나누어 부피의 합을 구합니다.
❷ (①의 부피)$=8 \times 4 \times 16 = 512$ (cm^3)
❸ (②의 부피)$=6 \times 4 \times 6 = 144$ (cm^3)
❹ (③의 부피)$=8 \times 4 \times 10 = 320$ (cm^3)
❺ (입체도형의 부피)$=512 + 144 + 320 = 976$ (cm^3)

3 ❶ (처음 직육면체의 부피)$=11 \times 20 \times 3 = 660$ (cm^3)
❷ 세로를 $\frac{1}{4}$로 줄이면 5 cm가 되고, 가로를 늘렸을 때 ● cm라 하면 $● \times 5 \times 3 = 660$, $● \times 15 = 660$, $● = 44$
❸ 따라서 가로는 44 cm로 늘려야 처음 직육면체의 부피와 같아집니다.

4 ❶ (직육면체의 겉넓이)
$=(9 \times 12 + 12 \times 4 + 9 \times 4) \times 2 = 384$ (cm^2)
❷ (정육면체의 한 면의 넓이)$=384 \div 6 = 64$ (cm^2), $8 \times 8 = 64$이므로 정육면체의 한 모서리의 길이는 8 cm입니다.
❸ (정육면체의 부피)$=8 \times 8 \times 8 = 512$ (cm^3)

5 ❶ 겉넓이가 가장 작은 경우는 다음과 같이 가로에 4개, 세로에 3개, 높이를 2층으로 쌓았을 때이므로 가로는 12 cm, 세로는 9 cm, 높이는 6 cm입니다.

❷ 따라서 만든 직육면체의 겉넓이는
$(108 + 54 + 72) \times 2 = 468$ (cm^2)입니다.

6 ❶ 빗금 친 면의 가로가 11 cm일 때 세로는
$36 \div 2 - 11 = 7$ (cm)입니다.
❷ 만들 수 있는 정육면체의 한 모서리의 길이는 7 cm입니다.
❸ (정육면체의 겉넓이)$=7 \times 7 \times 6 = 294$ (cm^2)

7 ❶ 한 밑면의 모양은 사다리꼴이므로
(한 밑면의 넓이)$=(㉠ + ㉡) \times 16 \div 2$
❷ (입체도형의 부피)$=(㉠ + ㉡) \times 16 \div 2 \times 20$
$=(㉠ + ㉡) \times 160 = 4320$
⇨ $㉠ + ㉡ = 27$

8 ❶ 한 밑면의 넓이가 398 cm^2입니다.
❷ (옆면의 넓이)$=88 \times 10 = 880$ (cm^2)
❸ (입체도형의 겉넓이)$=398 \times 2 + 880 = 1676$ (cm^2)

9 ❶ 가장 작은 정육면체는 한 모서리의 길이가 420 cm일 때입니다.
❷ 가로에 $420 \div 12 = 35$(개), 세로에 $420 \div 15 = 28$(개), 높이는 $420 \div 21 = 20$(개)
❸ (필요한 상자 수)$=35 \times 28 \times 20 = 19600$(개)

10 ❶ 돌을 넣었을 때 높아진 물의 높이를 ■ cm라 하면 돌의 부피는 $8 \times 14 \times ■ = 560$ (cm^3)입니다.
❷ $8 \times 14 \times ■ = 560$, $112 \times ■ = 560$,
$■ = 560 \div 112$, $■ = 5$
❸ 돌을 넣으면 물의 높이가 5 cm 올라가므로 12 cm가 됩니다.

실전 적용하기 37~40쪽

1 $674\,cm^2$ 2 $2136\,cm^3$
3 $7\,cm$ 4 $660\,cm^3$
5 ㉯, ㉰, ㉮ 6 $486\,cm^2$
7 $1215\,cm^3$ 8 $800\,cm^2$
9 $2652\,cm^2$ 10 72000개
11 $1680\,cm^3$

1 ❶ 색칠한 직사각형의 가로는 9 cm이므로 세로는 $117 \div 9 = 13$ (cm)입니다.
❷ 이 전개도로 가로 9 cm, 세로 13 cm, 높이 10 cm인 직육면체를 만들 수 있습니다.
❸ (직육면체의 겉넓이)
$= (9 \times 13 + 13 \times 10 + 9 \times 10) \times 2$
$= 337 \times 2 = 674\,(cm^2)$

2 ❶ (큰 직육면체의 부피)$= 13 \times 16 \times 12 = 2496\,(cm^3)$
❷ (가운데 뚫린 부분의 부피)$= 5 \times 6 \times 12 = 360\,(cm^3)$
❸ (입체도형의 부피)$= 2496 - 360 = 2136\,(cm^3)$

3 ❶ (처음 직육면체의 부피)$= 15 \times 21 \times 4 = 1260\,(cm^3)$
❷ 높이를 3배로 늘리면 12 cm가 되고 세로를 줄였을 때 ● cm라 하면 $15 \times ● \times 12 = 1260$,
$180 \times ● = 1260$, $● = 7$
❸ 따라서 세로는 7 cm로 줄여야 처음 직육면체의 부피와 같아집니다.

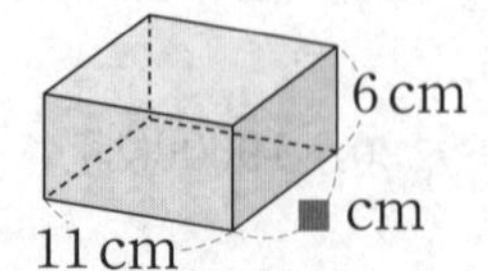

❶ (직육면체의 겉넓이)
$= (11 \times ■ + ■ \times 6 + 11 \times 6) \times 2 = 472$,
$11 \times ■ + ■ \times 6 + 11 \times 6 = 236$,
$11 \times ■ + ■ \times 6 + 66 = 236$,
$17 \times ■ = 170$, $■ = 10$
⇨ 이 직육면체의 세로는 10 cm입니다.
❷ (직육면체의 부피)$= 11 \times 10 \times 6 = 660\,(cm^3)$

5 ❶ (㉮의 겉넓이)
$= (12 \times 8 + 8 \times 12 + 12 \times 12) \times 2 = 672\,(cm^2)$
❷ (㉯의 겉넓이)
$= (36 \times 8 + 8 \times 4 + 36 \times 4) \times 2 = 928\,(cm^2)$
❸ (㉰의 겉넓이)
$= (12 \times 4 + 4 \times 24 + 12 \times 24) \times 2 = 864\,(cm^2)$
❹ 겉넓이가 넓은 순서대로 기호를 쓰면 ㉯, ㉰, ㉮입니다.

6 ❶ $14 \times \square = 182$, $\square = 13$
❷ 만들 수 있는 정육면체의 한 모서리의 길이는 9 cm입니다.
❸ (정육면체의 겉넓이)$= 9 \times 9 \times 6$
$= 486\,(cm^2)$

7 ❶ (한 밑면의 넓이)$= 18 \times 5 \div 2 = 45\,(cm^2)$
❷ (색칠한 입체도형의 부피)$= 45 \times 27$
$= 1215\,(cm^3)$

8 ❶ 한 밑면의 넓이가 $168\,cm^2$,
(옆면의 넓이)$= 58 \times 8 = 464\,(cm^2)$
❷ (입체도형의 겉넓이)$= 168 \times 2 + 464$
$= 800\,(cm^2)$

9 ❶ (한 밑면의 넓이)$= 25 \times 30 - 9 \times 9 = 669\,(cm^2)$
❷ (옆면의 넓이)$= 110 \times 9 + 36 \times 9 = 1314\,(cm^2)$
❸ (입체도형의 겉넓이)$= 669 \times 2 + 1314$
$= 2652\,(cm^2)$

10 ❶ 가로에 $180 \div 5 = 36$(개), 세로에 $200 \div 5 = 40$(개), 높이는 $250 \div 5 = 50$(개) 쌓을 수 있습니다.
❷ 쌓기나무는 모두 $36 \times 40 \times 50 = 72000$(개)입니다.

11 ❶ 돌을 꺼냈을 때 (줄어든 물의 높이)$= 12 - 7 = 5$ (cm)
❷ 줄어든 물의 부피가 돌의 부피입니다.
(돌의 부피)$= 16 \times 21 \times 5 = 1680\,(cm^3)$

똑똑한 하루 시/리/즈

배우는 즐거움! 쌓이는 기초 실력!

과목	교재 구성	과목	교재 구성
하루 독해	예비초~6학년 각 A·B (14권)	하루 VOCA	3~6학년 각 A·B (8권)
하루 어휘	예비초~6학년 각 A·B (14권)	하루 Grammar	3~6학년 각 A·B (8권)
하루 글쓰기	예비초~6학년 각 A·B (14권)	하루 Reading	3~6학년 각 A·B (8권)
하루 한자	예비초: 예비초 A·B (2권) 1~6학년: 1A~4C (12권)	하루 Phonics	Starter A·B / 1A~3B (8권)
하루 수학	1~6학년 1·2학기 (12권)	하루 봄 • 여름 • 가을 • 겨울	1~2학년 각 2권 (8권)
하루 계산	예비초~6학년 각 A·B (14권)	하루 사회	3~6학년 1·2학기 (8권)
하루 도형	예비초 A·B, 1~6학년 6단계 (8권)	하루 과학	3~6학년 1·2학기 (8권)
하루 사고력	1~6학년 각 A·B (12권)	하루 안전	1~2학년 (2권)

정답은
이안에
있어!

최고수준S